教育部高等学校化工类专业教学指导委员会推荐教材

荣获中国石油和化学工业优秀教材一等奖

化工概论

第三版

戴猷元　骆广生　编著

化学工业出版社

·北京·

内 容 简 介

《化工概论》(第三版)是化工专业的入门指导教材，较为系统地叙述了化学工业在国民经济中的支撑地位，介绍了化学工程与工艺的发展历史和现状，阐述了技术创新的重要性和化学工程师的人才规格，展望了现代化工的发展趋势。本书主要内容包括绪论、化学工业在国民经济中的地位和作用、化工工艺、化学工程、创新是化工发展的动力、化学工程师、现代化工的发展前景共七章。

《化工概论》(第三版)可使读者对化工产业、学科以及相关的基础知识有一个全貌性的了解；激发学生对化工专业的兴趣，增强学习动力，明确目标，扩大视野。

本书是为高等院校化工类及相关专业学生学习和了解化工概貌以及有关基础知识而编写，也可供从事化工及相关领域工作的管理干部和工程技术人员参考使用。

图书在版编目（CIP）数据

化工概论/戴猷元，骆广生编著．—3版．—北京：化学工业出版社，2021.2（2025.1重印）
教育部高等学校化工类专业教学指导委员会推荐教材
ISBN 978-7-122-38132-3

Ⅰ.①化… Ⅱ.①戴…②骆… Ⅲ.①化学工程-高等学校-教材 Ⅳ.①TQ02

中国版本图书馆CIP数据核字（2020）第243459号

责任编辑：徐雅妮　马泽林　　　装帧设计：关　飞
责任校对：边　涛

出版发行：化学工业出版社（北京市东城区青年湖南街13号　邮政编码100011）
印　　刷：北京云浩印刷有限责任公司
装　　订：三河市振勇印装有限公司
787mm×1092mm　1/16　印张13¼　字数320千字　2025年1月北京第3版第4次印刷

购书咨询：010-64518888　　　售后服务：010-64518899
网　　址：http://www.cip.com.cn
凡购买本书，如有缺损质量问题，本社销售中心负责调换。

定　　价：39.00元　

教育部高等学校化工类专业教学指导委员会
推荐教材编审委员会

序

化工是工程学科的一个分支，是研究如何运用化学、物理、数学和经济学原理，对化学品、材料、生物质、能源等资源进行有效利用、生产、转化和运输的学科。化学工业是美好生活的缔造者，是支撑国民经济发展的基础性产业，在全球经济中扮演着重要角色，处在制造业的前端，提供基础的制造业材料，是所有技术进步的“物质基础”，几乎所有的行业都依赖于化工行业提供的产品支撑。化学工业由于规模体量大、产业链条长、资本技术密集、带动作用广、与人民生活息息相关等特征，受到世界各国的高度重视。化学工业的发达程度已经成为衡量国家工业化和现代化的重要标志。

我国于2010年成为世界第一化工大国，主要基础大宗产品产量长期位居世界首位或前列。近些年，科技发生了深刻的变化，经济、社会、产业正在经历巨大的调整和变革，我国化工行业发展正面临高端化、智能化、绿色化等多方面的挑战，提升科技创新能力，推动高质量发展迫在眉睫。

党的二十大报告提出要坚持教育优先发展、科技自立自强、人才引领驱动，加快建设教育强国、科技强国、人才强国，坚持为党育人、为国育才。建设教育强国，龙头是高等教育。高等教育是社会可持续发展的强大动力。培养经济社会发展需要的拔尖创新人才是高等教育的使命和战略任务。建设教育强国，要加强教材建设和管理，牢牢把握正确政治方向和价值导向，用心打造培根铸魂、启智增慧的精品教材。教材建设是国家事权，是事关未来的战略工程、基础工程，是教育教学的关键要素、立德树人的基本载体，直接关系到党的教育方针的有效落实和教育目标的全面实现。

为推动我国化学工业高质量发展，通过技术创新提升国际竞争力，化工高等教育必须进一步深化专业改革、全面提高课程和教材质量、提升人才自主培养能力。

教育部高等学校化工类专业教学指导委员会（简称“化工教指委”）是教育部领导的专家组织，其主要职责是以人才培养为本，开展高等学校本科化工类专业教学的研究、咨询、指导、评估、服务等工作。高等学校本科化工类专业包括化学工程与工艺、资源循环科学与工程、能源化学工程、化学工程与工业生物工程、精细化工等，培养化工、能源、信息、材料、环保、生物、轻工、制药、食品、冶金和军工等领域从事科学研究、技术开发、工程设计和生产管理等方面的专业人才，对国民经济的发展具有重要的支撑作用。

“化工教指委”成立伊始就高度重视教材工作，通过建设高质量、高水平的精品教材，推动化工类专业课程和教学方法改革。2008 年“化工教指委”与化学工业出版社组织编写了 10 种适合应用型本科教育、突出工程特色的“教育部高等学校化学工程与工艺专业教学指导分委员会推荐教材”，包括国家级精品课程、省级精品课程的配套教材，出版后被 100 多所高校选用，并获得中国石油和化学工业优秀教材一等奖。2014 年召开了“教育部高等学校化工类专业教学指导委员会推荐教材编审会”，在组织修订第一批推荐教材的同时，增补专业必修课、专业选修课配套教材，为培养化工类人才提供更丰富的教学支持。

2018 年以来，在新一届“化工教指委”的指导下，本套教材的编写学校与作者根据新时代学科发展与教学改革，持续对教材品种与内容进行完善、更新，全面准确阐述学科的基本理论、基础知识、基本方法和学术体系，全面反映化工学科领域最新发展与重大成果，有机融入课程思政元素，对接国家战略需求，厚植家国情怀，培养责任意识和工匠精神，并充分运用信息技术创新教材呈现形式，使教材更富有启发性、拓展性，激发学生学习兴趣与创新潜能。

希望“教育部高等学校化工类专业教学指导委员会推荐教材”能够为培养理论基础扎实、工程意识完备、综合素质高、创新能力强的化工类人才，发挥培根铸魂、启智增慧的作用。

教育部高等学校化工类专业教学指导委员会

2023 年 6 月

前言

《化工概论》是化工专业的入门指导教材。《化工概论》（第三版）较为系统地叙述了化学工业的发展历程，介绍了化工工艺和单元操作及过程的发展历史和现状，描述了化工学科及专业的发展轨迹。同时，《化工概论》（第三版）也使学生了解化工企业的现状及发展，明确现代化工人才培养的规格要求和创新能力，展望化工未来的发展趋势。学习《化工概论》，会使学生比较清楚地了解化工专业，对于激发学生的兴趣和学习积极性，促进学生逐步完成“兴趣—志趣—志向”的转化发挥“启蒙作用”。

《化工概论》（第三版）的撰写力求观点鲜明、例证充实、联系实际，具有启发性。2006 年《化工概论》一书出版，2012 年修订再版，后被评为 2014 年中国石油和化学工业优秀教材奖一等奖。《化工概论》一书出版以来，收到许多兄弟院校的教师、学生以及其他读者的反馈，读者们也提出了一些很好的建议和意见，增进了读者与笔者之间的交流，真正发挥了“入门教材”的应有作用。

党的二十大开启了以中国式现代化全面推进中华民族伟大复兴的新时代新征程。今天的化学工业，呈现着绿色化、可持续发展的特点。化工工艺技术和化学工程学科在理论和实践的结合上不断创新，新兴领域及战略高新技术领域与化工领域交叉融合发展，《化工概论》（第二版）教材中的材料和数据需要修改更新。为此，笔者对全书进行了修订，对一些章节的内容做了更新补充，完成了《化工概论》（第三版），以满足读者的需求。

由于笔者水平有限，书中难免存在疏漏之处，希望读者批评指正。

编著者

2023 年 6 月

第一版前言

化工是国民经济的支柱产业，是发展迅速、与国计民生密切关联的行业。作为导论性质的课程，《化工概论》利用大量的实例和翔实的材料，讲述化工的重要地位和巨大作用，讲述化工的昨天、今天和明天，增进学生对化工领域的了解，激发学生对化工事业的热爱，唤起学生对化工专业的兴趣，吸引优秀人才为化工事业而努力工作。随着过程工业的发展和扩大，石化、化工、炼油、染料、农药、生化、制药、香料、日化以及微电子、能源、材料、环境等行业都有化学工程师勤奋工作的身影。化学工程作为学科、化工工艺作为技术、化学加工工业作为产业，互相促进，共同繁荣，化工事业发展的未来是十分美好的。我们希望通过这门课程可以做到“引进概念，辐射领域”。

作为《化工概论》课程的教材，本书分绪论、化学工业在国民经济中的地位和作用、化工工艺、化学工程、创新是化工发展的动力、化学工程师、现代化工的发展前景等七章，较为系统地叙述了化学工业在国民经济中的支撑地位，介绍了化学工程与工艺的发展历史和现状，阐述了技术创新的重要性和化学工程师的人才规格，展望了现代化工的未来发展趋势。本书可作为高等院校化工类及相关专业新生入门课程的辅导教材，也可供从事化工及相关领域的工程技术人员作为在职教育和业务培训的参考教材使用，还可作为从事非化工专业的工程技术人员了解现代化工的参考书。

本书内容主要是作者在十多年讲授《化工概论》课程的基础上整理编写完成的，书中有的内容是作者公开发表的研究成果。特别感谢张瑾副教授在第二、三、四章的材料整理和全书的文字编辑工作中付出的努力。本书中的化学工业、化工工艺、化学工程等沿革材料和相关学科中的基本原理阐述是以苏健民编著的《化工和石油化工概论》（中国石化出版社，1995）和李淑芬主编的《现代化工导论》（化学工业出版社，2004）为一般性参考文献编写的。作为一本入门指导性教材，书中还从一些综合性图书及《现代化工》《化工进展》等综合性刊物中引用了大量资料，对于相关作者的工作成果，作者在此一并表示感谢。

现代化学工业日新月异，化工工艺技术和化学工程学科不断发展。本书编写中所论及的问题、涉猎的领域也很宽广，很难做到全面深入，但作者力图使《化工概论》的框架清晰、观点鲜明、言简意赅。由于作者自身的学术水平和教学、研究实践的限制，书中难免有不够全面之处，希望专家、同行、广大学生和读者批评指正。

作　者

2006 年 2 月

第二版前言

作为化工专业的入门指导教材，《化工概论》较为系统地叙述了化学工业在国民经济中的支撑地位，介绍了化学工程与工艺的发展历史和现状，密切结合科学技术的最新成果，展望了现代化工未来的发展趋势，以激发读者对现代化工的发展，对化工与生物、化工与新材料、化工与环境、化工与医药、化工与信息技术等新兴交叉领域及高新技术的发展产生强烈兴趣。作为化工专业的入门指导教材，《化工概论》力求结合作者自身的工业生产实践和教学实践，比较系统地阐述技术创新的含义、重要性及实施关键，以及化学工程师的特点、任务、知识结构和能力培养，以期树立学生"成才、奉献"的责任感。《化工概论》的编写力求观点鲜明、内容充实、结合实际、生动具体。2006年初，《化工概论》一书出版以来，得到许多院校的教师、学生以及其他读者的回馈，增进了读者与作者之间的交流，发挥了"专业入门教材"的应有作用。

21世纪的前十年，化学工业呈现日新月异的变化，化工工艺技术和化学工程学科不断发展，与化工相关的新兴交叉领域及高新技术接连显现，《化工概论》教材中的数据、实例和材料需要更新。因此，作者对全书进行了修订，特别对第2章、第3章、第4章、第5章、第7章的内容做了更新和补充，以满足读者的需求。

作　者

2012年2月

目录

第1章 绪论

1.1 《化工概论》的内容和目的

《化工概论》是一门概述性质的课程，是对“化工”学科和专业的综合性介绍。《化工概论》作为学生学习化工专业课程之前的入门课程，对化工专业人才的培养起到重要的“启蒙作用”。

《化工概论》主要介绍化学工业、化工工艺和单元操作及设备、化工学科及专业的发展。同时，《化工概论》也使学生了解作为“创新主体、投资主体和经营主体”的化工企业的现状，明确现代化工人才培养的规格要求和创新能力，展望化工发展的明天。

《化工概论》主要内容包括“绪论”“化学工业在国民经济中的地位和作用”“化工工艺”“化学工程”“创新是化工发展的动力”“化学工程师”及“现代化工的发展前景”共七章。

“没有任何兴趣，被迫进行的学习会扼杀学生掌握知识的愿望。”“教人未见其趣，必不乐学。”浓厚的兴趣可以调动学生的学习积极性，启迪其智力潜能并使之处于最活跃的状态，激发强大的学习动力。人们对客观事物的认识和适应产生了需要，为了满足需要便可能产生兴趣。当人们在满足某种需要的基础上又产生新的需要时，兴趣也会得到丰富和发展。如果一个学生个人需要的选择与社会的需求相一致，而且符合个人的发展取向和能力水平，就最容易产生兴趣，显现出理想的学习状态。因此，通过适当的教学手段，使学生对学习及将要从事的工作产生兴趣，是十分重要的。

受社会经济发展热点导向的影响，学生们对化学工程与工艺专业的学习兴趣与对电子信息、生物技术、新材料、过程自动化和经济管理等热门专业的学习兴趣相比较，是有差距的。对化工专业缺乏正确的了解，是出现这种问题的重要原因之一。最有效的办法是使同学们了解要从事的工作和专业，回答“做什么”和“怎么做”等问题，激起同学们的求知欲。对要从事的工作越了解，对自己的使命越了解，才越可能对所学专业产生足够的兴趣，投入足够的热情。大学生往往是在二、三年级才逐渐接触专业课的。入学初期，学生还缺乏主动了解化工专业、提高学习兴趣的能力。因此，有必要通过《化工概论》课程的讲授，增加外部搅动，激发学生的学习兴趣，提高学生学习的积极性。

从熟悉衣、食、住、行与化工的密切关系到明确化工在国民经济中占据的战略地位，从了解传统的石油、化肥、轻工、日化、塑料、橡胶等行业到认识化工新技术向新能源、新材料、生物工程、医药产业、生态环境保护及数字信息领域的渗透与融合，通过《化工概论》课程，学生们可以丰富知识，拓宽眼界。

化学工业作为工业部门的重要组成部分，是国民经济的支柱产业之一。近代化学工业已经有二百多年的发展历史了。在某种意义上说，化学工业有"成熟"的一面、先进的一面。然而，仔细考察世界科技发展的潮流，化学工业并不是所谓的夕阳工业，她蕴含的巨大潜力还远未被人类发挥。也就是说，化学工业还有亟待完善的一面，仍具有极大的发展潜力。在我国，化工生产仍存在人力密集、节能降耗亟待全面加强、污染治理亟待全面完善等问题；新产品有待开发，新技术有待转化为现实的生产力，众多的新领域、新业态有待人们去开拓发展。可以十分肯定地说，实现化工的可持续发展，还要做许多的工作。学习《化工概论》，加深对化学工程与工艺专业的了解，可以使学生们认识到在化工领域中是可以有所作为的。学习《化工概论》，了解化工行业在国民经济中的战略地位及未来发展的前景，可以使学生们理解"只有夕阳的产品，没有夕阳的技术；只有夕阳的成果，没有夕阳的学科"的真正含义。

对新事物好奇，对新技术渴望是青年人的特点。对生命、材料、环境、信息等高新技术的强烈兴趣，真正实现化工专业与高新技术的结合，更是青年人为之兴奋的共同点。学习《化工概论》，了解化工与生物、化工与新材料、化工与环境、化工与医药、化工与信息技术的融合发展，了解先进的理论与技术在化工领域的应用，了解与其他高科技工业相结合使化学工业焕发青春、增强活力，了解化工专业新的生长点，可以增强学生学习的动力，明确努力的方向。

作为一门完整的课程，不仅应完成传授知识的任务，也必须将育人环节融合在教学之中。作为"领进门"的概论课程，在介绍专业发展和高新技术进展情况的同时，也必须明确化工科技人才应具备的素质，尤其是化学工程师的素质和要求。《化工概论》课程用一定篇幅明确 21 世纪的人才规格，阐述化学工程师应具备的基本素质，回答作为一名化工人才应该做什么，能做什么和怎么做等问题，在较高层次上让学生理解未来科技人才的知识框架及素质要求，为摆脱被动的学习方式，主动获取科学知识，主动提高基本素质，主动增强创新能力打下基础。

从基本知识到专业知识，从科技知识到人文知识，从本专业知识到相关专业及其他领域知识，学好基础课和专业课是今后工作的基础。努力学习知识和着重培养能力是相辅相成的。创新能力的培养尤其重要，而扎实地进行基础知识的学习，又是能力培养的基础和桥梁。通过基础理论的学习还可以培养获取知识的能力和思维方式。

化学工程师的思想素质、职业素质、文化素质、生理心理素质等方面的要求是对未来科技人才的挑战。从对照知识、素质、能力方面的要求到明确人才的规格和未来化工人才应具备的全面条件，可以使学生们既发现自身差距，又增强实现目标的愿望。

无论专业教育，还是职业道德、敬业精神教育，都应该注意结合科技进步的实践，结合企业的发展历史，增加案例教学的内容。《化工概论》结合典型工艺剖析和技术创新，介绍了企业发展变化的专题内容。这部分内容不同于单纯的专业介绍，它在介绍企业产品更新换代的同时，更着重分析影响企业发展的因素，了解企业在科研、生产、管理、经营上存在的问题，将生动的教育寓于教学环节之中。我国化工生产力水平有待提高，科技成果的转化率还较低，这些现实都会激发同学们的爱国热情与献身精神。既了解到化工生产先进的一面，也认识到相对落后的一面，会给学习化工增强信心，也会为学习化工增加动力。

对一项事业的深入了解而产生兴趣，进而热爱而为之奋斗，这就是兴趣—志趣—志向的转化过程。《化工概论》在化工人才培养过程中是很重要的。它不仅仅是概述化工，更是对学生进行化工的“启蒙”。“煮一锅元宵，需要用勺子不停地搅动，在适宜的温度条件下，元宵会尽快煮熟，否则就会煮烂”。《化工概论》课程的目的之一就是搅动。第一次搅动、第一次吸引、第一次激励，使学生了解专业，激发学生们的兴趣和学习积极性，逐步完成“兴趣—志趣—志向”的转化，进而为学生认识自己的学习目标和历史责任，积极主动地为把自己锻炼成卓越的化工人才打下基础。

1.2 “化工”概念的内涵

所谓“化工”，实际是化学工业、化学工艺和化学工程的总称，例如化学工程学院简称化工学院、化学工程专业可简称化工专业。因此，化工这个词，在不同的场合有不同的含义。

凡主要运用化学方法改变物质组成或性质生产化学品的生产过程或技术称为化学工艺(chemical technology)。通常包括无机化工工艺、有机化工工艺、高分子化工工艺、精细化工工艺和生物化工工艺等。

研究化学工业生产过程中的共同规律，用以指导化工装置的放大、设计和生产操作的学科，称为化学工程（chemical engineering)。其内容包括流体流动、传热、传质、化工热力学、反应工程、过程系统工程、化工技术经济、化工过程安全等。化学工程是适应化学加工工艺的需要而产生的工程性学科。它是以化学、物理、数学为基础，结合其他学科和技术，研究化工生产过程中的共同规律；分析综合工业过程有关的问题和关键，解决有关生产流程的组合，设备结构设计和放大，过程操作的控制、优化和安全等问题；获取人类需要的各种物质和产品，并维持良好的生态环境。

运用化学工艺、化学工程及设备，通过各种化学反应及原料和产品的分离，能量和物料的传递和混合，高效、节能、经济和安全地生产化学品的特定生产部门，称为化学工业(chemical industry)。

首先，需要了解什么是工业。

由于生产的发展，产生了社会分工，现代社会生产分为农业、工业、建筑业、交通运输业、商业和服务业等国民经济部门。所谓工业就是采集自然界的物质资源进行加工，或对农副产品进行加工的物质资料生产部门。一个工业部门都是由若干同类的企业（公司或工厂）组成的。所谓同类，是指生产性质相同，或产品的经济用途相同，或加工的原材料相同，或生产工艺相同。随着生产的发展，分工越来越细，工业部门的数目也越来越多。例如，汽车工业、船舶工业、航空和航天工业已经从过去的机械工业中分离出来，成为单独的新兴工业部门。

根据马克思主义关于再生产的理论，可以把工业按产品的经济用途分为生产资料（第Ⅰ部类）的生产和消费资料（第Ⅱ部类）的生产。前者又称为重工业，后者又称为轻工业。其次，根据劳动对象和劳动目的，工业可以分为采掘工业和加工工业。前者以自然资源为劳动对象，如煤炭工业、石油工业、森林工业等，后者以采掘工业的产品、农副产品或经过初级加工的产品为劳动对象，如化学工业，机械工业和纺织工业等。

在加工工业中，又可以分为机械加工工业和化学加工工业两大类。广义的化学加工工业包括加工过程主要表现为化学反应过程的所有生产部门。由于生产的发展，有的生产过程虽然表现为化学反应过程，但却已独立成为单独的工业部门，如冶金工业（包括钢铁工业、有色金属工业）、城市煤气工业、建筑材料工业、造纸工业、火炸药工业、制革、陶瓷、日用化工和食品工业等。

在我国，一种工业往往被狭义地理解为某个工业部门所管辖的那部分行业和企业的整体。狭义的化学工业则是指原化学工业部所辖的那部分行业和企业的整体，显然这样划分是不科学的。

一般认为，化学工业应介于上述两种过宽和过窄的定义之间，通常包括石油化工、天然气化工和煤化工，包括化学肥料、无机盐、基本有机原料、合成橡胶、合成树脂、合成纤维单体、医药、农药、染料、涂料和颜料、感光材料、磁性记录材料、试剂和助剂等的生产。

化学工业是随着人类生活和生产的需求的发展而发展起来的，化学工业的发展推动了社会的发展，也促进了化学工程和化学工艺学科和技术的进步。

人类从石器时代进入青铜器时代、铁器时代，生产力有了很大的进步。每一次的巨大进步大多与当时出现的工艺和技术有关。许多工艺和技术，如燃料的燃烧、陶器烧制、炼铜和炼铁等都自觉或不自觉地用到有关的化学反应、传热、分离和纯化的知识。虽然当时对自然界的规律差不多是一无所知的，但是，不断积累的经验对推动当时的生产力的发展，对以后的化工产业的建立和发展都起到了重要的作用。

18 世纪以前，化工生产均为作坊式的手工工艺，像早期的制陶、酿造、冶炼等。到了 18 世纪，物理学和化学已建立了系统的理论基础，与长期积累的经验相结合，促进了化学工业的产生和发展。

18 世纪，以含硫矿石和硝石为原料的铅室法硫酸生产工艺和吕布兰法制碱工艺的出现，对化工的发展有很大贡献。从 19 世纪到 20 世纪初期，接触法制硫酸取代了铅室法，索尔维法（氨碱法）制碱取代了吕布兰法，以酸、碱为基础的无机化工初具规模。20 世纪的合成氨技术促进了氮肥及炸药等工业迅速发展。石油和天然气的大量开采和利用，向人类提供了各种燃料和丰富的化工原料。此后，石油化工突飞猛进，高分子化工蓬勃发展，到 20 世纪 50 年代初期形成了大规模生产合成树脂、合成橡胶和合成纤维的工业，人类进入了合成材料的时代。在石油化工和高分子化工发展的同时，为满足人们生活的更高需求，产品批量小、品种多、功能优良、附加值高的精细化工也很快发展起来。化工与生物技术相结合，形成了具有宽广发展前景的生物化工产业，给化学工业增添了新的活力。新材料的开发与生产成为推动科技进步、培植经济新增长点的又一个重要基础。复合结构材料、信息材料、纳米材料、高温超导材料等，使不断创新的化工技术在新材料的制造中发挥了关键作用。

化学工程和化学工艺作为学科和技术，化学工业作为产业，互相促进，共同繁荣、发展和提高。由于化学工艺、化学工程和化学工业三者的密切关联、互相渗透，事实上“化工”这个词，已在人们习惯中成为一个总的知识门类（或学科）和事业（或专业）的代名词。

1.3 “化工”的特点

1.3.1 化工学科的多样性

化工学科具有多样性的特征。化工学科是适应化学加工工业的需要而产生的，它是以化学、物理、数学等学科为基础，结合其他技术研究化工生产中的工艺过程、设备及其共同规律的工程学科。根据化工学科的范畴，化工学科可以按其生产原料及产品的加工过程划分为无机化工、基本有机化工、石油化工、能源化工、精细化工、生物化工、环境化工等学科；也可以按各个化学加工过程中的许多工程问题的共同原理以及设备设计和放大的共同规律划分为若干分支学科，包括化工热力学、传递过程、分离工程、反应工程、过程系统工程、化工技术经济和化工过程安全等。

根据国务院学位委员会公布的学科目录，化工类一级学科的名称为化学工程与技术。化学工程与技术包括如下的二级学科。

① 化学工程；

② 化工工艺（包括无机化工、有机化工、含能材料等）；

③ 生物化工（包括生物化工、制药工艺学等）；

④ 应用化学（包括应用化学、精细化工等）；

⑤ 工业催化。

利用化工学科的多样性，可以分析解决有关生产工艺和流程中的关键问题，包括工艺的组合集成、设备的结构设计和放大、过程的控制、优化和安全等，通过各种化学反应，原料和产品的分离和纯化，能量和物料的输送、传递和混合，保证高效、节能、经济和安全地进行生产，获取人类所需要的各种物质和产品，并维持良好的生态环境，实现可持续发展。从化工发展的战略出发，了解与化学工业密切相关的重要的化工学科分支及研究领域，特别着重了解其工程性学科分支的发展是十分必要的。

1.3.2 化工领域的拓展性

随着社会生产力的不断发展和社会需求的不断增长，化工领域也在不断地拓展。早期的化学加工工业主要是以煤或其他矿石为原料，大多数化工过程都与固体物料的处理（包括破碎、筛分、干燥、气化等）有关，推动了处理固体的高温窑炉（炼焦炉、水泥烧结炉、玻璃熔化炉等）的研究和开发。为了解决选煤、选矿的问题，发展了浮选法和利用重力或表面张力作用下的机械分离方法；为了从煤焦油中获取苯、甲苯等原料，蒸馏过程和设备得到了优先发展。到20世纪初期，大型的合成氨工业和炼油工业开始建立，促进了蒸馏、换热、吸收、固定床反应和气、液输送等过程与设备的发展。

在工业化初期，世界资源很丰富，采用的原料都是富矿或易于加工开采的矿藏。但到今天，有些资源面临枯竭，需要加工贫矿和使用加工过程复杂的原料，甚至要改变原料路线。发展新的技术和工艺，开发贫矿或难开发的矿藏，并注意矿藏的综合利用；采用化工技术增大石油的采出率；增加原油的加工深度，使有限资源得到最大限度的利用；提高产品质量，减少用量或延长产品的使用寿命；充分利用工业副产物、废气、废料回收有用产品；利用天然气和煤代替石油为化工原料，发展用其他资源为原料的化工路线和相应的技术等，这些技术领域的拓展成了解决资源贫乏的重要措施。此外，还应面向海洋，研究从海水、海底资源中提取有用的元素和化合物。

利用可再生能源及核能逐步过渡和部分代替目前的主要能源（石油、天然气、煤和油页岩），是开辟新的能源途径的需要。例如，开发对太阳能的高效利用，主要包括光电直接转化，利用催化剂、太阳能实现水分解制氢；利用生物质（特别是植物）发酵制乙醇或甲烷；利用与化工有关的新型技术，加强核能利用的研究等。与此同时，提高现有能源的利用效率，减少释放能量过程中对环境的污染，也是十分重要的。例如，注意燃烧中的脱硫和硫的回收，着重解决大气中硫化物的污染；解决燃烧不完全所释放的 CO 和 NO_x 的治理问题；解决 CO_2 的减排问题，注意解决水的污染和水的复用问题等。

可再生资源是指动植物及其代谢产物，对它们的综合利用十分重要。发展生物化工，利用微生物、动植物细胞生产人类所需的初级和次级代谢产物；高效利用酶和酶工程，发展高效的酶反应器、酶的分子修饰和分离纯化；利用动植物细胞培养，生产色素、香精、生物碱、维生素、甜味剂、酶和一些特殊的蛋白质（激素、疫苗等）产品；对动植物产品（包括淀粉、蛋白、油脂、纤维素等）进行全价开发等，都是可再生资源综合利用的重要方面。

一般而言，目前化工领域主要涵盖一般化工，包括三酸、二碱、水泥、化肥、农药等；能源化工，包括石油化工、天然气化工、煤化工以及原子能化工等；材料化工，包括高分子材料与化工、无机非金属材料与化工等；精细化工，包括染料中间体、医药中间体等基本有机合成产品的制备、专用化学品制备等；医药化工，包括制药、制剂、控释缓释药物；轻化工，包括化纤工业、日用化工等；环境化工，包括绿色化学工艺、废气、废水及固体废弃物的治理和综合利用等。

化工技术的发展也会拓展到高新技术领域。一般认为，“高科技领域”主要包括微电子及计算机技术、光电通信技术、生物工程技术、新材料（超导材料，光、电、磁记录材料，高分子材料，陶瓷材料等）、新能源技术、航天技术、环境保护技术等，为了保证这些“高科技”的发展，需要采用大量化工提供的材料和技术，如新型材料的合成、制备、超净化加工及其他相应的化工技术，生物基因工程与细胞工程中使用的生化反应工程技术和生物制品分离方法，改善环境、减少大气污染和水污染的治理技术和化学加工的无废工艺及技术等。

作为一个典型的例子，新材料是“高科技”中最重要的一个物质基础。采用 20 世纪 50 年代开始发展的区域熔融方法，可以制得纯度极高的晶体，这是化工对新材料做出的重要贡献。制备高纯材料，所有过程都需要在超净条件下进行，需要大量超净介质（如气体、水、溶剂等），都要求利用化工过程提供超纯净化技术。目前，制备超大规模集成线路和芯片需要采用化学刻蚀、掺杂或形成多层导体、半导体和介电层，需要采用化学气相沉积（CVD）、等离子增强化学气相沉积（PECVD）等技术以及相应的反应器。CVD 过程的热力学、动力学、传递过程和流体力学的研究也十分重要。另外，航天技术需要化工技术为其提供高能燃料、高强度复合材料和保温材料。

当然，高新技术和基础理论的发展对化工的发展也起着巨大的推动作用。特别是计算机和计算数学的发展，促进了化工过程和设备的数字化和智能化，为更好地解决设备的放大和自动控制问题提供了重要基础。同时，计算机技术为研究复杂的化学反应动力学，优化化工系统的设计、操作和控制，研究反应器中的多态问题等提供了有效的工具。

了解化工在国民经济中的战略地位，了解化工领域的拓展性，了解过程工业中同样有化工的先进技术和一流产品，了解航空、航天、计算机、自动化、生物、材料、环境等领域中都有化工人才的用武之地，学生们的学习动力会大大增强。明确努力方向，学好基础知识，通过创造性的思维，到各个领域去发展自己、奉献自己，“种好自己的地”“去种别人的地”。

1.3.3 化工专业的社会性

与化学工业和化工学科的发展相对应，化工专业教育也经历了一系列变革，化工专业的社会性特点越来越明显，对化工专业人才的规格要求也增添了新的内涵。

当今社会已经进入信息时代，人们对工程技术的理解和认识发生了很大的变化，对工程师的要求也与以前不同。比如，工程师不仅应具有扎实的基础知识和良好的主动获取知识的能力和分析解决问题的能力，而且应具备很好的综合和集成的能力及创新意识。由于人与环境、人与社会的关系越来越密切，工程师的知识结构不应仅限于科学和技术本身，工程师在解决具体的工程问题的时候必须全面考虑和综合资源、环境、经济、政治等多方面的因素。

从化工学科的发展来看，一方面认识事物的层次在不断加深，对化工过程所涉及的各种现象有了更本质的认识；另一方面，化工面向的服务领域不断扩展，从传统的无机化工、有机化工等逐渐扩展到生物、环境、材料、医药及轻工、食品等许多领域。面对这两方面的变化，化工专业教育不可能随认识层次的加深和服务对象的扩展而无限制地膨胀，而只能保证最基本、最核心的内容。这些基本内容应随着化工学科的发展和行业需求的变化做相应调整，结合化学工业和化工学科的发展趋势，重新规划和设计新的专业教学体系和内容十分必要，以适应培养高质量人才的需要。

从化工学科的发展、化工行业的需求及我国现实状况等几方面出发，化工专业培养的人才定位应当是化学工程师。尽管化学工程已有一百三十年的历史，化学工程师所依赖的科学基础（数学、物理学、化学、生物学等）已有了长足的发展，服务的对象在不断扩展和变化，解决具体工程问题的方法和工具也在不断更新，但是，化学工程师所面临的任务在本质上并未发生根本改变，即综合运用物理、化学及工程学科的多方面的知识去解决过程工业中遇到的工程问题。当然，面对社会的不断发展和进步，应该对培养的人才的知识结构和能力结构做出更为具体的要求，以满足化工专业社会性特征的需求。

扎实的基础和宽阔的视野是高质量化工人才应该具备的基本条件，这不仅是学生在未来社会中生存和发展的基础，也是在校期间培养创新能力的出发点。实现这一目标的关键是化工专业的课程体系、内容的组织和教师水平的提高。扎实的基础知识靠高质量的基础课来保证，而宽阔的视野则一方面依靠丰富的高水平选修课来提供，另一方面有赖于教师在各个教学环节中的引导。因此，不仅要在规划课程设置时处理好二者的关系，更应该在每门课程内容的规划和讲授中兼顾两方面的需求。

目前科学知识的发展和更新极快，学校的教育不可能一劳永逸。事实上，现代教育的发展趋势就是由传统的知识和技能的传授转向能力的培养和方法的传授，教育也从阶段教育发展成终身教育。因此学校教育的主要功能是教会学生基本知识和学习方法以及良好的获取知识和解决问题的能力，另外，由于科技转化为生产力的速度加快，必须加强工程实践和工程设计方面的训练，加强实验动手能力的培养。这样的化工专业教育才能使学生在将来的工作中不断自我学习，自我完善，跟上时代的步伐，立于不败之地。

随着现代社会的不断发展，工程的概念已发生了变化，工程与社会的关系越来越密切，工程师所面临的也不再是简单的技术问题。因此，应加强经济、环境、生态、法律等方面的教育，使学生扩大视野，真正适应社会发展的需求。

应当指出的是，除了正确地建立学生知识和能力的结构外，课程教学中正确引导、言传身教，提高学生的思想道德素质、文化素质、业务素质和生理心理素质也是不容忽视的重要任务。这也是“寓德于教”的含义所在。

社会的进步、学科的发展及相关行业的需求都对化工专业教育提出了新的要求。为实现新的目标和要求，必须充分调动教和学两个方面的积极性。一方面，教学及培养的目标归根到底要通过每位教师的教学活动来贯彻和实现，改革的成败取决于教师业务素质的提高和在教学活动中的投入；另一方面，加强对学生的引导，激发学生参与教学改革的积极性，是使改革的目标得以真正实现的关键。从社会进步、科学发展、行业需求及人才素质、能力及知识结构等多方面进行全面考量，明确人才培养的目标与思路，积极探索，努力实践，就能够实现改革的目标，使培养的人才更能适应新技术革命的挑战和化工专业社会特性的需求。

第 2 章 化学工业在国民经济中的地位和作用

2.1 化学工业是国民经济的支柱型产业

化学工业是运用化学工艺、化学工程及设备，通过各种化学反应及原料和产品的分离，能量和物质的传递和混合，高效、节能、经济和安全地生产化学品的特定生产部门。简单地说，化学工业是以化学方法为主，通过改变物质结构、成分、形状等生产化学品的工业部门。

化学工业发展迅速，经济效益显著，是国民经济的支柱产业之一。世界各工业发达国家的发展路径是一个例证。第二次世界大战以后，特别是 20 世纪 50～80 年代，世界各工业发达国家的化学工业发展迅猛，化学工业的发展速度都高于整个工业的发展速度，化学工业在国民经济中的比重不断攀升（见表 2-1）。到了 20 世纪 90 年代以后，发达国家的化学工业与其他工业一样，放慢了发展速度，但德、法、日等国的化学工业增长速度仍高于整个工业的增长速度。

表 2-1 世界工业发达国家重要发展时期的化学工业与整个工业的发展状况

国别	1950—1959 年		1960—1969 年		1970—1979 年		1980—1989 年	
	整个工业增长/%	化学工业增长/%	整个工业增长/%	化学工业增长/%	整个工业增长/%	化学工业增长/%	整个工业增长/%	化学工业增长/%
美国	3.9	7.9	5.0	7.9	3.1	5.6	5.7	6.0
苏联	11.8	14.8	8.6	12.4	5.8	8.0	6.3	9.4
日本	16.5	17.9	13.5	14.6	4.6	5.2	3.6	5.1
联邦德国	9.5	12.0	5.7	10.4	2.0	3.5	3.5	7.3

我国石油和化学工业呈现快速发展势头，化学工业的产值是国民经济总产值指标的重要组成部分，是推动国民经济持续增长的重要力量。

2005 年我国化肥、纯碱、硫酸、电石、染料五个品种产量居世界第一位，农药、烧碱、轮胎等产量居世界第二位，乙烯、涂料等居世界第三位。而到了 2010 年，在 2005 年基础上又有烧碱、农药、轮胎、甲醇、合成树脂、合成橡胶、合成纤维等近 10 个品种产量跃升为全球第一。据有关部门对石化行业内最重要的38种石化产品产值统计中，我国除了工程塑料和钾肥产值在全球屈居第五、六位外，其他产品全部位列前三，20余种产品居首位。此外，我国原油加工量、原油产量和天然气产量也分别从2005年的榜上无名升至2010年的世界第二、四、五位。2018年我国原油加工量60565.3万吨，同比增长6.8%，原油产量18907.8万吨，天然气产量1602.7万立方米，同比增长8.3%。

2007年，我国石油和化学工业实现主营业务收入5.15万亿元，增长22.54%，其中，化学工业主营业务收入2.53万亿元，增长33.86%；工业总产值5.32万亿元，增长22.46%，其中化学工业总产值为2.90万亿元，增长30.87%。产业规模继续在国民经济各行业中位居领先，主营业务收入占全国工业的比重为14.53%，工业总产值占全国GDP的比重达21.17%。2007年我国石油和化学工业实现利润5300亿元，增长21.08%，增速比2006年提高2.83%。基本化学原料、合成材料、橡胶、炼油及化工生产专用设备制造行业效益情况较好，利润增速达50%以上，成为拉动全行业效益增长的主要力量。

由于受到世界金融危机的严重影响，2009年我国石油和化学工业经历了年初生产下降、价格跳水、亏损加剧的不利局面，但是，随着国家《石化产业调整和振兴规划》的出台，2009年下半年产值降幅逐月收窄，产量全面回升，高端产品价格回升加速；行业投资下滑趋势得到初步遏制，化工利润由负转正；外需复苏，出口由降转升。2009年我国石油和化学工业实现总产值6.49万亿元，同比上升0.1%，这是2008年11月以来首次实现累计产值的正增长。2011年，面对复杂多变的国际形势和国内经济运行出现的新情况、新问题，我国石油和化学工业以科学发展为主题，以转变发展方式为主线，实现了“十二五”时期经济社会发展良好开局，工业总产值同比增长14.7%。2011年，原油加工量达44774万吨，同比上升4.9%；乙烯产量1528万吨，同比上升7.4%。在2018年国际环境复杂、市场震荡多变的形势下，原油加工量达60565.3万吨，同比上升6.8%；乙烯产量1841万吨，同比增长1.0%。2018年石化全行业实现了主营收入和利润总额“双增长”，总体态势继续稳中向好。同时，行业经济结构继续优化升级。首先表现在增长结构继续优化，基础化学原料、合成材料和专用化学品制造对收入增长的贡献率较高，依次达到35%、30.9%和18.6%。值得关注的是，新兴产业增加值增速较快，2018年生物基材料制造增加值增速高达211.9%，生物质燃料制造增幅为37.6%。效率不断提高，能耗持续下降，2018年石油和化工行业万元收入耗标煤同比下降10%，其中化学工业降幅6.3%。行业盈利能力不断增强，2018年石油和化工行业主营收入利润率达到6.77%，为2012年以来最高，其中化学工业主营收入利润率达6.89%，刷新历史最高水平。我国石油和化学工业确实起到了国民经济支柱产业的核心作用，为经济发展的企稳回升做出了重要贡献。

我国经济正在由高速增长阶段转向高质量发展阶段，改善能源结构、推进绿色发展和生态文明建设是重要任务。今后一个时期，我国石油和化学工业将根据市场需求、资源特点、技术特长和竞争能力，着重进行产品结构的调整，在石油和天然气开采、石油化工等方面实现行业的规模化、智能化、绿色化、炼化一体化，这将有利于落实石化行业供给侧结构性改革，引导石化产业提质增效。我国已经成为全球石油天然气消费增长的主要国家之一。保障我国能源安全，要从供给侧增加石油供给能力和增强储备应急能力，从需求侧高效利用石油，尽早实现石油消费达峰企稳。

乙烯　作为石油化工的龙头，2011年我国乙烯产量达1527.5万吨，同比增长7.4%，居全球第二位。2018年，我国乙烯产量已经达到1841万吨，比2011年增加20.52%。乙烯工业是技术密集型的现代化工业。对于乙烯的巨大市场需求，使得建设大型化装置，推进原料的轻质化、优质化和多样化，发展规模经济，成为我国实现低成本、低能耗、高效益战略的最有效途径。目前，装置规模扩大、技术含量提高、原料轻质化、竞争力增强是主要方向。

合成树脂 合成材料的市场需求仍较大，缺口集中在高端领域，特别是合成树脂的特殊功能材料。2011年我国生产合成树脂4798.3万吨，同比增长9.3%，合成树脂自给率由不到50%增加到65%。2018年我国合成树脂制造业规模以上数达到1706家，生产合成树脂8587.2万吨，同比增长2.5%，行业总产值为9604.57亿元。我国合成树脂行业存在结构性供求矛盾，部分低端产品投资过度、产能过剩，企业产品品种单一，产品附加值偏低。要注重发展化工新材料，主要包括聚甲醛（POM）、聚酰胺（PA）、丙烯腈-丁二烯-苯乙烯共聚物（ABS）、聚砜（PSF）、聚酰亚胺（PI）、聚苯醚（PPO）、聚醚醚酮（PEEK）、碳纤维、芳纶等。力争2020年，我国化工新材料整体自给率达到80%以上。合成树脂行业的持续健康发展仍需要进一步引导和规范，增强自主创新能力，积极推动行业整合，提高行业集中度。

合成纤维 合成纤维工业发展迅速，尤其是聚酯生产能力提高较快。2011年全国合成纤维单体的产量达1771万吨，同比增长9.53%。2017年，我国合成纤维产量达428万吨，同比增长3.8%。实施集中力量建设具有规模经济及上下游一体化的聚酯生产基地的有效手段后的2018年，聚酯原料PTA和乙二醇的产能明显增大，价格走势涨跌不一。合成纤维正广泛应用到航空航天、医疗护理、交通、建筑、服饰等领域中。

合成橡胶 2011年全国合成橡胶的产量达348.66万吨，同比增长12.91%。2018年，全国合成橡胶的产量达559万吨，同比增长7.1%。根据橡胶加工的需要，通用合成橡胶基本实现国内规模化生产，产量基本可以满足需求，特种合成橡胶需要依靠进口，应该在合成橡胶的小品种、多品种、特殊品种方面进一步调整和发展。

有机原料 2011年是石化行业总产值增长最快的一年，同期投资增幅则逐渐下降，说明产值的增长正逐渐远离“投资拉动”。有机化学原料及专用化学品在利润增长中的比重不断攀升，其中，有机化学原料利润比例达13.5%，较2010年增加0.7%。2018年的增长结构继续优化。有机化学原料及专用化学品的制造对化学工业收入增长的贡献率分别达到27.1%和18.6%。有机原料的发展方向是以乙烯、丙烯等石化产品为原料，淘汰小而分散、技术落后的传统工艺，以规模化、专业化生产提高市场竞争力。

氯碱 氯碱行业是资源和资本密集型的基础原材料产业，发达国家氯碱行业发展成熟，后续的市场增长空间有限。2011年我国烧碱产量达2466.2万吨，同比增长15.2%，全国聚氯乙烯树脂的产量达1295万吨，同比增长12.52%。2018年我国烧碱产量3420万吨，同比增长0.9%，聚氯乙烯产量1874万吨，同比增加5.6%。烧碱开工率80%，聚氯乙烯开工率78%，开工率继续保持高位。近年来，我国烧碱一直处于供过于求的局面，碱氯不平衡是突出的矛盾。“十二五”期间，新增1686万吨烧碱产能和913万吨聚氯乙烯产能，同时退出905万吨烧碱产能和608万吨聚氯乙烯产能。“十三五”以来，新增553.5万吨烧碱和263万吨聚氯乙烯产能，同时退出167.5万吨烧碱产能和207万吨聚氯乙烯产能。行业去产能效果显现，行业由高速发展进入到高质量发展阶段，发展更趋健康理性。通过调整氯碱工业的产业结构，走集约化的发展之路，提高企业集中度。

农药 我国是农药生产大国，2011年我国农药产量近265万吨，已占全世界产量的1/3以上。由于受到国内外经济发展不确定因素的影响，2017年我国农药产量达294.1万吨，

2018年农药产量回落到208.3万吨。我国农药出口到一百多个国家和地区，包括美国、澳大利亚、日本、俄罗斯、加拿大、德国、法国、英国、意大利等发达国家。同时，世界主要粮食生产国巴西、阿根廷，以及东南亚大部分国家和地区也都大量进口我国农药产品。然而农药行业仍然存在着大而不强、快而不精、小而分散的深层次矛盾，而且新产品研发和环保投入不足，尤其是对于特殊污染物缺乏有效的处理手段。农药行业今后的发展重点是进行产品结构和企业结构调整，更加重视科技进步和安全环保问题，开发替代高毒有机磷杀虫剂的新品种和地下害虫防治剂、新型除草剂等，加大农药中间体的开发力度，提高企业集中度，打造一体化的大型农药企业集团，淘汰一批低水平农药加工企业。

精细化工 精细化工包括传统精细化工和新领域精细化工。传统精细化工在我国已为成熟产业，产量大，如染料产量和出口量均居世界第一位，产量占全球染料总产量的40%；又如，我国涂料产量已超过1000万吨，产值稳定增长，固定资产投资持续增加。传统的精细化学品仅以数量取胜，质量与发达国家有较大差距，高档产品还在不断进口。石油化工及高分子材料工业的快速发展势头，为新领域精细化工开辟了广阔的原材料来源，特种功能材料的产生又对新型的适应性精细化工产品提出更大的需求。新领域精细化工是国家发展的重点，其特点是产品技术含量高、附加值高，市场处于发育成长阶段，潜力大。发展以电子化学品为代表的高端精细化学品。高端电子化学品包括UV-LED油墨、显影液、刻蚀液、超净高纯试剂、光刻胶、锂电池黏结剂等。以转变发展方式、加快发展新领域精细化工产业为主线，以节能减排、清洁生产、推进循环经济、实现多样化功能化为主题，逐步提高集中度，形成共同发展的良好局面，是今后一个时期精细化工产业的发展特点。

化学肥料 我国化肥产量居世界第一位，同时，我国也是一个农业大国，化肥对农业的保产增产有十分重要的作用。由于受到国内外经济发展不确定因素的影响，2017年我国化肥产量达6065.2万吨，2018年化肥产量回落到5459.6万吨。根据“十三五”规划，要大力发展生态友好型农业，实施化肥农药使用量零增长行动，全面推广测土配方施肥、农药精准高效施用。我国化肥产业由“促发展”转变为“重调控”，重点是加快调整产业组织结构和通过技术升级推进循环经济发展，提高化肥利用效率等。高标准农田的建设要求使用利用率高、保水性好的增效型肥料，以及能够节水的水溶性肥料和化解土壤问题的土壤调理剂和有机肥等。我国化肥市场结构性矛盾仍比较突出，需要结构调整稳步推进，管理水平和产品质量不断提升，成本下降。2013年以来，化肥行业百元主营业务收入的成本长期运行在87.30元上方，2018年回落至85.00元下方，行业效益显著改善。未来一个时期内，成本仍是支撑化肥市场价格变动的主要因素。十分明显，化肥工业要从传统的单纯增加产量转移到提高化肥使用效率和经济效益上来，加快化肥产量结构调整步伐，加速原料路线的合理调整和技术水平的提高，降低基础肥料的生产成本，提高肥料复合比例和农化服务水平，调整基础肥料和化肥二次加工的生产力布局，推广科学施肥，提高肥效，十分重要。

在国民经济和社会发展中，石油化工是我国优先发展的支柱产业之一，精细化工和农用化学品也是化工发展的重点。在今后一段较长时期内，石油化工、新型合成材料、精细化工、橡胶产品加工业、化工环保事业将是我国化学工业的主要增长点。我国化学工业发展潜力是巨大的，重点是发展新技术、开发新产品、增加高附加产值产品的品种和产量，赶超世界先进水平。

2.2 化学工业的主要特点

（1）原料、工艺和产品的多样性

化学工业的一个显著特点是它的多样性和复杂性，没有任何一种工业能包含这么多的行业、这么多的生产工艺和这么多的产品。

化学工业是一个多行业、多品种的生产部门。化学工业既是原材料工业，又是加工工业，既包括生产资料的生产，又包括生活资料的生产。按其生产原料划分，可分为煤化工、石油化工、生物化工；按其产品的类别及产量的大小划分，可分为基本有机化工、无机化工、高分子化工、精细化工和生物化工；按产品用途分类又可分为医药、农药、肥料、染料、涂料等。

化学工业中，用同一种原料可以制造多种不同的化工产品，同一种产品可采用不同原料或不同方法和工艺路线来生产，一个产品可以有不同用途，而不同产品可能会有相同用途。由于这些多样性，化学工业能够为人类提供越来越多的新物质、新材料和新能源。同时，多数化工产品的生产过程是多步骤的，有的步骤很复杂，其影响因素也是复杂的。采用更经济的生产原料，选择经济、高效而且便捷的工艺过程，不断研制出新的产品，是化学工程师的任务。

（2）大型化、集约化和精细化

化工生产是由原料主要经化学变化转化为产品的过程，同时伴随有能量的传递、转换和消耗。化工生产部门是资源大户、能源大户，合理利用资源和能源极为重要。许多生产过程的先进性体现在采用节能降耗工艺，一些具有提高生产效率和节约能源的新方法、新过程的开发和应用受到高度重视。化学工业是装置型工业，它不同于装配型工业，有一个规模经济问题，或者叫做规模经济性。例如，一个塔式装置，它的设备投资与它的直径的一次方成正比，而其处理能力却与直径的平方成正比。装置规模越大，单位产品的投资越省，成本也越低。十分明显，增大生产规模，降低单产的材料成本，提高全员劳动生产率和盈利能力，是化学工业发展的特点。

创造条件，促进化学工业生产的集约化，可以使资源和能源得到充分、合理的利用，可以就地利用副产物和“废料”，将其转化为有用产品，做到零排放或少排放，逐渐实现“循环经济”的构想。集约化不只局限于不同化工厂的联合体，也可以是化工厂与其他工厂联合的综合性企业。例如，火力发电厂与化工厂的联合，可以利用煤的热能发电，同时又可利用生成的煤气来生产许多 C_1 化工产品。

精细化不仅指生产小批量的化工产品，更主要的是指生产技术含量高、附加产值高的具有优异性能或功能的产品，并且能适应市场需求的变化，改变产品品种和功能。化学工艺和化学工程也要精细化，深入到分子内部的原子水平上进行化学品的合成，使产品的生产更加高效、节能、省资源。

（3）知识密集、技术密集、资金密集

化学工业中的化工工艺十分复杂，化学反应过程往往采用高温、高压、催化等技术，化工设备和产品更新也很快。现代化学工业是高度自动化和机械化的生产部门，而且朝着智能化发展。当今化学工业的持续发展越来越多地依靠高新技术，依靠科研成果转化为生产力，依靠生物与化学工程、微电子与化工、材料与化工等不同学科融合，创造出更多优良的新物质和新材料。计算机技术的高水平发展，已经使化工生产实现了远程自动化控制，也将给化学品的合成提供强有力的智能化工具，将组合化学、计算化学与计算机方法结合，可以准确地进行新分子、新材料的设计与合成，节省大量实验时间和人力。因此，化学工业是知识密集、技术密集型的工业。化学工业需要高水平、有创造性和开拓能力的多种学科不同专业的技术专家，以及受过良好教育及训练的、懂得生产技术的操作和管理人员。

现代化学工业的流程长、设备多而复杂，技术程度高、基建投资大，产品更新迅速，需要大量的投资。加上化工综合利用要求高，需要组成联合企业，投资更为集中。然而化工产品产值较高、成本低、利润高，一旦工厂建成投产，可很快收回投资并获利。

(4) 安全和环境保护首当其冲

化学工业是能改变物质特性，综合利用，变无用为有用，并且不断创新的工业部门。然而，化工生产中易燃、易爆及有毒物质较多，化工生产必须首先解决的问题是采用安全的生产工艺，具备可靠的安全技术保障、严格的规章制度及监督机构。化学工业是能耗高，“三废”污染严重的工业部门，节能和环境保护的任务十分艰巨。要完善“三废”治理工程，做到零排放或少排放；要创建清洁生产环境，采用无毒无害的方法和过程，发展绿色化工，生产环境友好的产品。这些都是化学工业可持续发展的关键。

2.3 化学工业的原料和主要产品

化学加工原料的多样性是显而易见的。自然界中包括地壳表层、大陆架、水圈、大气层和生物圈内蕴藏着的各类资源，如矿物资源、动植物资源、空气和水，都可以成为化学加工的初始原料。

矿物原料包括金属矿、非金属矿和化石燃料矿。金属矿多以金属氧化物、硫化物、无机盐类或复盐形式存在；非金属矿以各种各样化合物形态存在，其中含硫、磷、硼、硅的矿物储量比较丰富；化石燃料包括煤、石油、天然气、油页岩和油砂等，它们主要由碳和氢组成。虽然化石燃料中的碳只是地壳中总碳质量的 0.02%，但它却是最重要的能源、最重要的化工原料。目前，世界上 85%左右的能源与化学工业，均建立在石油、天然气和煤炭资源的基础上。石油炼制、石油化工、天然气化工、煤化工等在国民经济中占有极为重要的地位。

生物资源是来自农、林、牧、副、渔的植物体和动物体，它们提供了诸如淀粉、蛋白质、油料、脂肪、糖类、木质素和纤维素等食品和化工原料，天然的颜料、染料、油漆、丝、毛、棉、麻、皮革和天然橡胶等产品也都取自植物或动物。生物资源的可再生性是这类资源的优势所在。开发以生物质为原料生产化工产品的新工艺、新技术是重要的研究课题。需要提及的是，必须注意保护生态平衡，合理利用生物资源，使这些资源获得适于其繁衍和再生的生态环境。

经过某种化学加工得到的产品，往往是其他化学加工产业的原料。工业废渣、废液、废气以及人类用过的物质和材料，也可作为再生资源，经过物理和化学的再加工成为有价值的产品和能源，随意排放废弃物会对环境造成巨大的危害。未来物质生产的特点将是发展“绿色工艺”，越来越完全和有效地利用“原料”，实现“废料”和“垃圾”的“零排放”。这就是“循环经济”的发展模式。

化学工业的主要产品可以分为无机化工产品、基本有机化工产品、高分子化工产品、精细化工产品和生物化工产品。

(1) 无机化工产品

无机化工产品主要包括硫酸、硝酸、盐酸、纯碱、烧碱、合成氨和氮、磷、钾等化学肥料。无机化工产品中还有应用面广、加工方法多样、生产规模较小、品种为数众多的无机盐，即由金属离子或阳离子与酸根阴离子组成的物质，例如硫酸铝、硝酸锌、碳酸钙、硅酸钠、高氯酸钾、重铬酸钾等，约有1300多种。

除盐类产品外，还有多种无机酸（磷酸、硼酸、铬酸、砷酸、氢溴酸、氢氟酸等）；氢氧化物（钾、钙、镁、铝、铜、钡、锂等的氢氧化物）；元素化合物（氧化物、过氧化物、碳化物、氮化物、硫化物、氟化物、氯化物、溴化物、碘化物、氢化物、氰化物等）；单质（钾、钠、镁、铝、铁、硅、磷、氟、溴、碘等）。

工业气体（氧、氮、氢、氯、氨、氦、一氧化碳、二氧化碳、二氧化硫等）也属于无机化工产品。

(2) 基本有机化工产品

从石油、天然气、煤等自然资源出发，经过化学加工得到以碳氢化合物及其衍生物为主的基本化工产品，如乙烯、丙烯、丁二烯、苯、甲苯、二甲苯、乙炔、萘、合成气等产品，此类产品是有机化工基础原料，产量很大。由这些基本产品出发，经过进一步的化学加工，可生产出种类繁多、品种各异、用途广泛的有机化工产品。例如，醇、酚、醚、醛、酮、酸、酯、酐、酰胺、腈和胺等重要的基本有机化工产品。

基本有机化工产品主要用于生产制造塑料、合成橡胶、合成纤维、涂料、胶黏剂、精细化工产品及其中间体，也可以直接作为溶剂、吸收剂、萃取剂、冷冻剂、麻醉剂、消毒剂等。

(3) 高分子化工产品

高分子化合物是由单体通过聚合反应获得的，分子量高达10^4～10^6。高分子化工产品是高分子化合物及以其为基础的复合材料或共混材料，品种众多，用途广泛，新产品、新材料层出不穷。按用途分类，高分子化工产品有合成树脂、合成橡胶、合成纤维、橡胶制品、涂料和胶黏剂等；按功能分类，有通用高分子化工产品和特种高分子化工产品。

通用高分子化工产品产量较大、应用广泛，如聚乙烯、聚丙烯、聚氯乙烯、聚苯乙烯，涤纶、腈纶、锦纶，丁苯橡胶、顺丁橡胶、异丁橡胶、乙丙橡胶等。

特种高分子化工产品，包括能耐高温和能在苛刻环境中作为结构材料使用的工程塑料，如聚碳酸酯、聚芳醚、聚砜、聚芳酰胺、有机硅树脂以及氟树脂等；具有光电导、压电、热电、磁性等物理性能的功能高分子产品，如感光高分子材料、光导纤维以及光、电或热致变色的高分子材料、高分子分离膜、高分子液晶、仿生高分子、可降解高分子材料、催化剂载体、试剂以及医用高分子化工产品等。

近年来，高分子共混物、高分子复合材料等高性能产品的研究、开发和生产受到很大关注。为了保护环境，生物降解高分子的研制也受到高度重视。可以说，高分子化工产品是一类发展迅速、用途广泛的新型材料。

(4) 精细化工产品

相对于大宗化工原料产品而言，精细化工产品的品种多、产量小，多数产品纯度高、附加值高。精细化工产品大多数为有机化学品，少数是无机精细化学品，作为其他工业部门使用的辅助材料、农林业用品和人民生活的直接消费品。

精细化工产品的种类很多，欧美国家把精细化工产品分为精细化学品和专用化学品，前一类如染料、农药、涂料、表面活性剂、医药等；后一类如农用化学品、油田化学品、电子工业用试剂、清洗剂、特殊聚合物、食品添加剂、胶黏剂和密封剂、催化剂等。

根据 1986 年我国提出的暂行分类法，精细化工产品分为 11 类，包括农药、染料、涂料（包括油漆及油墨）、颜料、试剂和高纯物、信息用化学品（包括感光材料、磁性材料等能接受电磁波的化学品）、食品和饲料添加剂、胶黏剂、催化剂和各种助剂、化工系统生产的药品（原药）和日用化学品、功能高分子材料（包括功能膜、偏光材料等）。从广义上讲，多数生物化工制品也属于精细化学品。

随着国民经济的发展，精细化工产品的品种在迅速更新和发展，化工产品的精细化率不断提高，在功能高分子、电子化学品、精密陶瓷、生化制品等领域，研究和新产品开发工作十分活跃，更多类型的、使用专一的精细化学品将会出现。

（5）生物化工产品

使用生物催化剂（活细胞催化剂或酶催化剂）进行发酵过程、酶反应过程或动植物细胞大量培养过程而获得的化工产品，称为生物化工产品。生物化工产品中有的是大宗化工产品，例如乙醇、丙酮、丁醇、甘油、柠檬酸、乳酸、葡萄糖酸等；有的是精细化工产品，例如各种氨基酸、酶制剂、核酸、生物农药、饲料蛋白等；还有许多医药产品是必须用生物化工方法来生产的，像各种抗生素、维生素、疫苗等。

总之，水、空气、煤、石油、天然气、矿物质以及生物质等资源及其加工产物是化工生产的基础原料。基础原料经过初步化学或物理加工的产品，称为基本化工原料。由基本化工原料出发，经过一系列的化学和物理加工，可以制造出各种各样的化工产品。化工生产原料的多样性和产品的多样性，使化学工业与国计民生有着广泛而密切的联系。

2.4 化学工业与国计民生息息相关

化学工业是应人类生活和生产的需要而发展起来的，化学工业的发展也推动了国民经济的发展和社会的进步，化学工业与人类生存、国计民生及文明发展息息相关。

2.4.1 化学工业与人类生存

人们的需求是多种多样的，有物质方面的需求，也有精神和文化方面的需求。在物质需求当中，最为关键的是关乎人类生存的必需的物品和产品。化工产品是人类赖以生存的不可缺少的产品。

首先，人类需要获取食物来维持生命。“民以食为天”，粮食问题一直是每个历史时代、每个社会发展阶段的关键性问题。2011 年 10 月 31 日，世界人口达到 70 亿。据联合国最新发布的《世界人口展望：2015 年修订版》报告预计，世界人口将在 2030 年之前达到 73 亿，2050 年达到 97 亿，2100 年达到 112 亿。人口危机、粮食危机已成为全球性的爆炸性问题。发展农业，提高产量，科学种田是解决这一问题的重要战略措施。很明显，除了积极依靠改良品种、适当扩大耕种面积以外，提高单位面积粮食产量、提高粮食产物的质量是至关重要的。依靠化学工业为农业提供化学肥料、农药及植物生长调节剂，促进农业的化学化，已经成为目前解决粮食问题的重要手段之一。

农作物生长需要营养素，需要量大而土壤的供给能力又是不足的。农作物生长需要的营养素中，最重要的是氮、磷、钾，称为肥料三要素。我国的土壤100%缺氮，60%缺磷，30%缺钾。氮、磷、钾等肥料仅靠天然物供应难以满足需求，必须施肥加以补充。

合理施用氮肥可以促进茎叶生长，保证有足够的叶面进行光合作用，使作物多开花，多结果。例如，尿素是一种高效的氮肥，每吨尿素可以增产小麦10.4吨。合理施用磷肥能促进作物的糖分和蛋白质的代谢，增加花粉和胚珠可孕性，提高结果率，增加产量。合理施用钾肥可促进作物体内碳水化合物的形成和转化，促进茎秆机械组织的形成，防止植株倒伏，并促进籽粒中蛋白质的合成。

近年来，国内外农业部门都确认，依靠合理使用化肥，可以使农作物增产40%～50%。如果没有化学肥料，很难使世界上每年以相当快的速度增长的人口免于饥饿。目前，从农作物生长的需求出发，研制具有最佳配比的复合肥料，在肥料中添加微量稀土元素以期大幅度提高作物的产量，是促进农业增产的一个重要途径。

农作物生长也离不开化学药剂（农药），农药为保护农作物提供了有效的武器。据资料报道，全世界的有害昆虫（如蝗虫等）约10000种，有害线虫约3000种，植物病原微生物约80000种，杂草约30000种。如果没有农药，这些虫害、病害、草害会使世界农作物产量平均每年下降35%，收获进仓后到消费前还要损失10%～20%。使用农药在保证农业增产上发挥了重要作用。据一般性统计，由于使用农药，我国每年可以减少粮食损失150万吨、棉花45万吨、油料15万吨。

农药包括杀虫剂、除草剂和杀菌剂等。早期使用的农药，如DDT、六六六等，由于其高毒性和环境污染，被以后的有机磷杀虫剂所代替。最近，采用生物方法研制的高效内吸性杀菌剂和农用抗生素等新的农药品种，为使用高效、低毒和安全的农药，保证粮食等农作物的增产，开辟了新的途径。

植物激素就是植物体内具有调节作用的内源性物质。它包括生长因子和生长抑制剂。这些生长调节物质影响植物的生长、发育、开花、结果。人们已经探明了一些植物生长调节物质的分子结构和作用机理，并研制出数百种植物生长调节剂，如吲哚乙酸（IAA，促进植物生长）、赤霉酸（GA，诱发花芽形成）、细胞分裂素（促进种子萌发、抑制衰老）、乙烯（促进果实成熟）、独角金酮（诱发寄生植物种子萌芽）、G2因子或*N*-甲基烟酸内酯（影响固氮作用）等。利用植物生长调节剂进行适时调控，可以很大程度地提高作物的产量。

化学工业产品对农业生产的推动和影响并不限于化学肥料和农药。例如，农用塑料薄膜的应用十分普遍，已经成为合理利用有限的土地资源、提高土地利用率的有效手段。农用地膜一般使用聚乙烯树脂为原料。已经证明，覆盖栽培技术是提高作物单产的重要方法之一。此外，农用塑料薄膜在温室种菜、育秧和地膜覆盖减少蒸发等方面都取得了增产的明显效果。又如，微量元素肥料、化肥增效剂、蒸发阻抑剂、土壤改良剂、人工降雨剂、合成饲料等，也正在不断出现，对农业的发展起到重要的作用。

化学工业对人类生存的贡献还在于它提供的医药制品。人类要生存必须与疾病作斗争，这就离不开医药制品。医药工业的发展与化学工业紧密相关，其中，原料药的制备实际上是化学工业中精细化工的一部分。

在中国古代，人们使用矿物或天然动植物作为药物来对付疾病。这些药物主要是采自矿物或天然动植物，经适当地加工炮制，付诸使用。中药就是中华民族抗击疾病的有力武器，是人类求生存的不可缺少的药品。进入20世纪，人们一方面从传统药用植物、动物脏器中分离得到纯的化学药物成分，一方面开始人工合成和生产新化学药物。1932年，德国科学家Domagk发现带有磺酰胺基团的一种染料——“百浪多息”可以有效地治愈受细菌致命感染的实验动物。此后，一种磺胺新药诞生了。20世纪30年代的系列磺胺药成为第二次世界大战前唯一有效的抗细菌感染药物。磺胺类药物的问世标志着人类疾病在化学疗法方面的一大突破，是化学药物的一个里程碑，人类有了对付细菌感染的有效武器。磺胺类药物控制了许多细菌性传染病，曾经每年夺走数以万计生命的许多细菌性传染病，如流行性脑膜炎、产褥热等，都得到了有效的控制。20世纪40年代生产出的青霉素比磺胺药更为有效，在第二次世界大战中拯救了无数伤病员。第二次世界大战后，磺胺药逐渐让位于治疗效果更好的抗生素类药，如青霉素、四环素、红霉素、头孢菌素等。抗生素类药物的利用使许多过去严重危害人类的可怕的传染病，如结核、鼠疫、伤寒等，根本上得到了控制，拯救了无数的生命。

20世纪50年代，人们开始使用激素类药物，维生素类药物也实现了工业化生产。20世纪60年代，新型半合成抗生素实现工业生产并付诸应用。20世纪80年代，生物技术的兴起使创新药物向疗效高、剂量少、毒副作用小的方向发展，对化学制药工业的发展产生了深远的影响。1982年，人们用DNA重组技术生产了第一个生物医药产品——人胰岛素。此后，以基因重组为核心的生物技术发展迅猛，研究开发了一系列新型药物。目前，应用酶工程技术、细胞工程技术和基因工程技术生产抗生素、氨基酸和植物次生代谢产物也已经进入产业化阶段，生物制药工业正发生新的飞跃。十分明显，今后的制药工业将更广泛地应用现代生物技术，促进产品结构的更新换代，在肿瘤防治、老年保健、免疫性疾病、心血管疾病和人口控制等方面，生物药物将起到其特有的作用。

据不完全统计，从1961年至1990年的30年间，世界20个主要国家共批准上市的创新药物达2000多种，其中大部分是化学合成药物。然而，此后20年创新药物的批准上市速度明显减缓。新药研发具有高投入、长周期、高风险的特点，发达国家制药领域盛传，要用10年、消耗10亿美元，才可能创出一个有市场的新药。对于医药研发来说，高投入、低产出是不争的事实，药物发现正在变得越来越“难”和越来越“昂贵”。美国药物研究与制造商（PhRMA）的数据显示，从最初的发现到投放市场，这个过程至少需要十年，其中六～七年的时间用于临床试验，进入临床试验的药物中不到12%最终获得批准。美国辉瑞在2006—2017年的累计研发投入达968亿美元。其中，2017年研发投入为76.57亿美元，研发/销售占比为14.57%。中国药企的创新投入较少，目前还难以与发达国家的大型医药企业比较。国内医药十大龙头企业的平均研发投入占比仅为4%～5%。而研发投入占比较低的美国强生制药的研发投入也高达14%。增加创新投入，坚持创新药物，还有许多工作要做。

目前，中药与天然药物的发展还远落后于化学制药。随着人们对化学药物的毒副作用的认识和了解，“回归自然”的思维使人们更倾向于采用天然药物，为中医药的发展提供了前所未有的机遇。必须加快“中药现代化”的发展进程，尽快满足人民群众和国际市场的迅速发展的需求。

20世纪以来，人类寿命显著延长，70岁的老人比比皆是，“人生七十古来稀”在今天已经成为历史，人们的健康水平也普遍有了显著提高。世界科技发展与文明进步使人类生活质量普遍提高，包括营养、生活和工作的环境等。医疗条件的改善，针对人类常见病、多发病的新药的出现也是健康水平提高的关键因素。

大量的事实充分说明，制药工业生产的医药产品是直接保护人民健康和生命的特殊商品，为人类的生存和健康提供了可靠的保证。人类寿命的延长和健康的发展与制药工业息息相关，而制药工业的发展又离不开化学工业的发展。

2.4.2 化学工业与能源

人类的生存和发展离不开能源。我们的祖先从钻木取火开始就翻开了利用能源的历史。今天，一个国家的经济发展需要能源先行，能源的供应水平也标志着一个国家的经济发达程度。而且，随着人民生活水平的提高，能源的消耗量也愈来愈大。十分明显，能源工业与化学工业是密不可分的，而且，能源与化工的原料往往具有重叠的特性。

能源可分为一次能源和二次能源。

一次能源是指从自然界获得且可直接加以利用的热源和动力源，包括煤、石油、天然气等化石燃料，林木秸秆等植物燃料以及核燃料，还有水能、风能、地热能、海洋能和太阳能等。目前，有的能源利用得较少，通常所谓一次能源的统计仅仅包括煤、石油、天然气以及水能和核能几种。

根据英国石油公司发布的《世界能源统计年鉴 2019》报告的数据，2018 年，从世界规模看，石油约为能源消耗的 33.63%，占第一位，而煤炭（27.20%）和天然气（23.87%）分占第二、第三位。石油、煤炭和天然气的总消耗约占能源总消耗的近 85%，核能（4.41%）、水电（6.84%）和可再生能源（4.05%）所占比例较小。我国能源结构中，煤炭占到 58.25%，石油占总能源消耗的 19.59%，天然气则比例更小，占 7.38%。水电和可再生能源的比例略高一些，占 8.31%和 4.38%。

二次能源通常是指从一次能源经过加工得到的便于利用的能量形式，除电（包括火电、水电、核电，但水电和核电通常计入一次能源）以外，主要是指化学加工得到的汽油、柴油、煤油、重油、渣油和人造汽油等液体燃料，煤气、液化石油气等气体燃料。

在一次能源中，有一部分是直接使用的，而另一部分（如石油）是加工成为二次能源再使用的。煤在一次能源中虽占有很大比重，但它是固体，在运输和使用时多有不便。另外，煤中含有的硫等有害杂质，在燃烧使用时有烟尘、含硫及含氮的污染物排放。一次能源中，煤的使用“质量”是较差的。原油不适宜直接燃烧，一般经炼制加工，使其成为汽油、柴油、重油、渣油等不同馏分，按品质分别用于不同的场合，其中一部分可以作为化学工业原料，加工后产生更大的社会经济效益。天然气是一种相对洁净的燃料，用管路输送，可直接作为燃料使用，也可以进行化学加工。

我们知道，现在的一次能源中，化石燃料占绝大多数。所谓化石燃料如煤、石油、天然气，都是远古时代地球上的生物由于地壳变化埋入地下，经过亿万年化学演化而成的碳氢化合物，它们的总储量是有限的，是不可再生的。18 世纪工业革命以来，人类大量使用化石燃料，资源已近枯竭。有人估计，就已探明的储量而言，按目前的开采速度，只能维持几十年至几百年。其中，煤和天然气的可采用量相对大一些，海底（包括永久冻土带）可能有很大的天然气水合物藏量。21 世纪中叶，化石燃料中的天然气将会占有更大的比例。

从长远看，解决能源问题一是开源，二是节流。所谓开源就是合理利用不可再生资源及寻找开发可再生能源。所谓节流，就是开发节能技术和综合利用技术，使资源得到充分利用。

在合理利用不可再生资源方面，主要应着眼于储量较大的能源。煤的储量在化石能源中是最丰富的。煤的储量虽较大，但“品质”较差。因此，发展煤化工，通过适宜的化学加工将煤转化为液体燃料和气体燃料，这其中有许多是化工过程。

20世纪30年代，德国化学家哈恩发现了核裂变，为人类利用原子能揭示了广阔的前景。核能工业是一个综合性很强的工业，其中化工的作用是不可忽视的。首先，核能工业要依靠化工过程提供核燃料和核材料。广义的核燃料包括裂变燃料铀235、铀233、钚239等。它们都是从铀矿中提取或转换的。铀的纯度要求很高，而矿石品位却很低（含量约为0.1%），这就需要经过一系列先进的化工分离过程，使用专用的高效化工设备。铀同位素的分离技术更为复杂，如氟化铀的制备与纯化、多孔扩散膜制备、级联设计和调整等。核燃料从核反应生产堆取出后的后处理工艺也是典型的化工过程，从中分离裂变物质并回收可利用的钚元素，要采用多种化工分离过程。此外，核能工业产生的“三废”（废水、废气、废渣）具有放射性，处理核能工业产生的“三废”也是化学工程师的任务。

目前，核能已发展到相当的水平，在能源中占有了一定比例。截止到2018年初，世界上30个国家中已有447座核电站正常运行。世界上核电在整个发电量中的比例约10.6%，有些国家，像法国，占的比重更高，达到75%。据统计，中国现在运行的有38台机组，总容量是3693.3万千瓦。核电在我国整个发电装机容量当中的比重仅3.94%。

煤和核燃料都是有限的，只有可再生能源才是取之不尽的。应扩大新的可再生能源的使用，包括水力资源、风力资源、太阳能、地热能、潮汐能、生物能等的利用。

水力发电虽是获得电能的途径，但水力资源不但受地理条件的限制，而且其资源总量也是有限的，据估计最多不会超过现今世界水力发电能力的三倍，仍不能满足人类的需要。

风力资源有分散及地域的局限性。风能、海洋能等到目前还只能作为某种补充。至于太阳能，目前利用光学集热方法以及太阳能电池方法，得到的能量有限。比较有希望的是太阳能电池与海水电解相结合制氢，如果技术上得到突破，这一可再生能源可能大有作为。

化学工业所用基本原料中大部分都可用于能源。因此化学工业的原料与能源有重叠性。可以选择最合适的原料作化工原料用，再将剩余的物料作能源用，这样的选择可以大大降低成本，节约能源。大型石油化工厂经常采用这样的组合方式，即在化学品生产的同时，也生产燃料油。这种工厂可以是以生产化学品为主，也可以是以生产燃料油为主，也可以两者并重。在煤的化学加工过程中，也有这样的组合。焦炭和焦炉气作为能源使用，煤焦油分离后做成化工产品；也可以把煤气化或液化，作化工用或作能源用。各种组合过程，都是由一系列化学加工过程构成的。

能源问题是经济生活中普遍关注的问题。2018年中国能源生产总量达到37.70亿吨标准煤，全年能源消费总量达46.40亿吨标准煤，是世界上第一大能源消费国和能源生产国。然而，世界化石能源的储量、产量和消费量的分布是十分不均匀的。作为例证，表2-2列出了2001～2018年我国石油产量、消费量及进口依存度的数据。到2009年末，我国石油消费量的进口依存度已超过50%。到2018年末，我国石油消费量的进口依存度已接近70%。从产能、消费增长量和进口依存度的现状和预期来看，我国的能源安全问题必须加以充分重视。面对石油对外依存度提高可能带来的能源安全威胁，面对石油价格的大幅度波动对经济运行的影响，坚持节能增效，合理利用能源，是十分重要的。

表 2-2 我国石油产量、消费量及进口依存度（2001—2018 年）

项目	2001	2002	2003	2004	2005	2006	2007	2008	2009
产量/$\times 10^8$吨	1.62	1.67	1.696	1.759	1.814	1.848	1.863	1.904	1.89
消费量/$\times 10^8$吨	2.24	2.486	2.719	3.170	3.254	3.488	3.657	3.730	3.881
进口依存度/%	31.3	32.8	37.6	44.5	44.3	47.0	49.05	48.94	51.3
项目	2010	2011	2012	2013	2014	2015	2016	2017	2018
产量/$\times 10^8$吨	2.03	2.03	2.09	2.11	2.13	2.15	2.00	1.92	1.90
消费量/$\times 10^8$吨	4.39	4.55	4.78	4.99	5.18	5.51	5.58	5.88	6.14
进口依存度/%	53.8	55.4	56.3	57.7	58.9	61.0	64.2	67.4	69.0

注：资料来源为各年度中国统计年鉴（国家统计局）。

必须看到，我国人均一次能源消费量基本达到世界平均水平，但是与加拿大、美国、韩国、俄罗斯、日本、英国、法国等的人均一次能源消费量相比较，差距还非常大。我国是一个发展中国家，我国能源发展的基本原则是立足于国内，并把节约优先、效率为本作为我们能源政策的首要任务。我国于 1997 年颁布了《节约能源法》，从 1978～2018 年，我国单位 GDP 能耗几乎逐年下降（见表 2-3）。

表 2-3 我国万元 GDP 的能耗

年份	万元 GDP 能耗/吨标煤	年份	万元 GDP 能耗/吨标煤	年份	万元 GDP 能耗/吨标煤
1978	15.70	2003	1.43	2011	0.79
1983	11.08	2004	1.42	2012	0.74
1988	6.18	2005	1.40	2013	0.70
1993	3.28	2006	1.31	2014	0.66
1998	1.57	2007	1.15	2015	0.62
2000	1.47	2008	1.00	2016	0.59
2001	1.40	2009	0.99	2017	0.54
2002	1.39	2010	0.87	2018	0.52

注：资料来源为国民经济和社会发展年度统计公报（国家统计局）。

但与发达国家相比，我国能源利用效率仍有较为显著的差距，其差距甚至高于一些发展中国家。我国能源发展的战略为：在保障能源安全的前提下，把优化能源结构作为能源工作的重中之重，努力提高能源效率，保护社会生态环境，加快西部开发。以 2018 年为例，我国单位国内生产总值能源消耗比“十二五”期末降低了 16%。全年能源消费总量 46.4 亿吨标准煤，比上年增长 3.46%。其中，煤炭消费量增长 1.05%，原油消费量增长 4.01%，天然气消费量增长 1.15%，电力消费量增长 7.20%。总体来说，2018 年全国万元国内生产总值能耗下降 3.7%。在节能减排方面“十三五”规划提出，非化石能源占一次能源消费比重达到 15%；单位国内生产总值能源消耗降低 15%，单位国内生产总值二氧化碳排放降低 18%；主要污染物排放总量显著减少，化学需氧量、氨氮、二氧化硫、氮氧化物排放分别减少 10%、10%、15%和 15%。我国还拟定了能源中长期发展规划，这个发展规划可以概括为 48 个字，即“节能优先，效率为本；煤为基础，多元发展；立足国内，开拓海外；统筹城乡，合理布局；依靠科技，创新体制；保护环境，保障安全”。在能源中长期规划中强调了要调整能源结构，加快发展核电、可再生能源和大力发展水电。中国全国人大常委会已通过了《可再生能源法》，为我国可再生能源的发展提供法律保证。可再生能源在一次能源消费中的比重，到 2020 年提高到 15%，可替代化石能源 4 亿吨标准煤，可减排二氧化碳 10 亿吨、二氧化硫 700 多万吨。

十分明显，在节约能源方面，化工领域的潜力也是很大的。例如，在生产相同体积的金属或塑料时，其相对能耗如表 2-4 所示。因此，大力发展化工和石油化工，以塑代钢和其他金属，可以减少能耗，满足国民经济发展的需要。

表 2-4　各种材料的相对能耗比较

材料	塑料	钢	铝	铜
相对能耗	1.0	10.6	19.6	21.5

由于能源问题较多，对化工也提出了更多的要求。首先，在化工生产中应特别注意节能，尽可能提高能源使用率。其次，在化工原料选择中，要考虑我国能源的特点，把化工原料与能源关系配合好，做出有特色的选择，研究特殊的工艺。

能源问题是国民经济发展的重要问题。能源工业与化学工业密切相关。化学工业是二次能源（除电以外）的主要生产者，更重要的是，化学工业是未来能源的开拓者。实现开源节流需要化工的新技术和新知识，如高效化学反应与分离技术、节能新技术、化工优化技术等。在能源的开源节流方面，化学工业大有作为。

2.4.3　化学工业与人民生活

化学工业与人类社会的发展和人民生活息息相关。在现代人类生活中，从衣、食、住、行、用等物质生活到艺术、文化、娱乐等精神生活，都离不开化工产品的服务。有些化工产品的开发、生产和应用对工农业发展和人民生活水平的提高起到了不可替代的促进作用。应该说，化工对人类社会和物质文明做出了重大贡献，化工使人民生活更加丰富多彩。

（1）衣

人们最初穿衣只能利用现成的树叶和兽皮。后来人们学会了纺织，也主要依赖自然产物——棉花、蚕丝、羊毛和天然染料。化学工业中的化学纤维产品的出现，为纺织工业提供了大量五光十色的原料，极大地满足了人们的需要，美化了人们的衣着。例如，年产 1 万吨合成纤维工厂的产量几乎相当于 30 万亩棉田或 200 万只绵羊的纤维产量。目前，化学纤维技术的发展，已从单纯仿天然纤维阶段走向开发具有特殊性能纤维阶段，如高强、耐磨、耐热、阻燃、异形、中空、超细、高膨松、高卷曲纤维等。现在人们的衣着原料有毛、丝、棉、麻、人造纤维、合成纤维、皮革等，十分丰富。另外，在衣着原料的制造和纺织过程中都要使用大量的化学制品，如染料、软化剂、整理剂、洗涤剂、干洗剂、鞣化剂、加脂剂、光亮剂、漂白剂等助剂。天然染料品种和质量满足不了人们的要求。合成染料问世以来，出现了许多新品种，才使人们的服装更加艳丽多彩。目前，各种染料有上千种，毛织品的染整剂与丝、棉织品的染整剂不同，皮革染料则另有品种。

（2）食

粮食、酒、饮料、瓜果、蔬菜、肉类等人类必需的食品，在其种植、饲养、酿造等过程中都使用了大量的化学工业制品。例如，肥料可以增加粮食的产量，农药可以抑制病虫害；制糖业中使用发酵剂，饮料生产使用碳酸气，瓜果运送使用保鲜剂，饲养产业使用饲料添加剂等。总之，化学工业产品不仅提高了食品的产量，同时也大大提高了食品的质量、促进了新型食品的产生。

（3）住

从传统的建筑材料——砖瓦、水泥、玻璃、陶瓷，到新型建筑材料的生产，都属于化学工业的范围。随着现代建筑技术和高层建筑的发展，高分子材料在建筑中大量采用。例如塑料地板图案多样、外观秀丽，相对密度小、比强度大，具有耐磨、耐腐蚀、防水等功能，而且铺装方便、持久耐用。又如，墙面采用三聚氰胺塑料壁纸装饰，富丽堂皇，舒适悦目。塑料不但可以作装饰材料，还可以作某些结构材料，如聚氯乙烯及不饱和聚酯玻璃钢作窗框，塑料作保温、隔音材料、抗震材料等。还有塑料管道，包括自来水管、煤气管、下水管、电线管等。高分子材料在建筑中的应用具有十分广阔的前景。建筑涂料与工业涂料、特殊涂料一起，称为三大涂料。建筑涂料在发达国家占整个涂料的50%，市场上常见的聚乙烯醇、醇酸树脂、聚醋酸乙烯、聚氨酯和丙烯酸酯类涂料的大部分原料都是化工产品。化工行业还提供特殊用途的防水材料、密封材料和建筑用胶黏剂。室内和家庭陈设品，如地毯、空调机、灯具、电源、卫生用品等也都是三大合成材料的制成品。

（4）行

现代交通工具日新月异，自行车、摩托车、汽车、火车、飞机等，从结构材料到燃料，都需要化工产品。

以汽车为例，石化工业生产的汽油几乎100%供应作汽车的燃油，10%～15%的柴油也有用于汽车的公路运输，汽车需要的润滑油也是由石化工业提供的。汽车制造本身对塑料的需求品种多、质量高。塑料已大量用于保险杠、油箱、仪表面板、方向盘、坐垫、蓄电池壳、顶棚及内装饰件、车灯罩、扶手及各种零配件。此外，汽车车窗玻璃、各种装饰材料等，汽车用胶黏剂、密封胶以及合成纤维的各种织物，如座椅面料、地毯、安全带、隔热隔音棉毡等都是来自化工产品。汽车工业一直是橡胶工业的主要市场。高性能轮胎的开发，不仅提高了车速，而且创造了更安全的条件。轮胎约占车用橡胶的60%～70%，其余还包括胶管、胶带密封件、减振件、雨封胶条等。在汽车的整个制造过程中，使用的各种助剂均为精细化工产品。汽车车身的底漆、面漆等涂料有防腐、耐候和美观等多种功能，均属于高档涂料产品。

（5）用

化学工业产品对于人们生活中“用”的方面的贡献也是不胜枚举的。人们生活中的各种文化用品及电视摄像所用的器具和材料，如电脑、电视机、数码照相机、摄像机、手机、硬盘、眼镜、望远镜、乐器等在其制造过程中均需用大量的合成树脂材料，还需要使用大量的精细化学品或电子化学品及化学助剂。再如，合成洗涤用品深入千家万户，洗涤用品，如肥皂、洗衣粉、液体洗涤剂等产品是人民生活中的必备用品。

2.4.4 化学工业与国民经济其他行业

化学工业为工农业、现代交通运输业、国防军事、尖端科技等领域提供了各类基础材料和新结构、新功能材料、能源（包括一般动力燃料、航空航天高能燃料和燃料电池等）和丰富必需的化学品，保证并促进了这些行业的发展和技术进步。

以化学工业与国防工业的关系为例，黑火药的发明，威力更大的硝酸甘油、TNT的出现都和火炸药工业有关。火炸药工业是广义的化学加工工业的重要组成部分，它的生产工艺及设备与一般化学工业，特别是燃料工业、制药工业十分相近。火炸药生产由于物料易燃易爆、危险性大，故安全问题更为突出。火炸药工业不但本身是化工的一部分，而且它的原料，例如硝酸和甲苯等也来源于化学工业。随着火箭和导弹技术的进步，要求化学工业提供能量和冲量更高的发射药剂和推进剂以及能量更大、破坏力和杀伤力更强的炸药。除液体推进剂外，固体推进剂也是化学工业产品。与国防工业有关的化工产品及化工过程很多，如对化学武器的防治和处理都离不开化学品，装甲运兵车和自行火炮离不开轮胎，多种军事武器和装备的制造过程中都缺少不了化学加工过程。

2.4.5 化学工业与生态环境

化学工业与生态环境是密切相关的。随着生产的发展和科学技术的进步，人类获得的物质越来越多。在各类物质生产中，化学品的发展尤为迅猛。据查，美国《化学文摘》登记的化学品编号已超过 700 万种，并以每年 1000 种的速度增长着。化学品的生产丰富了人类物质世界，给人类带来巨大的利益和享受。据测算，当今世界人类财富的 50%源于化学品，人类宛如生活在化学品的世界中。然而，不少化学品有毒有害，会给环境和人体健康带来巨大的危害。如果一味地追求眼前利益，不顾其危害，不加限制地生产和滥用化学品，势必会使一些有毒化学品大量进入环境，日积月累，终成大患。据统计，进入环境的化学品已约有 10 万种。污染环境的有毒化学物质称为有毒化学物或有毒污染物。例如，当水体中的酚含量为 0.1～0.2mg/L 时，鱼肉就有异味，不能食用；当浓度为 1～10mg/L 时，鱼类就会中毒死亡。现代医学证明，即使在低浓度下，有毒有机物也可能对人体健康和环境造成严重的、甚至是不可逆的影响。有一些有毒污染物往往难以降解，并具有生物积累性和“三致”作用（致癌、致畸、致突变）或慢性毒性，而且分布面极广。在传统生产和使用化学品的过程中常常产生大量的“三废”，即废水、废气和废渣。据统计，目前全世界每年产生 3 亿～4 亿吨危险废物。中国化学工业排放的废水、废气和废渣分别占全国工业排放总量的 22%、7%～8%和 5%～6%。这些废物污染了环境，给人类带来了灾难，也引起了整个社会的极大关注。

科学技术的发展不仅增强了人们的环境意识，深化了人们对有毒污染物潜在危险性的认识，而且为人们控制有毒污染物创造了条件。例如，我国的水污染状况十分严重，七大水系、湖泊、水库、部分地区地下水和近海海域受到不同程度的污染。为了控制水污染，保护江河、湖泊、运河、渠道、水库和海洋等地面水体以及地下水体水质的良好状态，保障人体健康，维护生态平衡，促进国民经济和城乡建设的健康发展，根据《中华人民共和国环境保护法》《中华人民共和国水污染防治法》和《中华人民共和国海洋环境保护法》，我国于 1988 年制订了《污水综合排放标准》(GB 8978—88)，并于 1996 年进行了修订。根据 1996 年修订后的《污水综合排放标准》(GB 8978—1996)，按地面水域使用功能和污水排放去向，对向地面水域和城市下水道排放的污水分别执行一、二、三级标准。按照执行标准，生产废水的排放不仅要控制特征污染物的浓度，而且要控制废水的 pH、总悬浮物、BOD_5 和 COD_{Cr}等指标。对于工业废水处理来说，只注意到特征污染物的去除率，而对其他指标不够重视，是不完善的。

树立生态化工的概念，实施清洁的生产技术，实现资源的综合利用，保护生态环境，是当代化学工业发展的需要。当前对污染和环境恶化的控制，已经从污染排放的总量控制和末端治理阶段进入实施清洁生产，从生产的源头控制污染物产生和预防阶段。清洁生产是实现持续发展的关键因素，它既能避免排放废物带来的风险和处置费用的增长，还会因提高资源利用率、降低产品成本获得巨大的经济效益。清洁生产工艺的实现是化学工程师的重要任务。

总之，化学工业是重要的工业部门。化学工业在实现本身现代化的同时，为人类食物、衣着、住房、交通、通信以及文化娱乐等方面的改善，特别是为解决人口、粮食、资源、能源、环境五大世界性危机，不断做出巨大贡献。正因为如此，要发展工业、发展制造业，离不开化学工业的发展。世界各工业发达国家化学工业的发展速度都高于整个工业的发展速度，化学工业在国民经济中的比重不断上升。事实上，在高新技术高速发展的今天，化工仍在稳步发展，人们应当了解到，化学工业为高新技术产业的发展提供了大量的材料、助剂和支撑产品。化学工业是国民经济的支柱产业，也是发展高新技术产业的基础产业。

2.5 化学工业面临的挑战和机遇

随着人类生活和生产的不断发展，对化学工业的发展提出了更高的要求，同时也带来了市场竞争激烈、自然资源和能源减少、环境污染加剧等问题，化学工业的发展面临着机遇和挑战。

十分明显，随着改革开放政策的实施，我国化学工业像其他工业一样飞速地发展。石油化学工业在世界上的地位飞速上升，精细化学品生产从无到有。我国原油一次加工能力超过6.0亿吨，稳居世界第二位，原油加工量基本上可以满足国内市场对各类油品的需求。乙烯产量居世界第二位。合成树脂及共聚物、合成橡胶产量、合成纤维聚合物产量均居世界第一位，化肥、农药、纯碱、烧碱、甲醇、轮胎外胎等大宗化工产品的生产能力均居世界前列。从我国化学工业的发展现状来看，化学工业的发展还有很大潜力。例如，塑料与钢铁的质量比有很大进步，但与世界平均水平相比还有很大差距，与世界先进水平的差距更大。我国的合成纤维在三大合成材料之中是比较强的，织物的出口量也很大，但我国人均合成纤维产量或消费量均低于世界平均水平。我国合成树脂人均消费量与世界人均消费量的差距更大。这些都说明我国化工产品有很大的发展空间。推动我国化工发展的另一因素是我国化工产品的进口量很大。我国进口五大通用树脂的总量已超过国内本身的生产总量。例如，目前我国化工新材料自给率仅为64%，尤其是合成树脂行业的高端聚烯烃和工程塑料自给率更低，严重依赖进口，存在产能结构性过剩、核心技术不成熟、产品质量难以满足高端需求等瓶颈，无材可用、有材不好用、好材不敢用的现象十分突出。为减少进口就需要发展塑料及其原料的生产，对化学工业提出了很高的要求。我国化工生产的发展有巨大的潜力和推动力，化学工业在相当长的时间内必须调整结构，永续发展。

科学技术的进步和高新产业（如信息技术、生物技术、航天技术、新材料、新能源以及海洋工程等）的崛起，为化学工业的发展提供了新的机遇。例如，生物技术可利用淀粉、纤维素等可再生资源，具有选择性特异、反应条件温和、低能耗、低污染、无公害、生产效率高等优点。化学工程与生物技术的结合，必将使化学工业实现战略性的转移。又如，信息技术使化学工业从科研开发、工业设计到生产过程控制和管理发生了深刻的变化，加速化工生产与管理的信息化和智能化已经成为化学工业现代化的重要标志之一。再如，材料是现代工业的物质基础。高新技术产业的快速发展，需要各种各样的新材料。大力开发生产新材料，成为化学工业的战略任务。

与发达国家相比，我国化学工业的发展也存在较大的差距。我国正处于工业现代化进程之中，虽然建设速度明显超过世界平均水平，但仍存在许多问题和缺陷，主要表现在：①以人均计的产品产量大都还低于世界人均水平；②化学工业的结构不够合理，低档产品多且生产能力过剩，高附加值产品、专用产品少，高档产品仍需进口，化学工业产品进口量大大高于产品出口量；③企业组织规模小而分散，专业化水平低，企业生产成本高，经济效益差；④技术水平低，特别是技术装备水平落后，能耗高、劳动生产率低。

特别值得注意的是，20 世纪 70 年代的两次石油危机的影响使人们逐渐认识到化工资源匮乏和能源危机。20 世纪 90 年代初，世界能源组织提供了统计数据，向人们警示了石油、煤和天然气等非再生常规能源可能用尽的期限（如表 2-5 所示）。提供的数据清楚地表明了不可再生常规能源的有限性。

表 2-5　世界非再生常规能源的基本情况（1990 年世界能源组织提供）

项　目	石　油	天然气	煤
累计产量/亿吨	860	410	840
年产量(P)/亿吨	29.4	20.2	21.8
已探明储量(R_1)/亿吨	1440	1150	5720
剩余最终资源量(R_2)/亿吨	2110	2280	13440
(R_1/P)/年	49	57	262
(R_2/P)/年	72	113	617

在英国石油公司（BP 公司）发布的《世界能源统计年鉴 2019》报告中收录了截至 2018 年年底的世界能源生产和消费的统计数据。2018 年全球石油消费量增长 1.5%（140 万桶/日），中国（68 万桶/日）和美国（50 万桶/日）是增长的最大贡献者。2018 年全球原油产量增长 220 万桶/日，几乎所有的净增长都来自美国，其产量增长（220 万桶/日）创下了世界纪录。2018 年天然气消费量增长了 1950 亿立方米，即 5.3%，是 1984 年以来最快增速之一。天然气消费的增长主要是由美国（780 亿立方米）推动的，中国（430 亿立方米）、俄罗斯（230 亿立方米）和伊朗（160 亿立方米）也提供了支持。全球天然气产量增加了 1900 亿立方米，增长 5.2%。2018 年全球煤炭消费增长幅度为 1.4%，煤炭消费增长以印度（3600 万吨油当量）和中国（1600 万吨油当量）为主。煤炭在一次能源中的占比下降至 27.2%，为 15 年来的最低水平。全球煤炭产量增幅达到 4.7%，中国和印度尼西亚提供了最大的增量。统计数据表明，2018 年核电发电量同比增长 2.4%，为 2010 年以来的最快增长。中国（1000 万吨油当量）占全球核电发电量增长的近四分之三，日本（500 万吨油当量）紧随其后。2018 年可再生能源同比增长 14.5%，略高于历史平均水平，其增量（7100 万吨油当量）接近 2017 年的破纪录的增长水平。

全球能源消费问题，经济增速与能源的供需矛盾问题，绿色能源、可再生能源的占比问题等，又一次引起了全社会的关注，能源问题对社会经济的可持续发展提出了挑战。

化学工业的高速发展对环境带来了巨大的压力。传统生产和使用化学品的过程中常常产生大量的“三废”，即废水、废气和废渣。这些“三废”如果不经处理、任意排放，不仅是对资源的极大浪费，而且污染了环境，破坏了生态。环保问题越来越受到人们的普遍关注，切实治理日益恶化的生存和生态环境，真正实施可持续发展战略，已经成为世界各个国家和地区的共识。

十分明显，坚持可持续发展的战略，合理利用和保护自然资源及环境，大力发展精细化工，生产制造满足人们生活与生产需要的绿色化学产品，是化学工业发展的必然趋势。坚持可持续发展的战略，发展现代化学工业，需要注意下述几个方面：

① 面对市场竞争激烈的形势，积极开发高新技术，加快产品的更新换代和化学工艺的技术进步，缩短新技术、新工艺工业化的周期。

② 最充分、最彻底地利用原料。除了发展大型的综合性生产企业，使原料、产品和副产品得到综合利用外，提倡设计和开发原子经济性反应，即在反应中应该使原料中每一个原子都结合到目标分子即所需产物中，不需要也不会有副产物或废物生成。原子经济性反应可以最大限度地利用原料，最大限度地减少废物的排放，力争实现零排放。

③ 大力发展绿色化工。包括采用无毒无害的原料、溶剂和催化剂，应用反应选择性高的工艺和催化剂，将副产物或废物转化为有用的物质，采用原子经济性反应，尽可能提高原料中原子的利用率，彻底淘汰污染环境、破坏生态平衡的产品，充分利用废弃物、开发生产环境友好的绿色化学产品。

④ 不断提高化学工业的信息化程度，推进化工过程的智能化，促使化工工艺向安全、高效和节能的方向发展，真正实现化工过程的高效性、节能型和智能化。

走可持续发展化学工业的道路，需要所有化学家和化学工程师的艰苦努力，也需要多学科、多部门的精诚合作，更需要依赖于科学的不断进步和高新技术的发展。可以预见，我国化学工业在 21 世纪会有更加快速的发展。化学工业的发展任重道远，前途无限。

第3章 化工工艺

3.1 化工工艺和化学工业的发展简史

人类为生存，必须从自然界得到生活资料。最初是直接利用天然产物，如食用野果兽肉，穿树叶兽皮。早在远古时期，由于天然物质的固有性能不能满足人们的需要，人类就学会了运用简单的化学加工方法制作一些生活必需品，如制陶、酿酒、炼铁、制漆、造纸等。在公元前50世纪的仰韶文化时代，已有红陶、灰陶、黑陶、彩陶等出现，古代陶片的制造就是一种硅酸盐业的“雏形”。中国新石器时代的洞穴中就发现了残缺的陶片。制酒的历史也很久远，至少在公元前20世纪，中国的夏禹已把酒用于祭祀。公元前15世纪左右的商代遗址中发现了漆器碎片。公元前21世纪，我国已进入青铜器时代，公元前5世纪，我国进入铁器时代，这些都表明了冶金化学技术的进步。公元1世纪中国东汉时，造纸工艺已相当完善，它表明人类已经学会改变分子结构以制造特定用途的物质。

公元前后，中国和欧洲进入炼丹术、炼金术时期，带动了冶炼业及制药业的发展。后来，为在制药研究中配制药物，欧洲在实验室中制得了一些化学品，如硫酸、硝酸、盐酸和有机酸等。

虽然自古以来人类已学会并从事了一些化学加工活动，但真正意义上的工业规模的化工生产是产业革命以后出现的。18世纪，随着产业革命在西欧开始，化学工业也开始了自己的形成和发展过程。

1740年，英国人瓦尔德（Wald）将硫黄、硝石置于玻璃容器内燃烧，再与瓶中的水蒸气反应在瓶壁上冷凝得到硫酸。1746年，英国人劳伯克（Roebuck）用铅室代替玻璃瓶，并于1749年在英国建立了用铅室法生产硫酸的工厂，工厂的规模为6英尺见方（约3.34平方米）的铅室10座，月产33.43%硫酸737磅（约334千克），产品供亚麻布漂白使用。这是一个重要的事件，一般认为它标志着世界上第一个典型的化工厂的诞生，是近代化学工业的开端。由于纺织工业的兴起和发展，出现了需求，产生了硫酸制造工艺和硫酸制造业。同时，硫酸产品可用来制备硝酸、盐酸及生产药物，对机械工业也有促进作用。到21世纪初，随着硫酸铵等化肥工业的发展，硫酸产量大大增加。因此，在很长一个时期内硫酸产量作为一个国家化学工业发达与否的标志之一。

纯碱也是早期化学工业的重要产品。产业革命时期，纺织工业发展迅速，它和玻璃工业、肥皂工业等都需要使用大量的碱，而植物碱和天然碱却供不应求。1775 年，法国科学院悬赏征求可供实用的纯碱制备方法，法国人路布兰提出了以普通食盐为原料，用硫酸处理得硫酸钠，再与石灰石、煤粉煅烧生成纯碱的方法。1791 年路布兰获得专利权，同年建成第一个路布兰法碱厂。路布兰法的副产物氯化氢的排放会危害农业，故又发明了氯化氢转变为元素氯，并用石灰吸收制备漂白粉的方法，同时开发了从硫化钙残渣回收硫的工艺。制碱工艺的成功实施带动了硫酸、盐酸、漂白粉、芒硝以及硫黄等系列化工产品的生产，组织协调了原料、中间产品、主产品、副产物之间的关系，开始形成了一个比较系统的无机化学工艺。在这些生产工艺中，广泛应用了吸收、浓缩、结晶、过滤等技术，又带动了反应器及化工设备的改进，为化工单元操作的建立打下了基础。

可以说，铅室法生产硫酸和路布兰法制备纯碱，相互依赖和促进，成为早期化学工业的骨干工艺和产品。

18 世纪后期，由于炼铁用焦炭的需求量大大增加，炼焦炉应运而生。1763 年在英国产生了蜂窝式煤气炉，提供了大量焦炭。1792 年开始用煤生产民用煤气。可以认为，煤化工在 18 世纪末也已经产生。

19 世纪的化学工业得到很快的发展，其中包括煤化工的发展。19 世纪出现的重要化工工艺及产品如下。

1812 年，英国将煤干馏生产煤气，用于街道照明。到 1816 年，美国也已经出现煤干馏法生产煤气的工艺。

1823 年，俄国建成了第一座煤油蒸馏工厂。

1825 年，英国从煤焦油中分离出苯、甲苯、萘等。

1825 年，英国建成了第一个水泥厂，硅酸盐工业开始出现。

1839 年，美国人固特异用硫黄硫化天然橡胶，应用于轮胎及其他橡胶制品之中，这是第一个人工加工的高分子橡胶产品，是高分子化工的萌芽。

1842 年，英国建成了第一个过磷酸钙磷肥厂。

1846 年，硝化棉、硝化甘油问世，1862 年瑞典人诺贝尔开设了第一个硝化甘油工厂，1863 年又发明了三硝基甲苯（TNT)。

1854 年，美国建立了最早的原油分馏装置，1860 年美国建立了第一个炼油厂，这是炼油工业的开始。

1855 年，英国建成了第一个合成树脂涂料厂。

1856 年，第一个染料产品问世，1857 年建厂生产，并投入使用。

19 世纪中叶以后，欧洲有许多国家建立了炼焦厂。至 19 世纪 70 年代，德国成功建立了有化学品回收装置的炼焦炉，由煤焦油中提取了大量的芳烃，作为化学工业的原料。煤化工已趋于成型，开始带动了其他有机化学工业的发展。

1872 年，美国开始生产赛璐珞，是第一个加工高分子的塑料产品，开创了塑料工业。

1890 年，德国建成了第一座隔膜电解制取氯和烧碱的工厂。

1891 年，在法国建立了人造纤维（硝酸酯纤维）工厂，其产品质量差，易燃，虽未能批量发展，但仍被认为是化学纤维工业的开端。

1895 年，美国建立了第一座电石厂。

19 世纪后期，在世界已建设了许多炼油厂或炼油装置，主要生产照明用的煤油，而汽油及重质油还是用处不大的“副产品”。直至19世纪80年代，电灯的发明大大削减了煤油的重要性，汽油和柴油逐渐随汽车工业的发展而成为主要炼油产品。

19世纪初至19世纪60年代，科学家先后从传统的药用植物中分离得到纯的化学成分，如那可丁（1803年）、奎宁（1820年）、毒扁豆碱（1867年），另外还合成了一批化学合成药，例如氯仿（1847年）、非那西丁（1847年）、阿司匹林（1899年）等。到19世纪末，化学制药工业已具备雏形。

从19世纪化学工业的发展可以看出，无机化学工业发展迅速，规模较大，且颇具影响。19世纪90年代隔膜电解食盐水工业化，使无机化学工业已经形成了一个完整的酸、碱、氯体系。高分子、染料、医药等工业虽开始形成，但其规模尚小，影响较小。炼油工业虽然已经具备一定的规模，但其产品还只限于燃料和润滑油，基本上还未出现炼油化工产品。

20世纪是化学工业的飞速发展时期。化学工业在20世纪初和20世纪30年代得到两次突破性的发展。

20世纪初的一大突破是合成氨的生产。为了由氮与氢直接合成来制备氨，大约研究了150年的时间。1909年，德国物理化学家哈勃用锇催化剂，将氢、氮在17.5～20MPa和500～600℃下直接合成，反应器出口得到6%的氨。由于金属锇稀缺昂贵，BASF公司采用这一工艺时又用2500种不同催化剂进行了6500次试验，于1912年成功研制出铁催化剂。在工业化过程中，合成氨工艺出现了许多难题，如氢氮混合物的制备、反应器的抗氢蚀问题等，都被BASF公司工程师博施解决。1912年，在德国建成世界上第一座日产30吨的合成氨装置，成为化学工业发展史上的一个里程碑。为此，哈勃和博施分别获得了1918年和1932年的诺贝尔化学奖。1913年德国哈勃法合成氨投产后，1916年又实现了氨氧化制取硝酸。

20世纪30年代左右，世界化学工业发展迅猛。催化裂化工艺的出现，开创了炼油工业的新的历史时期。接着石油化工的发展使大量化工新产品不断涌现，大大推动了世界经济的飞跃发展，提高了人类的物质生活水平。

1920年美国建立了用炼厂气中丙烯水合制备异丙醇的工厂，实现了第一个石油化工产品的生产。1923年，美国联合碳化物公司在查尔斯顿建立了第一个以乙烷和丙烷裂解生产乙烯的石油化工厂，打开了乙烯为原料的石油化工生产的序幕。20世纪20～30年代炼油工业发展迅速，热裂化和催化裂化分别工业化，生产乙烯的同时，联产丙烯、C_4烃、芳烃（苯、甲苯、二甲苯）。1941年开始了从石油轻质馏分催化重整制取芳烃的新工艺。同年，从烃类裂解气体中分离出合成橡胶的重要中间体丁二烯。由于烯烃、芳烃和二烯烃生产技术的成功，研制出了一系列以其为原料的产品。随着1949年石油馏分催化重整的工业化，又提供了大量的芳烃。石油化学工业表现为由乙烯、丙烯、丁二烯、苯、甲苯、二甲苯等为原料加工一系列下游产品。在石油化学工业联合企业中，利用石油馏分或利用天然气作为合成氨原料，合成氨也被纳入石油化学联合企业范围中。在20世纪前期，煤化学工业及由电石生产乙炔的化学工业也有所发展。第二次世界大战后至20世纪60年代又有天然气化学工业的发展。但总的来说，乙烯仍是发展化学工业的标志性产品。

1928年生产出了脲醛树脂。20世纪30年代德国法本公司用本体聚合法生产苯乙烯成功。随后，在美国制造出了有机玻璃，德国法本公司用乳液聚合法生产了聚氯乙烯，英国卜内门公司用高压气相本体法生产低密度聚乙烯。20世纪30年代末，塑料品种已比较齐全，产量飞速增加。

高分子合成纤维发展要晚一些。到1922年，人造纤维产量才超过真丝纤维。1939年美国杜邦公司实现了聚酰胺-66纤维的工业化生产。1941年、1946年德国分别进行聚酰胺-6纤维、聚氯乙烯纤维的工业化生产。20世纪50年代以后，聚乙烯醇纤维、聚丙烯腈纤维、聚酯纤维等合成纤维相继工业化，基本上配齐了合成纤维的品种。

合成橡胶的工业化生产起始于20世纪30年代。1931年美国杜邦公司小批量生产了氯丁橡胶，苏联建成了万吨级丁钠橡胶生产装置，同一时期德国也生产了丁钠橡胶。1935年德国法本公司开始生产丁腈橡胶。1937年德国又建成了丁苯橡胶装置。第二次世界大战中，由于战争的急需及天然橡胶产地被封锁，促进了合成橡胶发展，不仅产量飞速增加，而且使气密性极好的丁基橡胶工业化，还促成了多种特殊橡胶（硅橡胶、聚氨酯橡胶）的生产，使合成橡胶的品种也基本齐备。

到了20世纪60～70年代，化学工业真正进入大规模生产阶段。化工生产装置大型化，出现了日产氨2700吨的合成氨单系列装置和年产乙烯68万吨的乙烯生产装置，化肥和石油化工产业得到了飞速发展。高分子化工从无到有，品种基本配齐，形成了很大规模，各类高性能合成材料大量涌现。高分子合成材料具有高强度、耐冲击、耐磨、耐热、抗腐蚀、自重轻、易成型等优点，既可作为结构材料，又可作为功能材料。

在实现石油化学工业大规模发展的同时，人们也开始注意发展产量小、附加值高的精细化学品。在染料方面，发明了活性染料，增强了染料与纤维的结合牢度。为了对合成纤维进行染色，发明了专用性的染料，例如，用于涤纶的分散染料、用于腈纶的阳离子染料等。在农药方面，20世纪40年代发明了有机氯农药DDT后，又开发出一系列的有机氯、有机磷杀虫剂。在医药方面，1928年青霉素的发现，开辟了抗生素药物的新领域。在涂料工业方面，摆脱了天然油漆的使用传统，以合成树脂为主要原料的新型涂料迅速发展。到了20世纪70年代，国际石油价格发生了两次大幅度上涨，乙烯原料价格骤升，产品生产成本增加，石油化学工业面临巨大冲击。主要乙烯生产国纷纷采取措施，节约生产能耗，进行深度加工，开展代油原料研究。其中，发展精细化学品生产也是一个明显的发展战略。精细化学品品种多，产品换代周期短，因此需要更大的科研投入。

精细化率代表精细化学品的产值与整个化学工业产值的比例。目前，化学工业的发展重点之一是提高化工生产的精细化率。我国目前总体精细化率已提升至45%以上，而发达国家的平均精细化率达60%～70%。精细化率也成为新的化学工业的发展标志。

近年来，世界各国都高度重视发展高新技术。其中，新材料的开发与生产成为推动科技进步、培植经济新增长点的一个重要基础。新材料的开发与生产和化学工业密切相关。重点发展复合结构材料（例如航天、汽车、电子、能源等领域所需的高性能碳纤维复合材料，陶瓷复合材料和金属基树脂复合材料等）、信息材料（例如磁盘、磁带的基膜和磁性介质，光盘，光导纤维及其涂膜材料，硅系高分子功能材料等）、纳米材料（具有优于普通材料的对光、电、磁的特殊性能、催化性能和机械强度）以及高温超导材料等。这些材料的设计和制备，许多需要运用化工技术和工艺。不断创新的化工技术在新材料的制备过程中发挥了关键作用。

近年来，生物技术对化学工业产生了巨大的影响。生物技术可利用淀粉、纤维素等再生资源，具有选择性高、反应条件温和、低能耗、低污染等特点。化工与生物技术相结合，形成了具有宽广发展前景的生物化工产业，给化学工业增添了新的活力，必将使化学工业实现战略性的转移。

中国近代化学工业发展是很晚的。1876年在天津建成我国第一座铅室法硫酸厂，日产硫酸约2吨，可以作为我国近代化学工业的开始。1889年在唐山建成我国第一座水泥厂。1905

年在陕西延长兴办了我国第一座石油开采和炼制企业，1907 年开钻出油。在第一次世界大战期间，民族工业在上海、天津、青岛、广州等沿海城市获得发展，建立了油漆厂、染料厂、药品加工厂、橡胶制品厂等化学工业工厂。虽然这些工厂生产规模较小，原料依赖进口，但是为国家培养了一批工程技术人员。1923 年，吴盛初在上海创办天厨味精厂，生产的味精畅销国内并远销海外。1929 年创办天原电化厂，生产盐酸、烧碱、漂白粉。1934 年创办天盛陶器厂，同年创办天利氮气厂，生产合成氨与硝酸。著名化工企业家范旭东于 1914 年在天津塘沽集资创办了久大精盐股份有限公司。1917 年筹办永利制碱公司，聘侯德榜先生为技师长。1926 年生产出高质量的红三角牌纯碱，该产品扬名国内外，并于 1937 年在南京建成了永利宁厂，生产合成氨、硫酸、硫酸铵及硝酸，成为当时具有世界水平的大型化工厂。

新中国成立后，很快地恢复了化工生产。到 1952 年，化工生产总值比 1949 年增加了三倍多。从第一个五年计划（1953～1957 年）开始，重点放在支农及基本原料的化学产品生产上，新建扩建了一批大型化工企业，组建了一批化工研究、设计、施工队伍。此后，又开始了几个塑料（聚氯乙烯）及合成纤维（聚酰胺-6）品种的生产，开创了高分子化学工业。1961 年，在兰州建成了用炼厂气为原料裂解生产乙烯装置，开始了我国石油化学工业的生产。

我国从 20 世纪 50 年代开始，从国外引进了炼油装置和石油化工设备。20 世纪 60 年代开发了大庆油田。从此我国的石油炼制工业有了大规模的发展。20 世纪 70 年代，随着我国石油工业的迅速发展，集中力量建设了十几个以油气为原料的大型合成氨厂，并在北京、上海、辽宁、四川、吉林、黑龙江、山东、江苏等地建设了一大批大型石油化工企业。至 20 世纪 80 年代，组建了一批大型石油化工联合企业，新工艺、新产品不断增加，使石油化工事业基本形成了完整的、具有相当规模的工业体系，与国外先进水平逐步接近。随着改革开放政策的实施，我国化学工业像其他工业一样飞速地发展。我国原油一次加工能力居世界第二位，石油化学工业在世界上的地位也飞速上升。合成树脂、合成橡胶、合成纤维、乙烯、化肥、农药、纯碱、烧碱、甲醇、轮胎外胎等大宗化工产品的生产能力均居世界前列。精细化学品生产从无到有，发展迅速。

新中国成立后的 70 多年来，中国的社会经济发展取得了举世瞩目的成就，化学工业现代化进程已经拉开了序幕。可以说，我国化学工业的发展速度明显超过了世界平均发展水平，但仍存在许多问题和缺陷，与发达国家相比，也存在较大的差距。然而，我国化工生产的发展具有巨大的潜力和推动力，可以预见在今后会有更高质量的发展。

进入新发展阶段，我国经济正在由高速增长转向高质量发展。改善能源结构、推进绿色发展和生态文明建设是重要任务。我国石油和化学工业将根据市场需求、资源特点、技术特长和竞争能力，着重进行产品结构的调整，在石油和天然气开采、石油化工等方面实现行业的规模化、智能化、绿色化、炼化一体化，落实石化行业供给侧结构性改革，引导石化产业提质增效。

3.2 化工工艺的多样性

化工工艺及化学工业的发展是由初步加工向深度加工发展，由一般加工向精细加工发展，由主要生产大批量、通用性的基础材料，向既生产基础材料，又生产小批量、多品种的专用化学品发展。这一发展历程决定了化工工艺的固有特点——化工工艺的多样性。

化工产品多达上万种。同一原料往往可以生产多种产品，亦可用多种不同原料生产相同产品，相同原料生产同一产品时又有多种生产方法即多种化学工艺。化工原料如此多样，化工工艺十分复杂，化工产品种类繁多。所以，了解化工原料、生产工艺和产品的多样性，从而认识实现化工生产过程的原理和规律，是十分必要的。

3.2.1 石油及其化学加工工艺

石油是蕴藏于地球表面以下的可燃性液态矿物。开采出来而未经加工的石油称为原油。原油是一种黄褐色至棕黑色的黏稠液体，具有特殊的气味，不溶于水，密度为 750～1000kg/m^3，其密度与组成有关。石油的组成很复杂，主要是碳、氢两种元素组成的各种烃类的混合物，还有少量的含氮、含硫和含氧的有机化合物，微量的无机盐和水。碳的质量分数为 83%～87%，氢的质量分数为 11%～14%，硫、氮、氧的质量分数为 1%左右。

石油中的化合物可大致分为烃类、非烃类、胶质及沥青等三类。

石油中的化合物绝大部分是烃类化合物，烷烃约占 50%～70%（质量分数），其次是环烷烃和芳香烃。根据烃类的主要成分，分为直链烷烃为主的石蜡基石油、环烷烃为主的沥青基石油以及介于两者之间的中间基石油。我国所产石油多属低硫石蜡基石油。如大庆石油的蜡含量高达 22.8%～25.76%，硫含量在 0.1%左右。

石油中的非烃类化合物，主要是含硫化合物（如硫化氢、硫醇、硫醚、噻吩等），含氮化合物（如吡啶、喹啉、咔唑等）和含氧化合物（如环烷酸、脂肪酸和酚类等）。

胶质和沥青是由结构复杂、大分子量的环烷烃、稠环芳香烃、含杂原子的环状化合物等构成的混合物，存在于沸点高于 500℃的蒸馏加工渣油中。

原油一般不能直接使用，加工后可以提高原油利用率。原油的加工分为一次加工和二次加工。一次加工主要是原油的脱盐、脱水等预处理和常、减压蒸馏等加工过程；二次加工主要为化学及物理过程，如催化裂化、催化重整、加氢裂化等。石油加工的产品及其沸点范围、主要用途如表 3-1 所示。

表 3-1 石油加工的各类产品的沸点范围和主要用途

产品	沸点范围/℃	大致组成	主要用途
石油	<40	C_1～C_4	燃料、化工原料
石油醚	40～60	C_5～C_6	溶剂
汽油	50～205	C_7～C_9	内燃机燃料
溶剂油	150～200	C_9～C_{11}	橡胶、涂料等用溶剂
喷气燃料	145～245	C_{10}～C_{15}	航空燃料
煤油	160～310	C_{11}～C_{16}	燃料、工业洗涤油
柴油	180～350	C_{16}～C_{18}	柴油机燃料
机械油	>350	C_{16}～C_{20}	机械润滑用
凡士林	>350	C_{18}～C_{22}	制药、防锈涂料
石蜡	>350	C_{20}～C_{24}	制药、制蜡、脂肪酸、造型
燃料油	>350		船用燃料、锅炉燃料
沥青	>350		防腐绝缘、建筑及铺路材料
石油焦			用于制造电石、炭精棒

石油经热裂解生成重要的有机化工原料如“三烯”（乙烯、丙烯、丁二烯）、“三苯”（苯、甲苯、二甲苯）等。石油是现代化学工业的重要资源之一，大约 90%的化工产品来自石油和天然气。图 3-1～图 3-4 列举了由重要的有机基础原料出发制备的基本有机化工产品及其深加工产品。

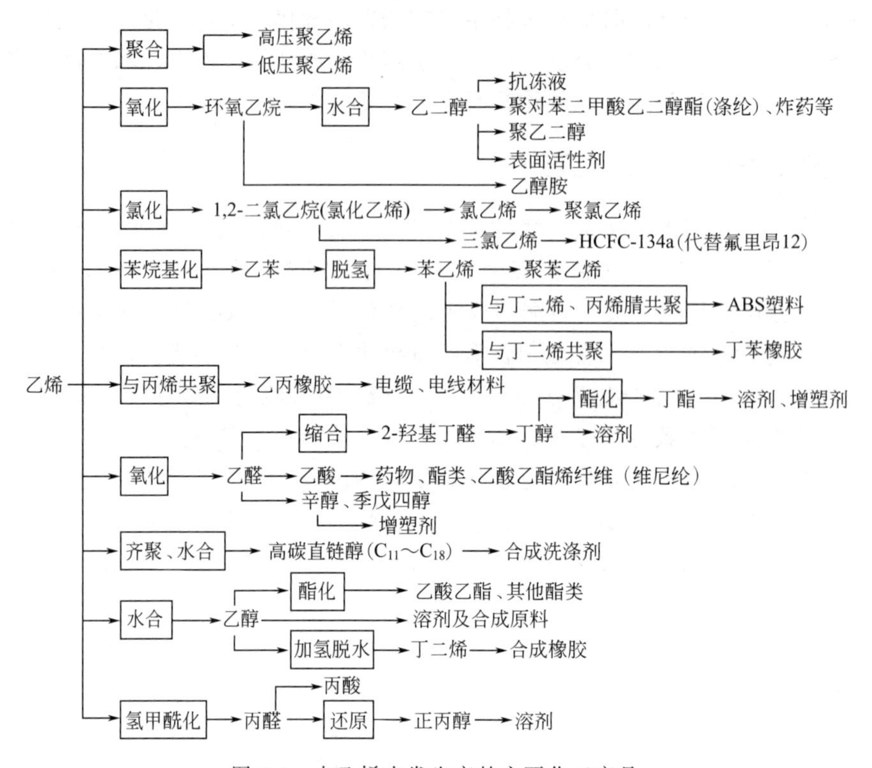

图 3-1　由乙烯出发生产的主要化工产品

乙烯分配到各种用途的比例：聚乙烯 40%～50%，环氧乙烷 11%～19%，二氯乙烷 14%～15%，苯乙烯 8%～8.5%，其他 13%～18%

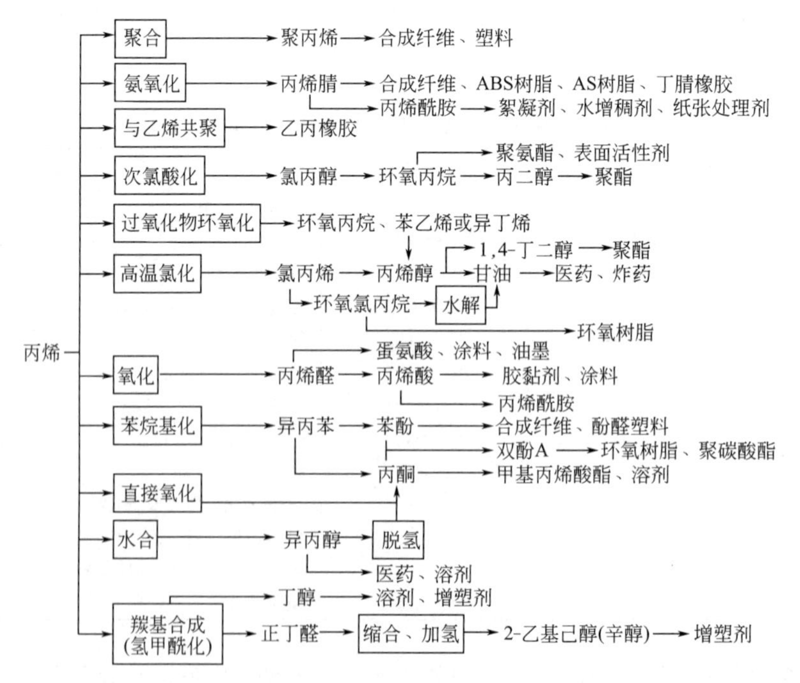

图 3-2　由丙烯出发生产的主要化工产品

丙烯分配到各种用途的比例：聚丙烯 27%～33%，丙烯腈 14%～17%，环氧丙烷 13%～14.5%，异丙苯 9%～11%，异丙醇 7%～14%，其他 20%～24%

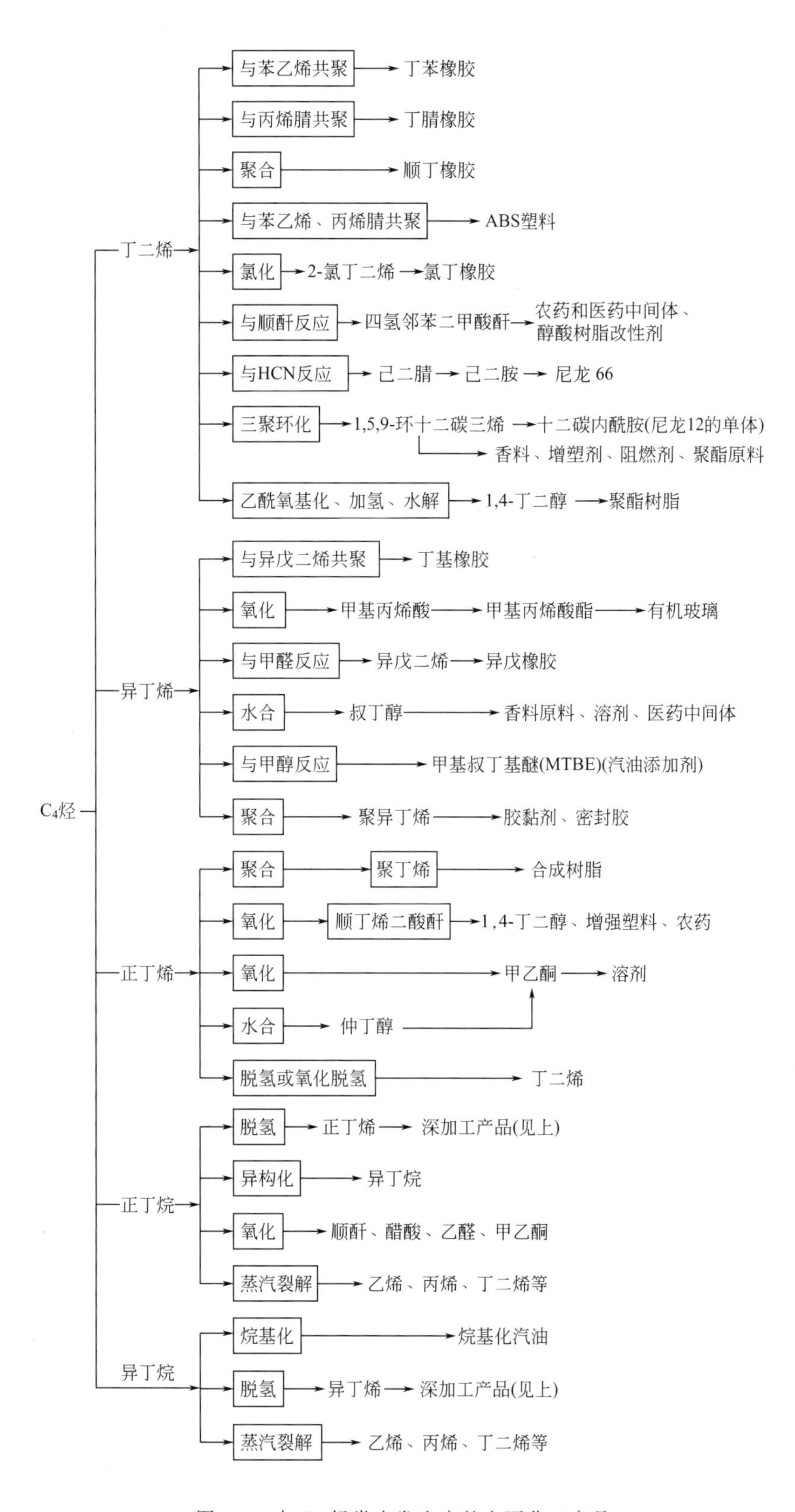

图 3-3 由 C_4 烃类出发生产的主要化工产品

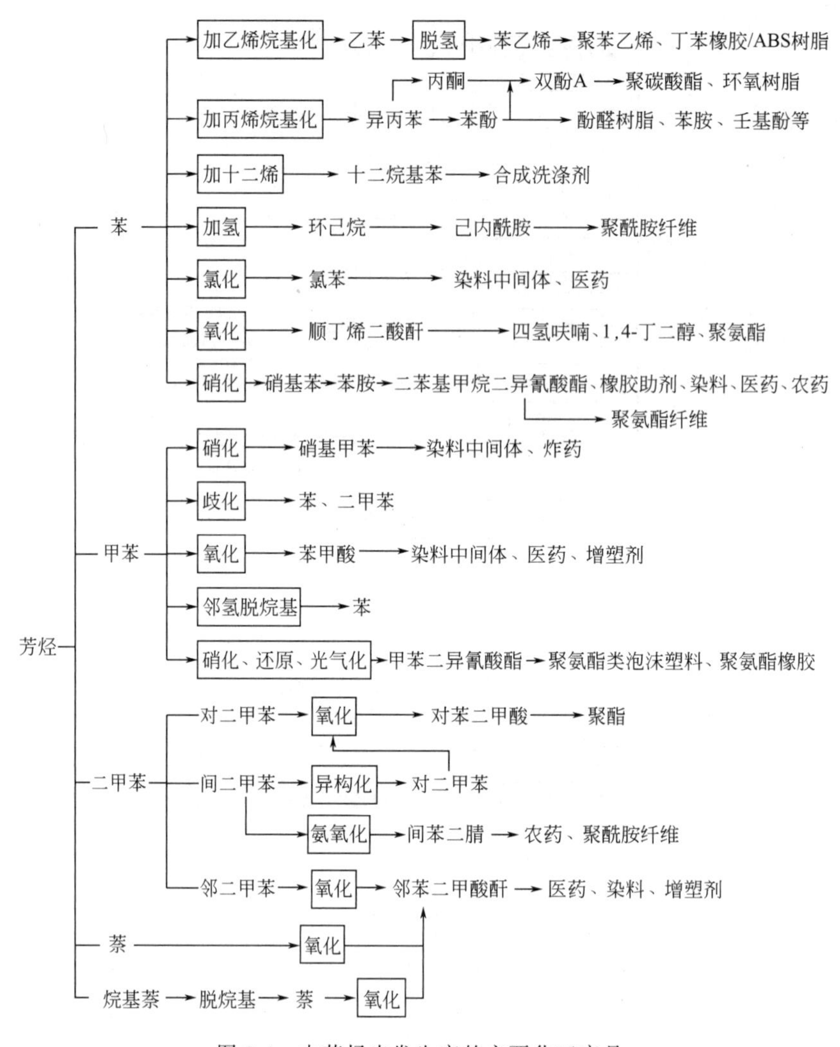

图 3-4 由芳烃出发生产的主要化工产品

3.2.2 天然气及其化学加工工艺

天然气是化学工业的重要原料，也是一种高热值、低污染的清洁能源。随着我国“西气东输”工程的实现，天然气资源的开发利用前景更加广阔。

天然气是蕴藏于地下的可燃性气体，主要成分是甲烷，同时含有 $C_2 \sim C_4$ 的各种烷烃以及少量的硫化氢、二氧化碳等气体。甲烷含量高于 90% 的称为干气；$C_2 \sim C_4$ 烷烃的含量在 15%～20% 以上的称为湿气。

我国天然气资源丰富，不同产地的天然气组成有所差异，如表 3-2 所示。开采出来的天然气，在输送前要除去其中的水、二氧化碳及硫化氢等有害物质。常用的净化处理方法有化学吸收法、物理吸收法和吸附法。例如用碱、醇胺等水溶液为吸收剂，吸收脱除其中的硫化氢、二氧化碳等酸性气体。

天然气化学加工的主要途径如下。

① 转化为合成气（$CO+H_2$），进一步加工制造合成氨、甲醇、高级醇等。

表 3-2　我国主要天然气产地的天然气组成

产地	组成(体积分数)/%									
	CH_4	C_2H_6	C_3H_8	C_4H_{10}	C_5H_{12}	CO	CO_2	H_2S/(mg/kg)	H_2	N_2
四川	93.01	0.8	0.2	0.05	—	0.02	0.4	20～40	0.02	5.5
大庆	84.56	5.29	5.21	2.29	0.74	—	0.13	30	—	1.78
辽河	90.78	3.27	1.46	0.93	0.78	—	0.5	20	0.28	1.5
华北	83.5	8.28	3.28	1.13	—	—	1.5	—	—	2.1
胜利	92.07	3.1	2.32	0.86	0.1	—	0.68	—	—	0.84

② 在930～1230℃裂解生成乙炔、炭黑。以乙炔为原料，可以合成多种化工产品，如氯乙烯、乙醛、乙酸乙烯酯、氯化丁二烯等（如图3-5所示）。炭黑可作橡胶增强剂、填料，同时也是油墨、涂料、炸药、电极和电阻器等产品的原料。

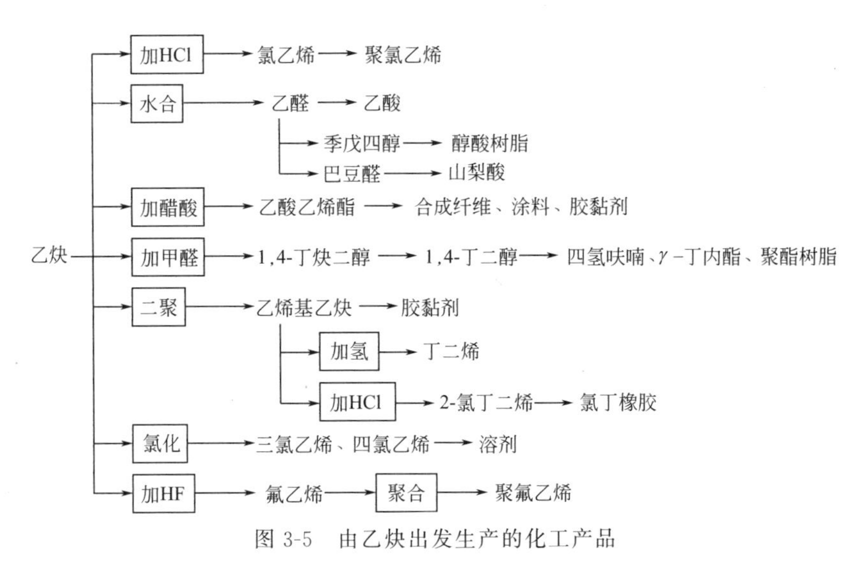

图3-5　由乙炔出发生产的化工产品

③ 通过氯化、氧化、硫化、氨氧化等反应转化成各种产品，如氯化甲烷、甲醇、甲醛、二硫化碳、氢氰酸等。

湿天然气经热裂解、氧化、氧化脱氢或异构化脱氢等反应，可以加工生产乙烯、丙烯、丙烯酸、顺酐、异丁烯等产品。

3.2.3　煤及其化学加工工艺

远古时代的植物，经过复杂的生物化学、物理化学和地球化学作用而转变成煤。煤按照植物→泥炭→褐煤→烟煤→无烟煤的顺序实现其形成过程。煤含有碳、氢多种化学结构的有机物以及少量硅、铝、铁、钙、镁等矿物质，其组成因品种不同而呈现差别。各种煤所含主要元素组成如表3-3所示。

表 3-3　各种煤的主要元素组成（质量分数）/%

煤的品种		泥煤(泥炭)	褐煤	烟煤	无烟煤
元素分析	C	60～70	70～80	80～90	90～98
	H	5～6	5～6	4～5	1～3
	O	25～35	15～25	5～15	1～3

在我国能源消费结构中，煤仍居于首位。2018 年，我国煤炭作一次能源消费占比首次低于 60%，离世界煤炭能源消费的平均水平（33%）还有很大差距。煤直接燃烧的热效率和资源利用率很低，且环境污染严重。将煤加工转化为清洁能源，提取和利用其中所含化工原料，可提高煤的利用率。

煤的焦化也称干馏，即在隔绝空气的炼焦炉内加热煤，使其分解生成焦炭、煤焦油、粗苯和焦炉气。煤在 900～1100℃下的焦化称为高温干馏，在 500～600℃下的焦化称为低温干馏。高温干馏产生焦炭、煤焦油、粗苯、氨和焦炉气；低温干馏产生半焦、低温焦油和煤气。低温焦油的芳烃含量较少而烷烃、环烷烃和酚的含量较多，是人造石油的重要来源。

煤的气化是煤、焦炭或半焦和气化剂在 900～1300℃的高温下转化成煤气的过程。气化剂是水蒸气、空气或氧气。煤气组成因燃料、气化剂种类和条件而异，以无烟煤为原料加工的煤气组成如表 3-4 所示。煤气是清洁燃料，热值很高，使用方便。煤气是合成氨、合成甲醇和 C_1 化学品的基本原料。

表 3-4　各种工业煤气的组成

种类		空气煤气	水煤气	混合煤气	半水煤气
组成(体积分数)/%	H_2	5～0.9	47～52	12～15	37～39
	CO	32～33	35～40	25～30	28～30
	CO_2	5～1.5	5～7	5～9	6～12
	N_2	64～66	2～6	52～56	20～33
	CH_4	—	3～0.6	5～3	3～0.5
	O_2	—	1～0.2	1～0.3	2
	H_2S	—	0.2	—	0.2
气化剂		空气	水蒸气	空气、水蒸气	空气、水蒸气
用途		燃料气 合成氨	合成甲醇 合成氨	燃料气	合成甲醇 合成氨

煤通过化学加工转化为液体燃料的过程称为煤的液化。煤液化分为直接加氢液化和间接液化两类。煤直接加氢液化是在高压（10～20MPa）、高温（420～480℃）和催化剂作用下转化成液态烃的过程。煤液化产品也称人造石油。若将煤预先制成合成气，然后在催化剂的作用下使合成气转化成烃类燃料、含氧化合物燃料的过程，则称为煤的间接液化。

煤的初步加工产品，有合成气、城市煤气、工业用燃料气、液化烃类、粗苯、煤焦油、焦炭等，这些基础化工原料进一步加工可制造多种化工产品。例如，合成气可以合成加工出系列有机化工产品（如图 3-6 所示）。粗苯经分离可得到苯、甲苯、茚和氧茚等。煤焦油中含有多种有机化合物，分离可以得到芳烃、酚类、萘、烷基萘、吡啶、咔唑、蒽、菲、芴、苊、芘等杂环化合物，可用于生产塑料、染料、香料、农药、医药、溶剂等。

3.2.4　农副产品及其化学加工工艺

绿色植物借助于叶绿素、太阳能，通过光合作用使水和二氧化碳转化成葡萄糖，并进一步将葡萄糖聚合转化为淀粉、纤维素、半纤维素和木质素等构成植物自身的物质。因此，绿色植物是一种取之不尽、用之不竭的可再生生物质资源。农副产品的化工利用由来已久。一是直接提取其中固有的化学成分；二是利用化学或生物化学的方法将其分解为基础化工产品

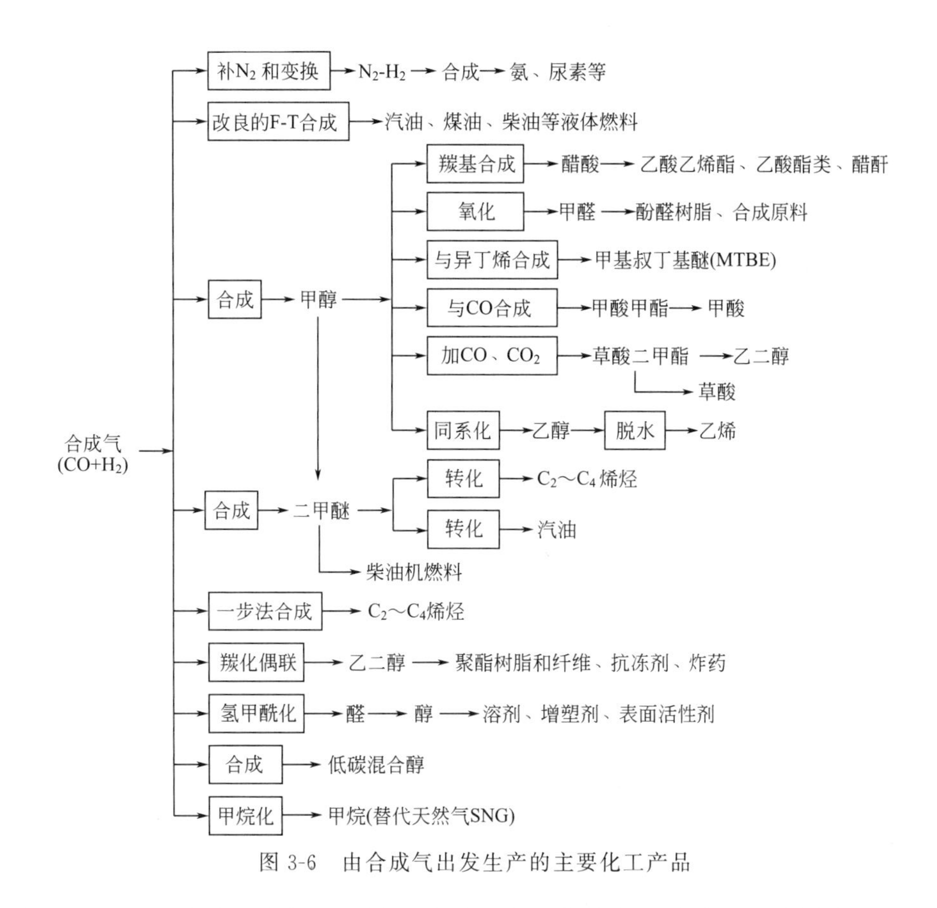

图 3-6　由合成气出发生产的主要化工产品

或中间产品。农副产品的化学加工，涉及萃取、微生物水解、酶水解、化学水解、裂解、催化加氢、皂化、气化等一系列生产工艺和操作。

淀粉为多糖类碳水化合物。淀粉的原料主要有玉米、土豆、小麦、木薯、甘薯、大米、橡子等植物的果实和种子。淀粉产量最大的是玉米淀粉，约占世界淀粉量的 80%以上。将含有淀粉的谷类、薯类等经蒸煮糊化，加入定量的水冷却至 60℃，再加入淀粉酶使淀粉依次水解为麦芽糖和葡萄糖，然后加入酵母菌发酵则转化为乙醇（食用酒精）。

$$\underset{(\text{淀粉})}{2(C_6H_{10}O_5)_n} \xrightarrow[\text{淀粉酶}]{nH_2O} \underset{(\text{麦芽糖})}{nC_{12}H_{22}O_{11}} \xrightarrow[\text{淀粉酶}]{nH_2O} \underset{(\text{葡萄糖})}{2nC_6H_{12}O_6} \tag{3-1}$$

$$C_6H_{12}O_6 \xrightarrow{\text{酵母}} 2CH_3CH_2OH + 2CO_2 \tag{3-2}$$

淀粉发酵还可以生产丁醇、丙酮、丙醇、异丙醇、甲醇、甘油、柠檬酸、醋酸、乳酸、葡萄糖酸等化工产品。这些产品的进一步加工，可以制得许多化学产品，如由葡萄糖高压催化加氢还原生产山梨醇等。

由淀粉质原料制得的淀粉称为原淀粉。原淀粉经物理、化学或是生物化学的方法加工，改变其化学结构和性质，可制得具有特定性能和用途的改性淀粉，如磷酸淀粉、醋酸淀粉、氧化淀粉、羧甲基淀粉、醚化淀粉以及阳离子淀粉等。这些淀粉衍生物广泛用于食品、造纸、纺织、医药、皮革、涂料、选矿、环保以及日用化妆品等工业部门。

纤维素在自然界中分布很广，几乎所有的植物都含有纤维素和半纤维素。棉花、大麻、木材等植物中均含有较高的纤维素。许多农作物的秸秆、皮、壳，木材采伐和加工过程的下脚料，木屑、碎木、枝丫等，制糖厂的甘蔗渣、甜菜渣等都含有纤维素。

纤维素经化学加工可制得羟甲基、羟乙基纤维素以及羧甲基纤维素等。这些纤维素的衍生物可以作为增稠剂、胶黏剂和污垢悬浮剂；纤维素经乙酰化和部分水解制得的醋酸纤维是感光胶片的基材，纤维素经硝化得到硝化纤维是早期的炸药、塑料。

木材加工业的下脚料，在隔绝空气的密闭设备中加热分解，所得产品有活性炭、木焦油、甲醇、醋酸和丙酮等，同时获得气体燃料（一氧化碳和甲烷）。

纤维素和半纤维素是多糖类碳水化合物，水解可以得到葡萄糖和戊糖。葡萄糖用酵母菌发酵可得到乙醇；戊糖在酸性介质中脱水可以得到糠醛。

植物纤维的化工利用如图 3-7 所示。

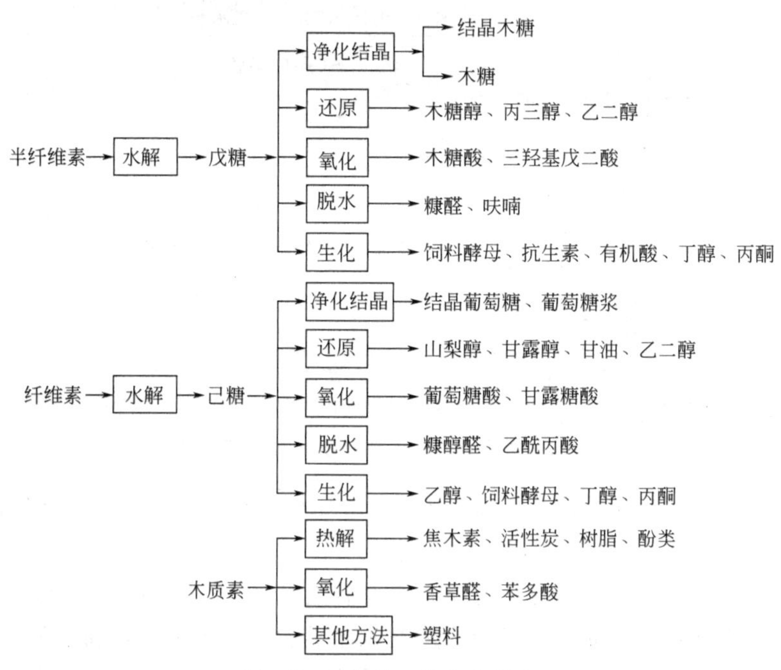

图 3-7　植物纤维的化工利用

$$(C_5H_8O_4)_n \xrightarrow[\text{加热}]{nH_2O} nC_5H_{10}O_5 \xrightarrow[\text{脱水}]{nH^+} n\ \begin{matrix} CH-CH \\ \| \quad\quad \| \\ CH \quad CH-CHO \\ \diagdown \ \diagup \\ O \end{matrix} + 3nH_2O \tag{3-3}$$

（多缩戊糖）　（戊糖）　（糠醛）

动、植物油和脂肪（如牛脂、猪脂、乳脂等），主要是各种高级脂肪酸的甘油酯。工业上通过水解蒸馏的方法，从动植物油中制取脂肪酸和甘油。

$$\begin{matrix} CH_2OCOR \\ | \\ CHOCOR \\ | \\ CH_2OCOR \end{matrix} + 3H_2O \longrightarrow 3RCOOH + \begin{matrix} CH_2OH \\ | \\ CHOH \\ | \\ CH_2OH \end{matrix} \tag{3-4}$$

天然脂肪酸是偶数碳的饱和或不饱和的直链脂肪酸。脂肪酸主要用于制造日用化学品，或作为表面活性剂工业的原料。主要工业脂肪酸的来源见表 3-5。

例如，癸二酸是制造尼龙、癸二酸二辛酯的重要原料。蓖麻油在氧化锌作用下水解为蓖麻油酸，蓖麻油酸在碱性条件和 200～310℃下裂解，生成癸二酸双钠盐和仲辛醇，再经硫

表 3-5 主要工业脂肪酸的来源

类别	脂肪酸	来源	类别	脂肪酸	来源
饱和脂肪酸	辛酸	椰子、棕榈仁	单不饱和酸	油酸	牛脂、妥尔油
	癸酸	椰子、棕榈仁		芥酸	高芥酸菜籽
	月桂酸	椰子、棕榈仁	双不饱和酸	亚油酸	妥尔油、大豆
	豆蔻酸	椰子、棕榈仁		亚麻酸	亚麻籽
	棕榈酸	棕榈油、牛脂		桐酸	桐籽
	硬脂酸	牛脂、氢化油		蓖麻醇酸	蓖麻籽

酸中和、酸化、结晶后即得癸二酸。

$$\begin{array}{l} CH_3(CH_2)_5CHOHCH_2CH{=}CH(CH_2)_7COOCH_2 \\ \qquad\qquad\qquad\qquad\qquad\qquad\qquad\qquad\quad | \\ CH_3(CH_2)_5CHOHCH_2CH{=}CH(CH_2)_7COOCH \quad + 3H_2O \xrightarrow{ZnO} \\ \qquad\qquad\qquad\qquad\qquad\qquad\qquad\qquad\quad | \\ CH_3(CH_2)_5CHOHCH_2CH{=}CH(CH_2)_7COOCH_2 \\ \text{(蓖麻油)} \end{array}$$

$$\underset{\text{(蓖麻油酸)}}{3CH_3(CH_2)_5CHOHCH_2CH=CH(CH_2)_7COOH} + \underset{\text{(甘油)}}{\begin{array}{l} CH_2OH \\ | \\ CHOH \\ | \\ CH_2OH \end{array}} \tag{3-5}$$

$$2CH_3(CH_2)_5CHOCH_2CH=CH(CH_2)_7COOH+4NaOH \xrightarrow[200\sim310^\circ C]{\text{甲酚}}$$

$$\underset{\text{(癸二酸钠盐)}}{2NaOOC(CH_2)_8COONa} + 2CH_3(CH_2)_5CHOHCH_3+3H_2\uparrow \tag{3-6}$$

$$NaOOC(CH_2)_8COONa+H_2SO_4 \longrightarrow \underset{\text{(癸二酸)}}{HOOC(CH_2)_8COOH}+Na_2SO_4 \tag{3-7}$$

3.2.5 矿物质及其化学加工工艺

我国矿产资源丰富，已探明储量的化学矿产有 20 多种，如硫铁矿、自然硫、磷矿、钾长石、明矾石、蛇纹石、石灰岩、硼矿、天然碱、石膏、镁盐、沸石岩、重晶石、碘、溴、砷、硅藻土、天青石等。

盐矿资源主要有盐岩、海盐、湖盐等。盐矿的化工用途主要是电解食盐水溶液生产烧碱、氯气、氢气等，并由此制造纯碱、盐酸、氯乙烯、氯苯、氯化苄等一系列化工产品。

磷矿及硫铁矿是化学矿产量最大的产品。多数磷矿是氟磷灰石 [$Ca_5F(PO_4)_3$]，开采后经分级、水洗、脱泥、浮选等选矿方法，除去杂质得到商品磷矿石。磷矿石是生产磷肥、磷酸、单质磷、磷化物和磷酸盐的原料。85%以上用于生产磷肥，其中产量最大的如磷酸铵、过磷酸钙、硝酸磷肥和钙镁磷肥等。磷肥的生产方法有酸法和热法两类。

酸法是用硫酸等无机酸处理磷矿石，反应生成磷酸和硫酸钙结晶等。

$$Ca_5F(PO_4)_3 + 5H_2SO_4 + 5nH_2O \longrightarrow 3H_3PO_4 + 5CaSO_4 \cdot nH_2O + HF \tag{3-8}$$

热法是利用高温分解磷矿石，进而制造可被农作物吸收的磷酸盐。此法生产的元素磷、五氧化二磷和磷酸，用于制糖、医药、合成洗涤剂、饲料添加剂等。

硫铁矿包括黄铁矿（立方晶系 FeS_2）、白铁矿（斜方晶系 FeS_2）、磁硫铁矿（Fe_nS_{n+1}），其中主要是黄铁矿。硫铁矿主要用于生产硫酸，世界上 50%以上的硫酸用于生产磷肥和氮肥。

主要矿物质的化工利用见图 3-8。

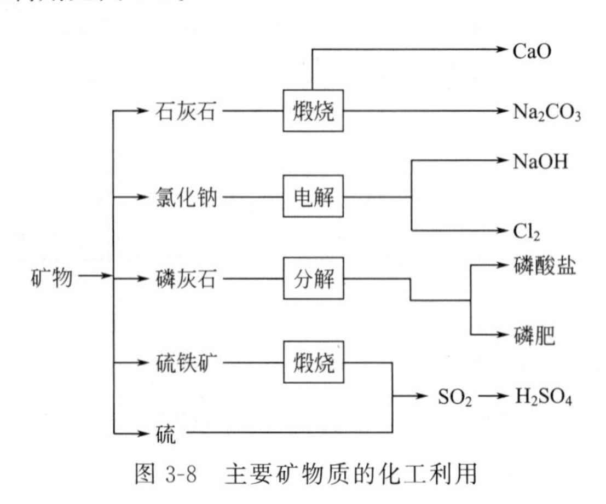

图 3-8 主要矿物质的化工利用

3.2.6 “三废”治理工艺及其综合利用

环境是人类赖以生存与发展的终极物质来源，同时还承受着人类活动所产生的废弃物的种种作用。造成环境污染的因素很多，其中化学污染物对环境的危害很大，不容忽视。由于化学反应的复杂性和化工分离方法的多样性，化工生产过程中会产生废气、废水和废渣等化学污染物，即“三废”。“三废”的形成和排放，不仅是资源的浪费，而且造成了环境污染。

不同化工产品生产过程的废弃物如表 3-6 所示。

表 3-6 不同化工产品生产过程的废弃物

化工行业	每吨产品排放废物/吨	产品数量/吨	废物排放总量/吨
炼油工业	约 0.1	10^6～10^8	10^5～10^7
大宗化工产品	1～5	10^4～10^6	10^4～10^6
精细化工	5～10	10^2～10^4	10^2～10^5
制药工业	25～100	10～10^3	10^2～10^5

化学工业产生的废气不经处理排入大气会造成大气污染。在大气污染中，二氧化硫、硫化氢、氮氧化合物、氨、一氧化碳、氯气、氯化氢和多环芳烃等物质的危害最大。例如，硫酸生产的吸收过程中，其尾气中仍有二氧化硫和三氧化硫的酸雾排出；生产丙烯腈过程中产生的副产物乙腈、氢氰酸、乙醛是有毒的，虽经回收，仍有少量排出；催化剂的制造过程中汞、镉、锰、锌、镍等金属及其化合物会以粉尘形式排入大气。大气污染使人体健康受到危害，农作物减产、甚至枯死，给人类的生存造成很大的危害。

工业上处理有害废气的方法主要有吸收控制法、吸附控制法及化学控制法等。例如，二氧化硫常采用石灰乳或是苛性钠与纯碱的混合物反应去除，氮氧化合物可采用碱溶液吸收去除，二氧化碳和氯化氢可用乙醇胺或用水吸收去除，效果都很好。碳氢化合物的蒸气、硫化氢等气体可以采用吸附控制法。常用的吸附剂有活性炭、活性氧化铝、硅胶以及分子筛等。碳氢化合物也常用热燃烧、催化燃烧和火炬等化学控制法去除。例如在铂催化剂存在下，通入空气燃烧，将含有丙烯腈和氢氰酸的尾气中的污染物除去，使排放气体达到标准。

地球表面的70%以上是水，但是可供使用的淡水仅占总水量的 0.3%，水是十分宝贵的。水在化工生产中的应用非常普遍，其用量和排放量都比较大。不同的生产过程废水的性质和排放量不同。废水成分复杂多变，主要包括各种有机物和汞、镉、铬等金属及化合物。废水不经处理排放，不仅浪费水资源，而且污染环境。有效地处理废水，提高水的利用率，对节约和保护淡水资源具有十分重要的意义。

废水处理的方法很多。一般根据废水的性质、数量以及要求的排放标准，采用多种方法综合处理。按废水处理的程度，废水处理工艺可以分为一级处理、二级处理和三级处理。

一级处理主要是除去粒径较大的悬浮状固体颗粒、胶体和悬浮油类。一级处理工艺过程由筛滤、沉降和浮选等物理过程串联组成。二级处理主要是采用一些物理化学方法，如萃取、汽提、中和、氧化还原，并采用好氧或厌氧生物处理法，分离、氧化及生物降解有机物及部分胶体污染物。二级处理是污水处理的主体部分。三级处理属于深度处理，进一步除去二级处理未能除去的污染物。常采用的方法有化学沉淀、反渗透、电渗析、离子交换、生物脱氮等多种。

废渣不仅占用大量的土地而且造成地表水、土壤和大气环境的污染，必须净化处理。化工废渣主要有炉灰渣、电石渣、页岩渣、无机酸渣、含油含碳及其他可燃性物质、报废的催化剂、活性炭及其他添加剂和污水处理的剩余活性污泥等。废渣处理方法主要有化学与生物处理、脱水法、焚烧法和填埋法等。

废渣是二次再生资源，根据废渣的种类、性质，回收其中的有用物质和能量，实现综合利用。例如，从石油化工的固体废弃物中回收有机物、盐类；从含贵重金属的废催化剂中回收贵重金属；从含酚类废渣中回收酚类化合物；含有难以回收的可燃性物质的固体废渣，可通过燃烧回收其中的能量；含有土壤所需元素的废渣处理后可生产土壤改良剂、调节剂等；污水处理厂剩余的活性污泥，可生产有机肥料；将有用物质回收、有害物质除去之后的废渣，如炉渣、电石渣等可作为建筑、道路的填充材料。

值得注意的是，对废气、废水与废渣的控制和治理，必须从生产的源头上进行控制和预防。“三废”的控制应按照减少污染源、排放物循环、排放物的治理和排放等四个环节的次序，从产品的开发、工程设计和生产等方面统筹考虑。

提高化学合成的原子利用率，使原料分子中的原子全部转化为产品，不产生和少产生副产物或废物，是实现废物“零排放”的根本措施。提高化学反应原子利用率，需要开发新的催化材料、开发新的反应途径和减少合成反应的步骤、开发和采用新的合成原材料。例如环氧乙烷的合成过程中，乙烯经氯氧化反应生成氯乙醇，再经氢氧化钙皂化得到环氧乙烷的传统工艺，原子利用率仅为25%；乙烯以银作为催化剂直接氧化生产环氧乙烷的现代化学工艺，原子利用率达100%；后者原子利用率远高于前者，实现了绿色化学的工艺路线。又如，碳酸二甲酯的生产，以前需要用剧毒性气体——光气（碳酰氯）为原料；近年来，成功开发了以一氧化碳、甲醇和氧气为原料，以氧化亚铜为催化剂合成碳酸二甲酯的工艺路线，实现了化工原料的绿色化。

此外，加强物料的回收、循环使用或综合利用，也是减少资源浪费和环境污染的重要措施。

化工生产完成由原料到产品的转化要通过化工工艺来实现。化工工艺即化工生产技术，指将原料物质经过化学反应转变为产品的方法和过程，其中包括实现这种转变的全部化学和物理的措施。随着化工生产的发展，各种经验的积累和各种化学定律的发现和提出，使人们的认识水平提高，产生了化学工艺学这门学科。化学工艺学与化学工业是紧密联系、相互依存、相互促进的，化学工业的发展促进了化学工艺学不断发展和完善，化学工艺学也反过来促进了化学工业的迅速发展和提高。

化工工艺具有个别生产的特殊性，即生产不同的化工产品要采用不同的化工工艺。但化学工艺学所涉及的范畴是相同的，一般包括原料的选择和预处理、生产方法的选择、设备的结构和操作、催化剂的选择和使用、操作条件及其他物料的影响、流程的组织及生产控制、产品规格和副产物的分离与利用、能量的回收和利用以及不同工艺路线和流程的技术经济评价等。

对化工工艺的研究、开发和工业化实施，需要应用化学和物理等基础科学理论、化学工程原理和方法、相关工程学的知识和技术，通过分析和综合，进行实践才能获得成功。

3.3 几种典型的化工工艺

3.3.1 接触法生产硫酸工艺

硫酸是用途很广的化工产品。20 世纪 60 年代以前，硫酸产量的多少，往往是一个国家化学工业甚至整个工业发展水平的重要标志。

生产硫酸的原料主要有硫黄、硫铁矿和有色金属火法冶炼厂的含二氧化硫尾气。历史上生产硫酸的工艺主要有两种：铅室法和接触法。铅室法硫酸工艺只能生产稀硫酸［约 70%（质量分数）］，已经被接触法硫酸工艺所取代。

下面简单介绍接触法硫酸工艺。

接触法应用固体催化剂（以五氧化二钒为活性催化组分，碱金属氧化物为助催化剂，硅藻土或硅胶为载体），用空气中的氧直接氧化二氧化硫。接触法生产硫酸的工艺过程通常为二氧化硫的制备、二氧化硫的转化和三氧化硫的吸收三部分。

(1) 二氧化硫的制备

从硫黄（单质硫）或硫铁矿等原料出发，首先制成含二氧化硫的原料气。

在以硫黄为原料时，用蒸汽将硫黄熔化，热液态硫黄雾滴（约 145℃）喷射进入焚烧炉与干燥空气混合燃烧：

$$S + O_2 \longrightarrow SO_2 \qquad (3\text{-}9)$$

硫黄直接燃烧所得的二氧化硫原料气比较纯净，无须进行净化处理。

在以硫铁矿为原料的生产工艺中，硫铁矿在焙烧炉中通入空气，在 800～1000℃下燃烧，生成二氧化硫和氧化铁

$$4FeS_2 + 11O_2 \longrightarrow 2Fe_2O_3 + 8SO_2 \qquad (3\text{-}10)$$

硫铁矿焙烧炉一般分为多室焙烧炉、回转窑和沸腾炉。沸腾炉的结构如图 3-9 所示。由硫铁矿焙烧得到的含二氧化硫原料气以及有色金属火法冶炼时得到的含二氧化硫尾气，含有矿物粉尘、氧化砷、

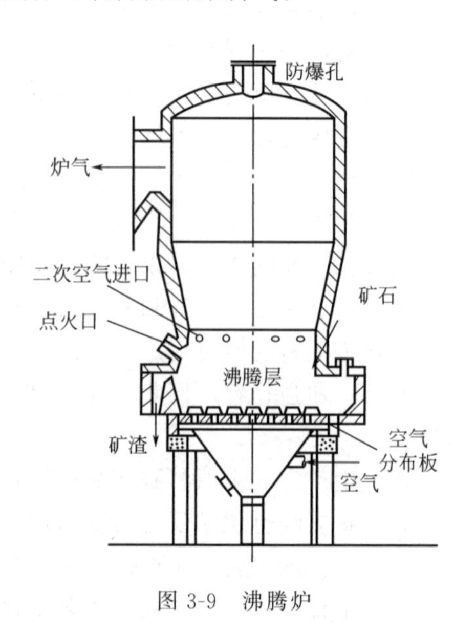

图 3-9　沸腾炉

二氧化硒等杂质，要先回收废热，再经除尘器（旋风除尘器或静电除尘器）除去矿尘，然后水洗、酸洗，进行净化。

(2) 二氧化硫转化为三氧化硫

二氧化硫转化为三氧化硫的反应式为

$$SO_2+\frac{1}{2}O_2 \longrightarrow SO_3 \qquad +99.0kJ \tag{3-11}$$

在反应温度400～450℃和有催化剂（V_2O_5）存在下，一步转化率最高仅为98%。故一般采用两次转化流程，第一次转化（转化率80%）以后进入中间吸收塔，将生成的SO_3吸收后再进行一次转化使反应继续进行，总转化率可达99.5%以上。两次转化可在分开的两个转化器中进行，也可以在同一转化器的不同催化剂层中进行。

(3) 三氧化硫的吸收

转化生成的三氧化硫经冷却后在填料塔中被吸收，得到硫酸

$$SO_3+H_2O \longrightarrow H_2SO_4 \qquad +132.5kJ \tag{3-12}$$

硫酸虽然是三氧化硫与水结合的产物，但实际生产操作中不能直接用水吸收三氧化硫。因为水蒸气与三氧化硫在气相中生成硫酸，冷凝会形成大量酸雾，造成操作条件恶化，吸收效率降低。工业上一般采用98.3%（质量分数）硫酸作吸收剂，因其液面上的水、三氧化硫、硫酸的总蒸气压最低，故吸收率最高。用浓硫酸吸收三氧化硫时，需要向循环酸中补充适量的水，以保持吸收用酸的浓度恒定，并得到所要求规格的成品硫酸。

典型的硫酸生产流程示意图见图3-10。

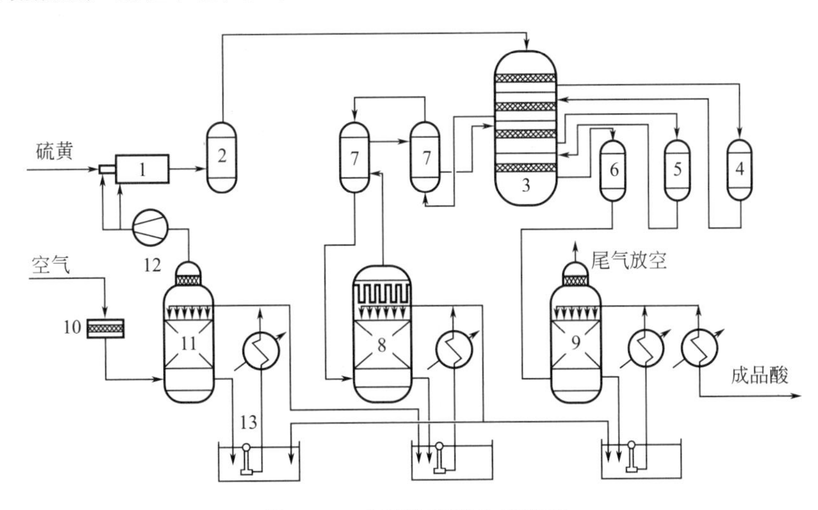

图3-10　典型的硫酸生产流程

1—焚硫炉；2—废热锅炉；3—转化器；4—蒸汽过热器；5—蒸发器；6—锅炉给水预热器；7—换热器；8—中间吸收塔；9—最终吸收塔；10—过滤器；11—空气干燥器；12—鼓风机；13—泵

3.3.2 纯碱生产工艺

纯碱，学名碳酸钠（Na_2CO_3），又称苏打（Soda)，是一种重要的化工基本原料。由分子式看，碳酸钠可以从两种价廉易得的原料，即食盐和石灰石，通过复分解反应很简便地制取：

$$2NaCl + CaCO_3 \longrightarrow Na_2CO_3 + CaCl_2 \tag{3-13}$$

实际上，由于$CaCO_3$不溶于水，在固态下反应不易进行。以后将要学习到化学热力学的有关知识说明，上述反应的 Gibbs 自由能变化，即 $\Delta G^{\ominus}$ 为正值，该反应在工业条件下不能实现。这样，就必须寻找一条曲折地实现上述反应的工艺路线。

(1) 路布兰法

为了实现上述反应，法国人路布兰（Nicolas Leblanc，1742～1806）于 1775 年首先发明了由食盐和石灰石制取纯碱的工业方法。该法以食盐和硫酸为原料，反应得到硫酸钠，再将硫酸钠、石灰石和煤炭混合放入反射炉或回转炉中，在 950℃条件下煅烧成熔块，以便在熔融液体状态下反应生成碳酸钠。由于碳酸钠易溶于水，而硫化钙及碳酸钙不溶于水，可以通过浸取、蒸发、结晶、焙烧等处理得到碳酸钠。在上述过程中发生的反应是：

$$2NaCl + H_2SO_4 \longrightarrow Na_2SO_4 + 2HCl \tag{3-14}$$

$$Na_2SO_4 + 2C \longrightarrow Na_2S + 2CO_2 \tag{3-15}$$

$$Na_2S + CaCO_3 \longrightarrow Na_2CO_3 + CaS \tag{3-16}$$

总反应：$2NaCl + CaCO_3 + H_2SO_4 + 2C \longrightarrow Na_2CO_3 + CaS + 2HCl + 2CO_2$ (3-17)

路布兰法的主要生产过程在固相进行，难以连续生产，又需用硫酸作原料，设备腐蚀严重，且产品质量不纯，原料利用不充分，故在索尔维法出现后，不能与之竞争，在 20 世纪 20 年代被淘汰。

(2) 索尔维法

索尔维法又称氨碱法，1861 年由比利时人索尔维（Ernest Solvay，1838～1922 年）发明并取得专利。该法由于原料（食盐、石灰石）易得、生产过程连续、产品质量高、成本低，不久便成为纯碱生产的主要方法。

氨碱法不用硫酸，以食盐和石灰石为原料，加入氨起媒介作用。氨碱法生产纯碱的工艺流程如图 3-11 所示。

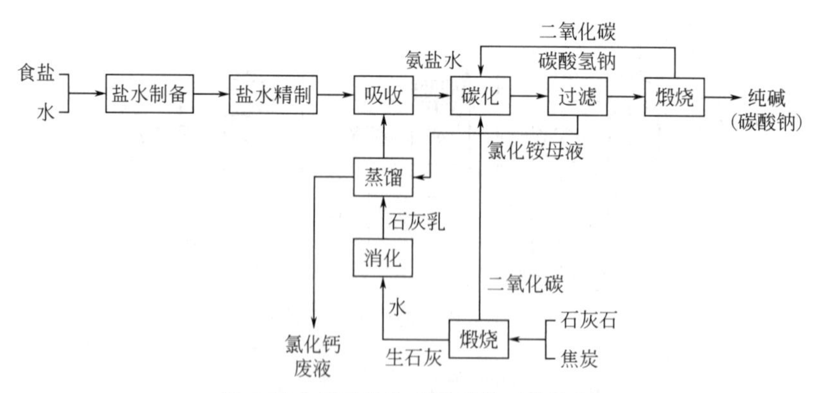

图 3-11 氨碱法生产纯碱的工艺流程

先将盐溶解制成饱和盐水，除去杂质，进入氨吸收塔，与来自蒸氨塔中的含二氧化碳的氨气逆流接触，吸收氨制成氨盐水。氨盐水送至碳化塔顶部，与塔中部的二氧化碳气体（来自石灰窑）反应，称为碳化，得到碳酸氢钠。含碳酸氢钠的悬浊液经转筒式过滤机过滤，得到的滤饼经洗涤后煅烧，碳酸氢钠分解而得纯碱。过滤后的氯化铵母液加入石灰乳反应，蒸馏回收氨再循环，所得蒸馏废液排放。石灰石煅烧得到石灰和二氧化碳，石灰制备石灰乳用于分解母液中的氯化铵，二氧化碳在碳化时制碱使用。

由上可见，氨碱法主要由六步反应完成。这些反应在适宜的操作条件下，能很快地向右进行

$$CaCO_3 \longrightarrow CaO + CO_2 \tag{3-18}$$

$$CaO + H_2O \longrightarrow Ca(OH)_2 \tag{3-19}$$

$$Ca(OH)_2 + 2NH_4Cl \longrightarrow CaCl_2 + 2NH_3 + 2H_2O \tag{3-20}$$

$$2NH_3 + 2H_2O + 2CO_2 \longrightarrow 2NH_4HCO_3 \tag{3-21}$$

$$2NH_4HCO_3 + 2NaCl \longrightarrow 2NaHCO_3 + 2NH_4Cl \tag{3-22}$$

$$2NaHCO_3 \longrightarrow Na_2CO_3 + H_2O + CO_2 \tag{3-23}$$

$$\text{总反应：}CaCO_3 + 2NaCl \longrightarrow Na_2CO_3 + CaCl_2 \tag{3-24}$$

石灰石经过高温煅烧生成氧化钙和二氧化碳。碳酸钙的分解温度是825℃，是放热反应。实际生产中，常将温度控制在1000～1200℃［式(3-18)］。

煅烧后的生石灰与水发生反应并分散在水中，形成石灰乳，这一反应称作石灰消化，是放热反应［式(3-19)］。

石灰乳与氯化铵反应生成氨，并由蒸氨塔蒸出［式(3-20)］。

精制盐水吸收氨制成氨盐水。氨盐水与来自石灰窑的二氧化碳气体进行碳化反应，得到碳酸氢钠［式(3-21)、式(3-22)］。

碳酸氢钠悬浊液过滤后的滤饼经煅烧、碳酸氢钠分解得到纯碱［式(3-23)］。

上述反应是一个经典的例子，即利用一组反应的封闭循环得到一个重要的、然而用一般方法不能实现的反应。

索尔维法的缺点在于，其副产物氯化钙随废液排出，不仅使过半的原料未得到充分利用，而且造成了污染。

(3) 侯氏制碱法

侯氏制碱法又称联合制碱法，由侯德榜先生于1941年发明。侯氏制碱法主要为了克服索尔维法氯化钙废液排放问题，将纯碱生产与合成氨生产联合，利用合成氨和副产的二氧化碳，在过程中只加入盐，就生产出纯碱，同时联产出氯化铵（可作氮肥），盐的利用可达95%以上。侯氏制碱法去除了石灰石煅烧、生石灰消化和氯化钙废液的处理问题，具有相当的技术优势。

3.3.3 合成氨的生产工艺

空气中含有78%（体积）的氮。但是大多数植物不能直接吸收这种游离状态的氮，只有当氮与其他元素化合，完成“氮的固定”以后，才能被植物所利用。从1913年工业上实现氨的合成以后，合成氨法已经成为固定氮生产中的最主要的方法。合成氨法的研究成功，不仅为获取化合态氮开辟了广阔的道路，而且也促进了许多科学技术的发展，例如，高压技术、低温技术、催化技术、特殊金属材料的制备、固体燃料的气化、烃类燃料的合理利用等。氨可直接用作肥料，也可用作制冷剂。氨是化肥工业、基本有机化工和火炸药工业的重要原料。

氨合成的核心是将氮气和氢气（氮氢混合气一般称为合成气）在一定条件下反应生成氨。生产合成氨，首先必须制备氢、氮原料气。氮气来源于空气，可以在低温下将空气液化、分离而得，或者在制氢过程中直接加入空气来解决。氢气来源于水或含有烃类的各种燃

料。最简便的方法是将水电解，但此法由于电能消耗大、成本高而受到限制。现在工业上普遍采用以焦炭、煤、天然气、石脑油、重质油等原料与水蒸气作用的气化方法。

除电解水方法以外，其他方法获得的氢、氮原料气中都含有硫化物、一氧化碳、二氧化碳等，这些不纯物都是氨合成催化剂的毒物。因此，氢、氮原料气送去氨合成工序以前，需要将这些杂质彻底除去。

这样，合成氨的生产过程包括三个主要步骤：第一步是造气，制备含有氢、氮的原料气；第二步是净化，对原料气进行处理，除去氢、氮以外的杂质；第三步是压缩和合成，将纯净的氢、氮混合气压缩至高压，在铁催化剂与高温条件下合成，制备氨。

以焦炭或无烟煤作原料时，氢气是在煤气发生炉中加水蒸气使焦炭或无烟煤气化而得到的，氮气则以空气形式通入。原料气的净化，经过除尘、脱硫、CO 变换、水洗脱除 CO_2 和铜液脱除少量 CO。

随着合成氨需要量的增长以及石油工业的迅速发展，合成氨工业在原料构成和生产技术上都发生了重大变化。

原料构成发生变化 以气体、液体燃料为原料生产合成氨在工程投资、能量消耗、生产成本方面都有着明显的优势。天然气原料所占比重不断上升。随着石脑油蒸气转化催化剂的试制成功，使以石脑油为原料生产合成氨的方法得到了发展。在重油部分氧化法制气成为成熟的工艺方法以后，重油也成为合成氨工业中新的原料。原料种类的显著变化，也促进了原料气制备方法和气体净化技术的发展。20 世纪 70 年代以后，国外新建氨厂几乎不再采用铜氨液吸收少量 CO 的净化流程。

生产规模大型化 20 世纪 60 年代初开始了合成氨厂大型化，这是合成氨工业发展史上的一次飞跃。美国于 1963 年和 1966 年分别出现第一个日产 600 吨和日产 1000 吨的单系列合成氨装置，引起了人们的极大重视。由于大型氨厂具有投资省、成本低、占地少、劳动生产率高的特点，以后，新建的氨厂大都采用单系列大型装置。

热能综合利用 合成氨工业是消耗原料、燃料和动力很大的部门。随着合成氨装置大型化后，在流程设计中十分注意利用余热制备高压蒸汽。先把蒸汽作为压缩机和泵的动力，然后再作为工艺原料和加热介质。以天然气为原料的大型氨厂的所需动力约有 85%可由余热供给。

高度自动化水平 将合成氨全流程控制点的二次仪表集中到主控室，整个合成氨生产过程采用自动控制。

以下简要介绍以焦炭或无烟煤（固体燃料）为原料，合成氨的工艺过程（如图 3-12 所示）。

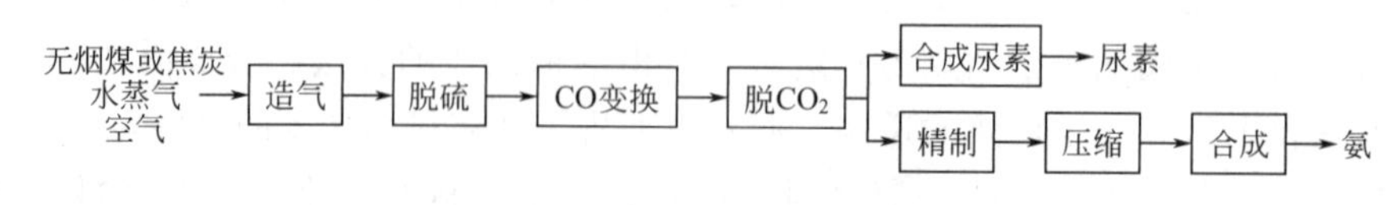

图 3-12 固体燃料为原料的合成氨工艺过程

(1) 粗原料气的制取

固体燃料主要指煤和焦炭。所谓固体燃料气化，就是用氧或含氧气化剂对其进行热加工，使碳转变为可燃性气体的过程。气化所得的可燃气体称为煤气，进行气化的设备称煤气发生炉。煤气的成分取决于燃料和气化剂的种类以及气化条件。例如，用空气为气化剂制得的空气煤气，主要成分含大量的氮及一定量一氧化碳；用水蒸气为气化剂制得的水煤气，主要成分为氢及一氧化碳，其含量可达85%左右。在合成氨工业中，不仅要求煤气中氢与一氧化碳含量要高，而且（$CO+H_2$）/N_2应为3.1～3.2(摩尔比)。为此可用适量空气（或富氧空气）与水蒸气作为气化剂，所得气体称为半水煤气。

作为合成氨用的半水煤气，要求气体中（H_2+CO）与N_2的摩尔比例为3.1～3.2。从气化系统的热量平衡来看，碳与空气的反应放热，而碳与蒸汽的反应吸热。空气与水蒸气的比例在满足半水煤气组成时，不能维持系统的自热平衡。工业上要使反应进行，都要在高温下提供热量。按供热方式和热源的不同，又分为内部蓄热法、部分氧化法和蒸汽转化法等。同一方法中，炉型设备又多种多样。各种炉型的气化条件、生成气特征、适用煤种各不相同，要根据具体条件并经过技术经济比较，才能正确选用。

(2) 原料气净化

变换 变换是将原料气中的一氧化碳与水蒸气作用转化成为氢和二氧化碳

$$CO + H_2O \longrightarrow CO_2 + H_2 \tag{3-25}$$

变换反应前后的摩尔体积不变，但放出热量。化学平衡不受压力影响，但降低温度、增加水蒸气或减少CO_2含量都能使CO的平衡含量降低。工业上为了提高CO变换率，除采用催化剂加快反应速度外，一般采用过量水蒸气，使用多段变换、段间冷却的操作流程。

脱碳 脱除混合气中CO_2的方法很多，主要分为三类。

① 物理吸收法 早期采用加压水洗、减压脱除CO_2的方法。此法设备简单，但动力消耗大，氢气损失多，且合成气中残余CO_2含量高。近年来开发甲醇洗涤法、碳酸丙烯酯洗涤法和聚乙二醇二甲醚洗涤法，比加压水法有较大改进。

② 化学吸收法 此法是通过化学反应吸收CO_2，如催化热钾碱法

$$K_2CO_3 + CO_2 + H_2O \longrightarrow 2KHCO_3 \tag{3-26}$$

这一化学反应是可逆的，逆反应可以使溶剂再生，放出CO_2。为了提高吸收和再生速率，在碳酸钾溶液中添加某些活化剂。按添加的活化剂不同，分为改良砷碱法（活化剂为As_2O_3）和改良热钾碱法（活化剂为二乙醇胺）等。

③ 物理-化学吸收法 是将物理吸收剂（如环丁砜）和化学吸收剂（如乙醇胺）混合使用的方法。

脱硫 混合原料气中的硫化物（如硫化氢、二硫化碳、氧硫化碳、硫醇、硫醚、噻吩等）都对合成氨生产过程中的催化剂有害，必须除去。脱除方法分为干法脱硫和湿法脱硫等，有的是物理吸收，有的是化学吸收，如改良蒽醌二磺酸法，利用蒽醌二磺酸的催化作用将吸收的硫化氢氧化为单质硫：

$$2H_2S + O_2 \longrightarrow 2H_2O + 2S \tag{3-27}$$

甲烷化 为脱除原料气中少量的CO，除可采用物理吸收（液氮洗涤法）或化学吸收（如铜氨液法）外，现在多用镍催化剂使CO和CO_2分别加氢生成甲烷

$$CO + 3H_2 \longrightarrow CH_4 + H_2O \tag{3-28}$$

$$CO_2 + 4H_2 \longrightarrow CH_4 + 2H_2O \tag{3-29}$$

(3) 氨的合成

氨的合成的核心是下述反应

$$N_2 + 3H_2 \longrightarrow 2NH_3 \tag{3-30}$$

这是一个放热并缩小摩尔体积的可逆反应。氨的平衡含量将随压力增加和温度降低而提

高。但温度较低时反应速度十分缓慢，即使采用催化剂，温度也不能过低。工业上一般采用铁催化剂，在15.2～30.4MPa和400～450℃的条件下反应。即使如此，每次通过反应器（合成塔）后，只有一部分氮、氢反应生成氨，反应器出口气体中氨含量通常只有10%～20%（体积分数）。将含氨气体冷却，使氨冷凝分离出来，余下的氮氢混合气用循环压缩机增压后循环使用。

（4）氨加工制备尿素

氨可以以液氨的形式直接在农田中施用，也可以加工成为固体颗粒状的氮肥。氨氧化可制成硝酸。氨再与硝酸反应可以制备硝酸铵，氨与硫酸反应生成硫酸铵，氨与磷酸反应生成磷酸铵，后者是一种很好的氮磷复合肥料。氨与造气过程中的副产品二氧化碳反应可生成尿素 $(NH_2)_2CO$，其氮含量（46%）高于除氨以外的其他氮肥，且施肥效果比硝态氮肥好。30余年来尿素合成已成为最经济的氨加工生产氮肥的方法。

尿素合成反应分两步进行。第一步，氨与二氧化碳作用生产氨基甲酸铵（简称甲铵）

$$2NH_3 + CO_2 \longrightarrow NH_4CO_2NH_2 \qquad +159.47kJ \tag{3-31}$$

第二步，甲铵脱水生成尿素

$$NH_4CO_2NH_2 \longrightarrow NH_2CONH_2 + H_2O \qquad -28.49kJ \tag{3-32}$$

实际上两步反应都在同一个反应器内进行的。工业上典型的反应温度为180～200℃，压力为13.8～24.6MPa，氨与二氧化碳的摩尔比为2.8～4.5（氨过量是因为氨的回收比较容易）。另外，增加反应物在反应器内的停留时间能提高转化率，但反应器设备要增大，并不经济，一般停留时间为25～40min。

氨和二氧化碳在合成塔内一次反应的转化率只有55%～72%，必须将尿素与氨、甲铵分离。处理从合成塔出来的反应混合物的方法不同，发展了多种尿素生产工艺。目前，主要采用的是甲铵水溶液全循环工艺和汽提全循环工艺。所得的含尿素溶液经过两段蒸发，浓度达到99.5%以上再结晶。

3.3.4 石油炼制工艺

石油是当前化工生产最主要的原料之一。石油是一种黄褐色至黑褐色黏稠液体，组成非常复杂，是不同分子量和分子结构的烃类混合物，包括烷烃、环烷烃、芳烃等。要从原油中制取汽油、航空煤油、柴油等，需对石油进行加工，称为炼制（refining）。石油产品大多是从原油中的某个馏分进一步加工制成的。因此，石油炼制工艺可分为一次加工、二次加工和三次加工。

一次加工是石油炼制的最基本过程，指用蒸馏方法将原油分离成不同沸点范围油品的过程，常称为原油蒸馏。一次加工主要包括原油的预处理、常压蒸馏、减压蒸馏等操作。一次加工后所得的产品为轻质油、重质油和渣油。

一次加工的蒸馏过程是物理过程，直馏汽油的产率只有10%左右。为了提高油品的产量和质量必须进行二次加工。二次加工主要是将重质油和渣油经过各种裂化，生产更多的燃油和化工原料，包括热裂化、催化裂化、催化重整、催化加氢裂化、石油焦化等操作。例如，热裂化在高温高压下分解高沸点的石油馏分制取低沸点烃类、汽油及副产气体；焦化是渣油的更深度裂化，获得轻油、汽油和石油焦。催化裂化是以重油为原料，以硅酸铝为催化剂，生产高辛烷值汽油的二次加工方法。裂化过程中主要发生：①将原料中大分子烃分裂成氢和分子较小的低碳烷烃和烯烃（$<C_4$）的气体混合物，即生成“裂解气”；②原料中的大

分子烃裂化为含 C_4～C_{20} 的汽油、煤油、柴油组分；③生成比原料烃分子更大的物质，通常称为裂化渣油；④如果裂化程度较深，还有焦炭生成。

三次加工过程主要是指将二次加工产生的各种气体进一步加工，生产高辛烷值汽油组分和各种化学品的过程。包括石油烃烷基化、石油异构化、烯烃叠合等。石油烃烷基化是在催化剂（氢氟酸或硫酸）存在下，使异丁烷和丁烯（或丙烯、丁烯、戊烯的混合物）通过烷基化反应制取高辛烷值汽油的过程；石油烃异构化是以铂/氧化铝或铂/分子筛为催化剂，使正构烷烃异构化的过程。该过程常用于正丁烷异构为异丁烷，作石油烃烷基化原料，也用于正戊烷、正己烷的异构化，以提高辛烷值。烯烃叠合是指两个或两个以上的低分子烯烃催化合成一个较大的烯烃分子的过程，常用于炼厂气的加工利用，使丙烯、丁烯叠合，形成二聚物、三聚物和四聚物的混合物。例如，以丙烯为原料叠合，形成的丙烯四聚体是洗涤剂的原料。

(1) 原油预处理

从地下开采的原油都含有水，水中溶解有无机盐，如氯化钠、氯化镁、氯化钙等。在蒸馏前需要进行原油预处理，经过脱盐、脱水、脱杂质，要求盐含量小于 $0.005kg/m^3$，水含量不超过 0.2%。盐含量过高，会使蒸馏设备受到严重腐蚀，炉管壁结盐会使传热效率下降。水含量过高，会使能耗增加。

(2) 常压蒸馏

在接近常压下将原油加热至 200～240℃，送入初馏塔，塔顶蒸出大部分轻汽油，塔底原油送入常压加热炉，加热至 360～370℃，进入常压蒸馏塔，塔顶产物为汽油馏分（沸点 130℃以前部分），与初馏塔的轻汽油合并，称为直馏汽油，又称石脑油（Naphtha），可作催化重整原料，也可作热裂解制乙烯的原料。从常压塔顶不同塔板处（称为侧线），可以抽出不同沸点范围的馏分。从塔顶向下依次为侧 1 线煤油馏分（130～240℃）、侧 2 线轻柴油馏分（240～300℃）、侧 3 线及侧 4 线塔重柴油馏分（300～350℃）。塔底为常压渣油，沸点高于 350℃，其中含有重柴油、润滑油、沥青等。常压渣油送入减压蒸馏塔进一步加工。

(3) 减压蒸馏

减压蒸馏是在绝对压力为 8kPa 左右的真空条件下将常压渣油加热蒸馏。减压的目的是降低物料的沸点，避免高温下的分解。塔顶第 1 侧线出减压柴油，其他侧线出减压馏分油，分别用作润滑油原料或裂化原料。塔底出来的减压渣油可作燃料油，或作石油沥青或石油焦的原料。

原油常减压蒸馏工艺流程如图 3-13 所示。

(4) 催化裂化

催化裂化是石油二次加工、提高汽油的质量和产量的重要方法之一。原油经过常减压蒸馏所得直馏汽油的数量受原油中轻组分含量的限制。另外，由于直馏汽油主要含直链烷烃，其辛烷值较低。裂化的目的是将不能用作轻质燃料的常减压馏分油通过裂化反应，将高碳烃断链，生成低碳烃，同时增加芳香烃、环烷烃和带侧链的烃的数量，从而增加汽油等轻馏分的产量，质量也会有所改进。

裂化有两种，以加热方法使原料馏分油在 480～500℃下裂化的，称为热裂化（thermal cracking）；在催化剂上进行裂化，称为催化裂化（catalytic cracking）。典型的裂化反应如下。

$$CH_3—(CH_2)_{23}—CH_3 \longrightarrow C_6H_{14} + C_6H_{12}═CH_2 + C_{11}H_{22}═CH_2 \quad (3\text{-}33)$$

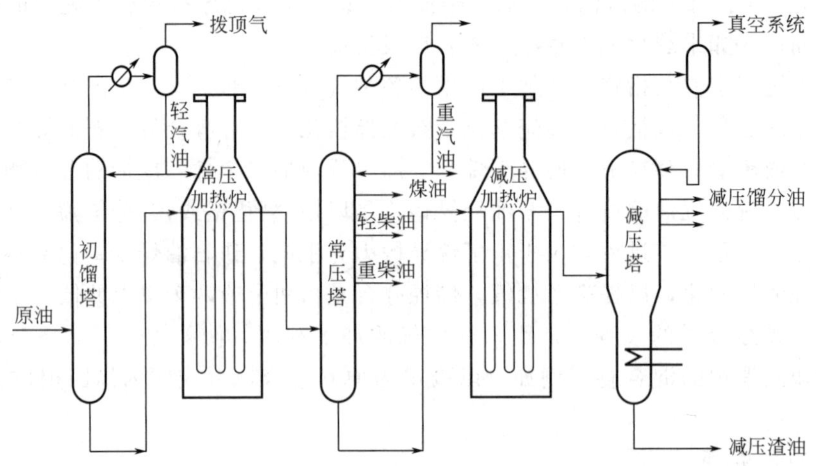

图 3-13 原油常减压蒸馏工艺流程

热裂化时，反应按自由基反应机理进行；催化裂化时，反应按碳正离子反应机理进行。催化裂化中芳构化、异构化反应较多，产物的经济价值较高。

催化裂化以常减压蒸馏的重质油为原料，如直馏柴油、重柴油、减压柴油或润滑油，甚至渣油，在催化剂作用下使碳原子数在 18 个以上的大分子烃类裂化生成较小的烃分子。裂化反应很复杂，如直链烷烃碳链的断裂、脱氢、异构化、环烷化、芳构化等，反应生成分子量较小的烷烃、烯烃、环烷烃、芳烃、氢气以及较大分子量的缩合物和焦炭。

裂化反应的催化剂多为 X 或 Y 型结晶硅酸铝盐，裂化反应设备为流化床反应器，催化裂化的条件一般为 450～530℃、0.1～0.3MPa。催化裂化除获得高质量的汽油外，还可获得柴油、锅炉燃油、液化气等。

（5）催化重整

催化重整是以低辛烷值的石脑油为原料，在铂、铂/铼或铂/铱等催化剂的作用及氢气的存在下，转化制备高辛烷值、较高芳烃含量的汽油或生产芳香烃的重要加工方法。催化重整使用的催化剂一般是以活性氧化铝为载体的。在催化剂的作用下，催化重整的主要反应有烷烃脱氢环化、环烷烃脱氢芳构化、直链烷烃异构化及加氢裂化等，氢气的作用是抑制烃类的深度裂解。由于生成芳烃的反应都是强烈的吸热反应（反应热为 627.9～837.2kJ/kg 重整进料），一般反应器为 3～4 台串联，中间用加热炉加热以补偿热量消耗，保持反应温度。由反应器出来的物料进行产品分离。气相产品除轻烷烃（C_1～C_4）外，还有 1.5%～3.0%的氢气。液相重整油中芳烃采用液液萃取方法分离，抽余油可混入汽油或作裂解原料。催化重整的反应器是固定床或移动床，操作条件一般为温度 425～525℃、压力 0.7～3.5MPa。一个年处理 10 万吨石脑油的铂重整装置，约可获得苯 7000 吨，甲苯 13000 吨，其他芳烃 7600 吨。

（6）催化加氢裂化

催化加氢裂化是生产航空汽油、汽油或重整原料油（石脑油）等产品的二次加工过程，加氢裂化原料为重柴油、减压柴油、减压渣油等重质油，特别适合含氮、硫和金属较高、不宜催化裂化或重整的重质油。重质油在催化剂作用和氢气存在下进行加氢裂化反应，大分子量的烷烃转化成小分子量烷烃、直链烷烃异构化、多环环烷烃开环裂化、多环芳香烃加氢和开环裂化。

催化加氢裂化的催化剂有 Ni、Mo、W、Co 等非贵金属的氧化物和 Pt、Pd 等贵金属的氧化物。根据操作压力的不同，催化加氢裂化分为高压法和中压法两种。高压法的压力为 10MPa 以上、温度为 370～450℃；中压法的压力为 5～10MPa、温度为 370～380℃。加氢裂化是气-液-固三相催化反应过程，反应设备可以是固定床，但渣油的催化加氢裂化，反应器是滴流床或膨胀流化床。

3.3.5 石油烃裂解生产乙烯工艺

以石油和天然气为原料可以生产出成千上万种化学品，包括合成树脂、合成纤维、合成橡胶（以上总称三大合成材料）、合成洗涤剂、溶剂、涂料、农药、染料、医药等与国民经济密切相关的重要产品，从而形成的新兴工业部门——石油化学工业，是近代发达国家的重要基础工业，其销售额约占整个化工的 45%。

从石油或天然气出发，得到最终产品，要经过许多中间产品，如乙烯、丙烯、丁二烯等烯烃，苯、甲苯、二甲苯等芳烃，乙炔以及氢和一氧化碳等。乙烯、丙烯等烯烃和苯、甲苯等芳烃的分子中有双键存在，化学性质活泼，容易与许多物质发生加成反应，又容易聚合成高分子化合物，是石油化工的重要中间体。但是，自然界没有烯烃存在，工业上制取烯烃大多经过烃类热裂解，使石油烃大分子在高温下发生碳链断裂或脱氢反应，生成分子量较小的烯烃和烷烃。

乙烯（ethylene），$CH_2{=\!=}CH_2$，是用途最广的有机化工基础原料。乙烯是无色、略甜、易燃、易爆的气体，可在加压、低温下液化，沸点 T_b 为 -103.71℃，临界温度 T_c 为 9.2℃，临界压力 p_c 为 5.042MPa。乙烯主要用于生产聚乙烯、乙二醇、氯乙烯、环氧乙烷、苯乙烯等。由于乙烯衍生物包括大量的有机产品和高分子材料，因此，世界各国均以乙烯产量作为衡量国家石油化工生产水平的标志。

大量乙烯的生产采用石油烃热裂解法。热裂解是较高级的烷烃在 750～900℃高温下发生裂解，反应生成乙烯、丙烯、丁烯、丁二烯等，同时获得苯、甲苯、二甲苯和乙苯等化工原料。裂解的原料可以是乙烷、丙烷、石脑油、煤油、柴油和常减压瓦斯油等。石油烃热裂解法中，以管式炉裂解法最为重要，其生产能力占世界生产总能力的 99%以上。此类乙烯生产装置也是石油化工行业中庞大、复杂、投资最大的装置之一。

石脑油是大规模制取乙烯的重要石油化工原料。原料油在管式裂解炉中经高温裂解而得到裂解气，再经急冷、压缩、预分馏、脱甲烷和加氢，按顺序分离得到高纯度乙烯、丙烯及混合 C_4 产品。裂解 100 万吨石脑油大约可得 25 万吨乙烯、15 万吨丙烯、3.2 万吨丁二烯、6 万吨 C_4 馏分、5.8 万吨苯、4.7 万吨甲苯、2.4 万吨二甲苯和 15 万吨甲烷氢馏分等各种有机合成原料。

(1) 热裂解过程机理和工艺条件

烃类热裂解是吸热反应，反应途径十分复杂，一般认为是自由基连锁反应。以乙烷为例，总的热裂解反应为

$$C_2H_6 \longrightarrow C_2H_4 + H_2 \tag{3-34}$$

C—C 键断裂所需能量（即键能）为 347.5kJ/mol，而 C—H 的键能为 414.5kJ/mol。可见 C_2H_6 裂解不是简单的脱氢反应，而是经历了自由基的引发、增长、转移和终止等反应历程。

链的引发

$$C_2H_6 \longrightarrow 2CH_3 \cdot \tag{3-35}$$

链的增长 $$CH_3\cdot + C_2H_6 \longrightarrow CH_4 + C_2H_5\cdot \tag{3-36}$$

$$C_2H_5\cdot \longrightarrow C_2H_4 + H\cdot \tag{3-37}$$

$$H\cdot + C_2H_6 \longrightarrow C_2H_5\cdot + H_2 \tag{3-38}$$

链的终止，两个自由基结合

$$H\cdot + H\cdot \longrightarrow H_2 \tag{3-39}$$

$$H\cdot + C_2H_5\cdot \longrightarrow C_2H_6 \tag{3-40}$$

实际生产中的反应还要复杂，除上述一次反应外，一次反应产物在高温下进一步发生脱氢、缩聚等二次反应，生成烯烃、二烯烃、炔烃、多环芳烃及焦油和焦炭等。

为了得到高的乙烯收率，通过分析人们得到如下认识：①以制取乙烯、丙烯为目的时，反应温度需维持在750～900℃。高温有利于提高烃转化率和乙烯收率；②反应过程需要吸收大量热量，如裂解1kg油大约需要1250kJ热量，要供给大量的热，才能使反应顺利进行；③由于二次反应的存在，总的反应趋势是向甲烷、氢和碳分解，在高温下停留时间过长，乙烯收率反而降低，反应产物尽快急冷，可避免二次反应；④烃类裂解的一次反应，特别是脱氢反应，是分子数增加的反应，降低烃的分压对平衡向目的产物移动是有利的，而且有利于减少二次反应，为降低烃分压采用的稀释剂通常为水蒸气；⑤裂解产物不是单一产品，而是烷烃、烯烃、炔烃、氢等混合气体及富含芳香烃的焦油和焦炭，裂解产品组成的复杂性，造成了以后分离过程的复杂性。综合以上分析可以看出，裂解反应的较好工艺操作条件应该是高温、短停留、低烃分压。

除裂解工艺条件外，原料烃的分子结构对产品分布也有很大影响。一般规律是：①正构烷烃最有利于乙烯的生成；②环烷烃有利于生成芳烃，乙烯收率较低；③芳烃一般不开环，能脱氢缩合为稠环芳烃，进而有结焦的倾向；④烯烃大分子裂解为低分子烯烃，同时脱氢生成炔烃、二烯烃，进而生成芳烃。通常用PONA值表征轻质馏分油中烷烃（paraffin）、烯烃（olefin）、环烷烃（naphthene）及芳烃（aromatics）四种烃族的质量分数。烷烃含量越大、芳烃越少，则乙烯产率越高。

(2) 裂解方法和裂解炉

实现上述操作条件，就要在极短时间里将原料加热到所需高温，并给裂解反应提供所需大量的热。实际工业生产中采用的操作条件主要取决于裂解装置的技术水平。按供热方式和热载体的不同，烃类裂解法可分为间接加热、直接加热和自供热等三类，如图3-14所示。

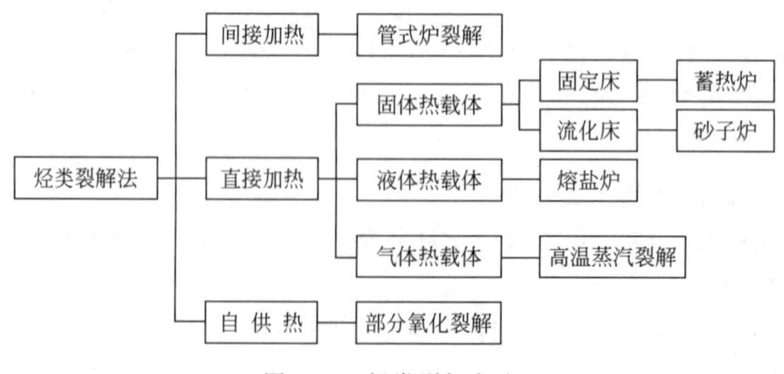

图3-14 烃类裂解方法

裂解炉是裂解设备的核心。裂解炉各式各样，其主要区别在于如何将大量的热量传给裂化原料，使原料尽快加热到需要的反应温度，保证反应的持续进行。目前，世界上的大型乙烯装置多采用典型的立管式裂解炉。管式炉主要由辐射室和对流室两部分组成。辐射室中央悬吊的炉管是裂解炉的核心部分。为保证烃裂解所需要的温度，辐射室内炉管的管壁温度高达900℃左右。对流室内设有数组水平放置的换热管，用于预热原料、工艺稀释用蒸汽、急冷锅炉进水以及高压过热蒸汽等。

管式炉裂解工艺流程如图3-15所示。裂解原料与过热蒸汽按一定比例混合进炉，在对流室加热到500～600℃后入辐射室，加热到780～900℃发生裂解反应，管式裂解炉能在短时间内给物流提供大量的热，可达（3.35～4.52）$\times 10^5$kJ/(m^2·h)。

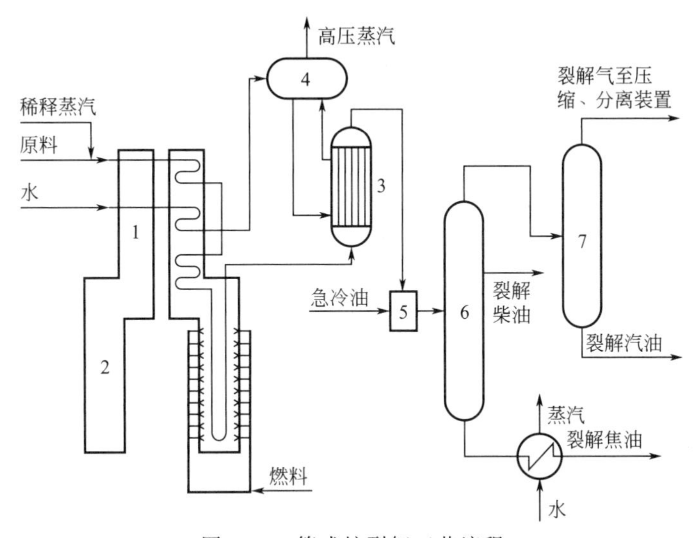

图3-15　管式炉裂解工艺流程

1—裂解炉对流室；2—裂解炉辐射室；3—急冷锅炉；4—汽包；5—急冷器；6,7—分馏塔

为防止高温裂解产物发生二次反应，由辐射室出来的裂解产物立即进入急冷锅炉，高压骤冷以终止反应，同时回收热量，副产10～12MPa的高压蒸汽。

整个裂解系统，特别是裂解炉结构、裂解气急冷方式、烟道气热量回收、换热器的结构对能量消耗和工厂的经济效益关系很大。

裂解产物经过急冷锅炉冷却后，温度降低至350～600℃，需进一步冷却，并分离出各个产品的馏分。来自急冷锅炉的高温裂解产物在急冷器中与喷入的急冷油直接接触，使温度降低至200～220℃左右，再进入精馏系统，并得到裂解焦油、裂解柴油、裂解汽油及裂解气等产物。裂解气则经压缩机加压后进入气体分离装置。

(3) 气体分离

烃类裂解得到的裂解气组成十分复杂，必须加以净化分离，除去其中的有害杂质，分离出纯净的单一烯烃作中间产品，为有机合成和高分子聚合提供原料。工业上采用的分离方法主要是将裂解气压缩制冷至低温，使除甲烷和氢以外的组分都冷凝成为液体，然后利用各个烃的沸点和相对挥发度的不同，在一系列精馏塔中把各个烃逐一分离出来。由于将乙烯等烃类冷凝下来需要用-100℃以下的低温深度冷冻方法，所以简称为深冷分离。典型的净化与分离流程如图3-16所示。

深冷分离工艺流程一般采用压缩、净化、顺序分离、后加氢工艺流程。

裂解气首先用压缩机增加压力。经压缩的气体温度会显著升高，裂解气中所含的烯烃（特别是双烯烃）在高温下会聚合，以致堵塞阀门及管路，因此，压缩出口温度不应超过

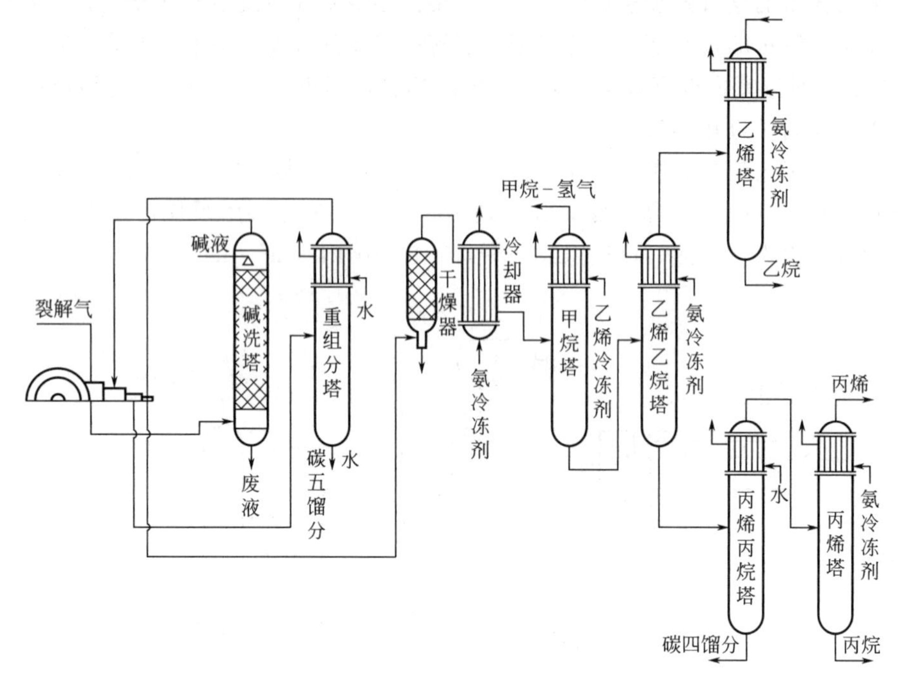

图 3-16 裂解气净化与分离的典型工艺流程

105℃。裂解气中的二氧化碳和硫化氢必须除去。二氧化碳在低温下要结成固体干冰，堵塞管道；硫化氢对设备有腐蚀作用。分离出来的纯烃中也不允许含硫化物，硫化物会使催化剂中毒，妨碍后续工艺的正常操作。含少量二氧化碳和硫化氢的裂解气，一般用10%的氢氧化钠碱液处理，把裂解气中酸性气体消除（小于10mg/kg）。碱洗操作在加压下进行，一般碱洗塔操作压力为1MPa左右。压缩后的气体先送去干燥。气体分离是在低温下进行的，水汽要结成冰，烃也会与水形成结晶合物，这些固体物质会堵塞管道和阀门管件，必须先除去气体中的水分。干燥剂一般用分子筛或活性氧化铝。干燥器有两个或三个并联的，使干燥过程与再生过程轮换操作。再生的方法是通入经加热升温到300℃左右的氢/甲烷馏分，吹除干燥剂中的水分。经过压缩、碱洗、干燥后的石油裂解气，进入深冷分离系统。

深冷分离系统中，裂解气经过多个串联和并联的精馏塔进行分离提纯。常见的顺序分离流程为先分离出甲烷和氢气，然后依次分离乙烯、乙烷、丙烯、丙烷、C_4 馏分等。

深冷分离法的典型流程中，冷凝的液态烃直接进入脱甲烷塔，操作压力为3.4MPa，塔顶温度为−96℃。脱甲烷塔顶为甲烷和氢气。塔釜液是 C_2 以上馏分，进入脱乙烷塔。

脱乙烷塔塔顶为乙烯-乙烷馏分，经气相加氢（催化剂为氧化铝载体上的钯）脱乙炔后进入乙烯精馏塔，塔顶为甲烷，第8块板处为产品乙烯，釜液为乙烷（作为裂解原料去裂解炉）。

脱乙烷塔釜液进入脱丙烷塔，塔顶 C_3 馏分含丙烯约90%，经过加氢去除甲基乙炔和丙二烯以后，可得化学级丙烯产品。如要得到聚合级丙烯，需在加氢后进入丙烯精馏塔中脱除少量丙烷。

脱丙烷塔底釜液送入脱丁烷塔，塔顶馏出 C_4 馏分，可用于抽提丁二烯，塔底得到 C_4 以上馏分。从 C_4 以上馏分可得 C_5 馏分和裂解汽油，也可进一步送 C_5 分离和芳烃抽提装置，分离出异戊二烯、苯、甲苯等。

上述流程中，各个塔是按照从 H、C_1、C_2、…的顺序连接的，故称顺序分离法。实际上分离顺序可有多种排列组合，对能量消耗和投资影响很大，各有其优缺点。十分明显，分离流程的综合是一个化工流程优化问题。

3.3.6 环氧乙烷及乙二醇生产工艺

环氧乙烷是一个三元环（环醚），是十分重要的中间体。它的主要用途是水合制乙二醇，进一步生产聚酯纤维，还大量用于生产表面活性剂、油品添加剂、乙醇胺、农药等精细化学品。在乙烯的系列产品中，环氧乙烷的产量仅次于聚乙烯而居第二位，是石油化工生产中需求量最大的中间产品之一。

目前，环氧乙烷的生产多采用直接氧化法，即在银的催化作用下将乙烯直接氧化为环氧乙烷。根据使用的氧化剂的差异，这类方法可分为纯氧氧化法和空气氧化法。乙烯氧化法生产环氧乙烷的工艺流程如图 3-17 所示。

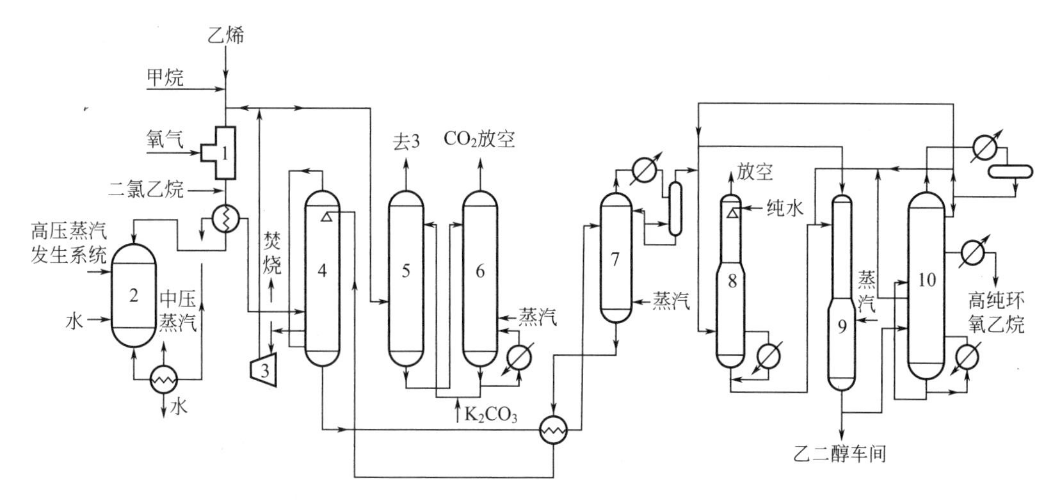

图 3-17 乙烯氧化法生产环氧乙烷的工艺流程

1—原料混合器；2—反应器；3—循环压缩机；4—环氧乙烷吸收塔；5—二氧化碳吸收塔；6—碳酸钾再生塔；7—环氧乙烷解析塔；8—环氧乙烷再吸收塔；9—乙二醇原料吸收塔；10—环氧乙烷精制塔

环氧乙烷与氧气混合容易形成爆炸性气体，需要加入一些惰性气体作为致稳气体，提高氧的爆炸极限浓度。乙烯原料经加压处理后与氧气、致稳气体甲烷以及循环气体一起进入原料混合器，迅速混合均匀。在进入反应器以前，再加入几个 ppm(mg/kg) 的 1,2-二氯乙烷，以增加反应的选择性。原料混合气与反应后的气体进行热交换并预热后，进入装有银催化剂的固定床反应器。氧化反应在多管式固定床反应器中进行，管间的载热体移走反应热，管内放置银催化剂让反应气体通过。氧化反应在温度 235～275℃、压力为 2.0MPa 的条件下进行。乙烯直接氧化的单程转化率在 35%左右，选择性约 70%。直接氧化法的主反应为

$$CH_2{=}CH_2 + \frac{1}{2}O_2 \longrightarrow \underset{\diagdown\ O\ \diagup}{CH_2{-}CH_2} \tag{3-41}$$

主要副反应是乙烯的完全氧化

$$CH_2{=}CH_2 + 3O_2 \longrightarrow 2CO_2 + 2H_2O \tag{3-42}$$

反应后的气体中含有环氧乙烷、未反应的乙烯和副产物二氧化碳等。将反应后的气体冷

却到 87℃，送入环氧乙烷吸收塔用循环水喷淋吸收。未吸收的气体大部分作为循环气经循环压缩机加压后返回反应器。从吸收塔底流出的环氧乙烷水溶液进入环氧乙烷解析塔，经蒸馏将水中的环氧乙烷解析出来。解析塔上部分离出甲醛，中部脱除乙醛，下部脱除水。在靠近塔顶的侧线得到高纯度的环氧乙烷。

直接氧化法的优点是工艺过程简单、无腐蚀性、废热可以合理利用。直接氧化法得到了迅速发展，已成为环氧乙烷的主要生产方法。

乙二醇是环氧乙烷的重要的二次产品，是良好的抗冻剂。它也是合成纤维的主要原料，主要用于与对苯二甲酸二甲酯缩聚，生成聚对苯二甲酸乙二酯，即聚酯纤维，又称涤纶。另外，它还是工业溶剂、增塑剂、润滑剂、炸药等的重要原料。

环氧乙烷水合可以制备乙二醇：

$$\underset{\diagdown\ \mathrm{O}\ \diagup}{CH_2\text{—}CH_2} + H_2O \longrightarrow CH_2OH\text{—}CH_2OH \tag{3-43}$$

环氧乙烷加压水合法制乙二醇的工艺流程如图 3-18 所示。工业生产过程中，环氧乙烷与过量的水（约 10 倍）反应。使用酸催化剂时，反应在常压、50～70℃液相中进行；不使用催化剂时，反应在 140～230℃、2～3MPa 下进行。

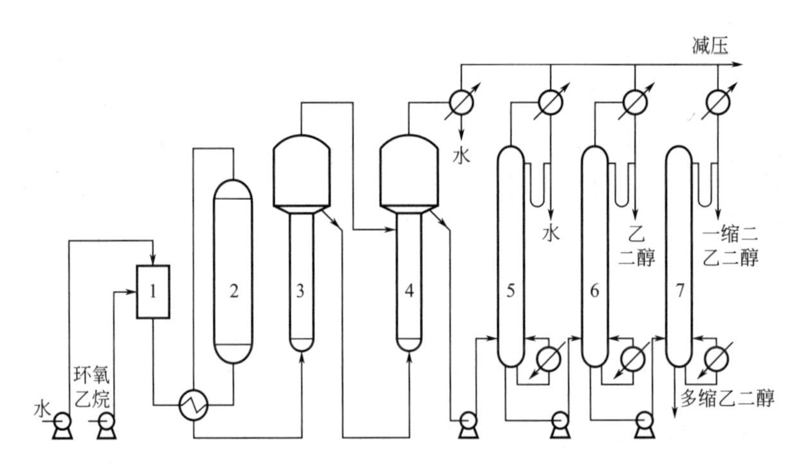

图 3-18 环氧乙烷加压水合法制乙二醇的工艺流程

1—混合器；2—水合反应器；3—一效反应器；4—二效反应器；5—脱水塔；
6—乙二醇精馏塔；7—一缩二乙二醇精馏塔

3.3.7 高分子合成材料及聚乙烯生产工艺

随着科学技术的进步和社会经济的发展，高分子合成材料，包括合成树脂、合成纤维、合成橡胶的生产迅速发展，它们不仅是石油化工的重要产品，也是与国民经济和人民生活关系最为直接的产品。

高分子合成材料是分子量大的高分子化合物。大多数有机化合物的分子量在 100～200 左右，称为低分子化合物；高分子化合物的分子量通常约在 10000 以上。以聚乙烯为例，它是由 3000 个左右乙烯分子联结而成的，分子量 84000 左右。

高分子化合物是由许多低分子量的分子一个接一个联结而成的。这些用来合成高分子化合物的低分子原料，如合成聚乙烯用的乙烯，称为“单体”。这种把单体联结起来形成高分子的过程，称为“聚合”，生成的高分子化合物称为“聚合物”。一种单体的聚合称为“均聚”，生成的聚合物叫作“均聚物”，如聚乙烯、聚丙烯。两种以上单体的聚合称为“共聚”，生成的聚合物叫“共聚物”。例如，丁二烯和苯乙烯共聚得到的丁苯橡胶，由丙烯腈和第二单体（如丙烯酸甲酯）、第三单体（如衣康酸）共聚得到的腈纶纤维等。

通用高分子合成材料的生产主要包括合成树脂、合成纤维、合成橡胶的生产。高分子合成材料的生产过程主要包括原料准备、单体聚合、聚合物分离及洗涤干燥等工序。

聚合反应的主要原料是单体和溶剂。在通常条件下，单体之间不容易发生聚合反应，要使聚合反应迅速进行，必须加入催化剂或引发剂。常用的聚合方法如下。

本体聚合　聚合在单体本体中进行，组分简单、产物纯净、操作简便。本体聚合的缺点是聚合热不易移出。采用本体聚合的有高压聚乙烯、聚苯乙烯、聚甲基丙烯酸甲酯（有机玻璃）的生产。

溶液聚合　除单体外加入溶剂，使聚合在溶液中进行。溶液聚合的体系黏度低、容易混合和传热、温度易于控制。溶液聚合的缺点是聚合度较低，产物中常含有少量溶剂。用作涂料和胶黏剂的聚丙烯酸酯，直接作纺丝液的聚丙烯腈，都可采用溶液聚合。

悬浮聚合　加入分散剂使单体在水中形成悬浮液滴，聚合反应在液滴上进行。体系散热容易，产物形成颗粒小，容易分离，纯度较高。悬浮聚合的缺点是聚合产物容易粘在反应釜壁上。聚氯乙烯的生产属于悬浮聚合。

乳液聚合　加入乳化剂使单体在水中形成乳液，其聚合机理特殊、聚合速度快、产物分子量大、体系黏度低、易于散热。乳液聚合的缺点是乳化剂不易脱除干净，影响产品性能，特别是电性能较差。乳液聚合法主要用于合成橡胶，如丁苯橡胶、丁腈橡胶等的生产。

聚乙烯（polyethylene，简称 PE）是结构最简单、应用最广泛的热塑性塑料，它是由乙烯分子打开双键形成的结构单元，通过共价键重复连接起来形成的高分子聚合物。聚乙烯是无臭、无毒的白色蜡状半透明材料，具有优良的化学稳定性和电绝缘性能，但易燃烧。聚乙烯的用途十分广泛，主要用来制造塑料薄膜、电线电缆绝缘材料及包装材料、日用品等。

聚乙烯的生产工艺分高压聚合法、中压聚合法和低压聚合法。采用不同的聚合方法生产的聚乙烯的性能，如密度、结晶度、刚性、拉伸强度、透气率等性能均会有较大的差异。

低密度聚乙烯（LDPE），密度为 910～930kg/m^3，分子量为 10 万～50 万，一般采用高压法生产工艺，其工艺流程如图 3-19 所示。乙烯经压缩后进入反应器，在压力为100～300MPa、温度为 200～300℃的条件下，并在氧或过氧化物引发剂的作用下聚合为聚乙烯。反应物经减压分离，未反应的乙烯回收循环使用，熔融状态的聚乙烯在加入助剂后冷却，用挤出机造粒。聚合反应选用的反应器有管式反应器、釜式反应器和管釜串联式反应器三种。

高密度聚乙烯（HDPE），密度为 940～960kg/m^3，采用低压法生产工艺，其聚合压力在 5MPa 以下。低压法工艺的核心技术是在聚合反应中使用齐格勒发明的$TiCl_3$-$Al(C_2H_5)_3$高效催化剂。聚合工艺一般包括催化剂配制、乙烯聚合、聚合物分离以及造粒等工序。根据聚合时的相态及催化剂效率的不同，低压法生产工艺又分为溶液法、淤浆法和气相法三种。

溶液法的聚合反应在溶液中进行，反应体系为均相溶液，反应温度大于 140℃，采用齐格勒催化剂。溶液法的聚合物后处理比较复杂，聚合物先经闪蒸除去未反应的乙烯，然后加稀释剂降低溶液黏度，经离心过滤除去固体催化剂，剩下的溶液再加热蒸发、冷析出聚合物。溶液法的生产强度高，能较好地控制产品性质，但所得产品的分子量和固体物含量较低。

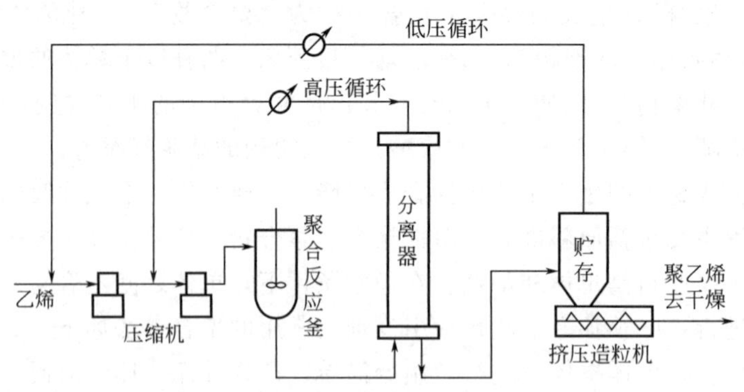

图 3-19　高压法生产聚乙烯的工艺流程

淤浆法在聚合物熔点温度以下发生的聚合，聚合温度为 60～80℃，生成的聚合物呈淤浆状。因采用高效齐格勒催化剂，每克钛可产聚乙烯数万至数十万克，故可省去脱除催化剂和回收溶剂的相应工序，生产成本比溶液法低 20%。

气相法是乙烯在气态条件下在流化床中发生聚合，压力约为 2MPa，温度为 85～100℃。由于采用高效催化剂，而且不使用溶剂，省去了溶剂分离、回收、精制工序等，没有洗涤、干燥等步骤，投资和成本很低，是发展的重点。

3.3.8　农药制品及敌百虫生产工艺

农药是指用于防治农作物病虫害的精细化工产品。农药按防治对象划分，可分为用于防治害虫的杀虫剂、用于防治病原微生物引起的植物病害的杀菌剂、用于防治杂草和有害植物的除草剂以及其他药剂，如杀鼠剂、植物生长调节剂等。农药除在农业中应用外，还广泛用于家庭卫生保健（如杀蚊蝇、蟑螂、家鼠）和其他领域（加工业产品防虫、防霉变，建筑物防蚁等）。

农药按化学组成可分为无机农药和有机农药。无机农药主要有含铜化合物、含砷化合物、含氟化合物和含磷化合物等。有机农药又分为有机氯（卤）类农药、有机磷类农药、其他有机化合物农药、农用抗生素、微生物杀虫剂以及天然物农药等。有机农药的生产工艺一般需要经过多个有机化学反应步骤。

敌百虫（dipterex），学名是 *O*,*O*-二甲基-(2,2,2-三氯-1-羟基乙基）磷酸酯。敌百虫是重要的有机磷杀虫剂，杀虫谱广，效果好，敌百虫在生物体内能被酶分解，属于高效、低毒、低残留品种。敌百虫生产工艺主要有两种，一种是两步法，一种是一步法。

敌百虫两步法生产工艺的第一步是在较低温度下使三氯化磷与甲醇反应，生成亚磷酸三甲酯

$$PCl_3 + 3CH_3OH \longrightarrow (CH_3O)_3P + 3HCl \tag{3-44}$$

亚磷酸三甲酯很快与 HCl 生成亚磷酸二甲酯

$$(CH_3O)_3P + HCl \longrightarrow (CH_3O)_2POH + CH_3Cl \tag{3-45}$$

敌百虫两步法生产工艺的第二步是亚磷酸二甲酯与三氯乙醛重排缩合生成敌百虫原药。

$$(CH_3O)_2POH + CCl_3CHO \longrightarrow (CH_3O)_2POCHOHCCl_3 \tag{3-46}$$

敌百虫一步法生产工艺则是将三氯乙醛、甲醇、三氯化磷三种原料按适当比例同时加入反应器，先在较低温度下使三氯化磷与甲醇反应，生成亚磷酸三甲酯。亚磷酸三甲酯很快与氯化氢生成亚磷酸二甲酯。由于过量氯化氢的存在及在较高温度下会发生副反应生成磷酸，

因此要求主反应在低温下进行，并减压脱除生成的副产物一氯甲烷和未反应的氯化氢，然后升温，使三氯乙醛与亚磷酸二甲酯缩合，制备敌百虫。总反应式为

$$PCl_3 + 3CH_3OH + CCl_3CHO \longrightarrow (CH_3O)_2POCHOHCCl_3 + 2HCl + CH_3Cl \quad (3\text{-}47)$$

敌百虫合成过程的特点是副反应多，例如最后一步反应生成敌百虫后，在有氯化氢存在下可能发生副反应，生成去甲基敌百虫

$$(CH_3O)_2POCHOHCCl_3 + 2HCl \longrightarrow (HO)_2POCHOHCCl_3 + 2CH_3Cl \quad (3\text{-}48)$$

这是一种无毒、但也没有杀虫作用的副产物。在敌百虫生产过程中，严格控制工艺条件，减少副反应，加快反应速度是提高产量和质量、降低消耗和成本的关键所在。

3.3.9 染料制品及直接耐晒黑 G 染料的生产工艺

染料是可以将纤维或其他被染物着色的有机精细化学品。染料按照反应方法和应用性能分类，可分为还原染料、分散染料、活性染料、酸性染料、碱性染料、直接染料、硫化染料、冰染染料等几大类。染料按照分子中所含基本结构或基团分类，有偶氮染料、蒽醌染料、酞菁染料、噻唑染料、噻嗪染料、三芳甲烷染料、亚甲基染料等。

染料的合成一般是以芳香烃为原料，先合成出一定种类的染料中间体，再进一步合成不同品种的染料。染料中间体主要有苯系中间体、甲苯中间体、萘系中间体和蒽醌中间体四大类。以苯系中间体为例，用苯作为原料，通过磺化、硝化、氯化，可分别制得苯磺酸、硝基苯、氯苯和硝基氯苯等重要的基本有机中间体。这些基本有机中间体再经过各种有机合成单元过程，可制得一系列结构复杂的中间体。以染料中间体为原料，经过多步有机化学反应，制备不同类别的染料。

下面以偶氮染料直接耐晒黑 G 染料为例，说明染料的合成工艺。直接耐晒黑 G 染料的结构式为

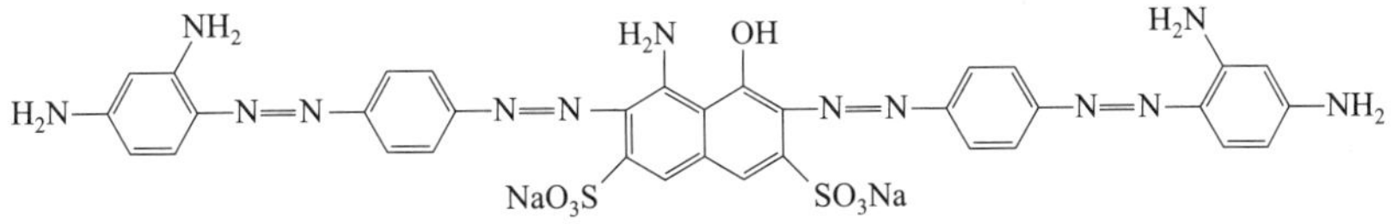

分子式为 $C_{34}H_{37}N_{13}Na_2O_7S_2$，分子量为 829.27，黑色均匀粉末，易溶于水，呈绿光黑色，水溶液加 10% 硫酸呈微红色，水溶液加碱呈绿光蓝色。

直接耐晒黑 G 染料的生产过程中，原料配比（质量比）为对硝基苯胺：H 酸：间苯二胺：亚硝酸钠：硫化钠：碳酸钠：盐酸=1：0.93：0.52：0.83：0.78：3.64：8.58。直接耐晒黑 G 染料是一个四偶氮染料，生产工艺过程要经过两次重氮化、三次偶合反应才能完成。具体工艺过程如图 3-20 所示。

第一步先将对硝基苯胺、盐酸和水加入重氮化槽中，升温溶解后，降温至 10℃，迅速加入亚硝酸钠溶液进行重氮化反应，得到对硝基苯胺重氮盐溶液。第二步再把对硝基苯胺重氮盐溶液加冰，降温至 10℃以下，在强烈的搅拌下加入 H 酸，进行第一次偶合反应。第三步是在弱碱性溶液下进行第二次偶合反应。第四步则将两次偶合反应的物料加热到 25℃，加入硫化钠溶液进行还原反应，反应达到终点后加盐酸酸析并过滤。第五步再进行第二次重氮化反应。第六步是第三次偶合反应，加入食盐，使染料全部析出。后处理过程包括染料悬浮液压滤，滤饼在干燥箱中干燥，再经过粉碎机粉碎，最后在混合机内加食盐混合成直接耐

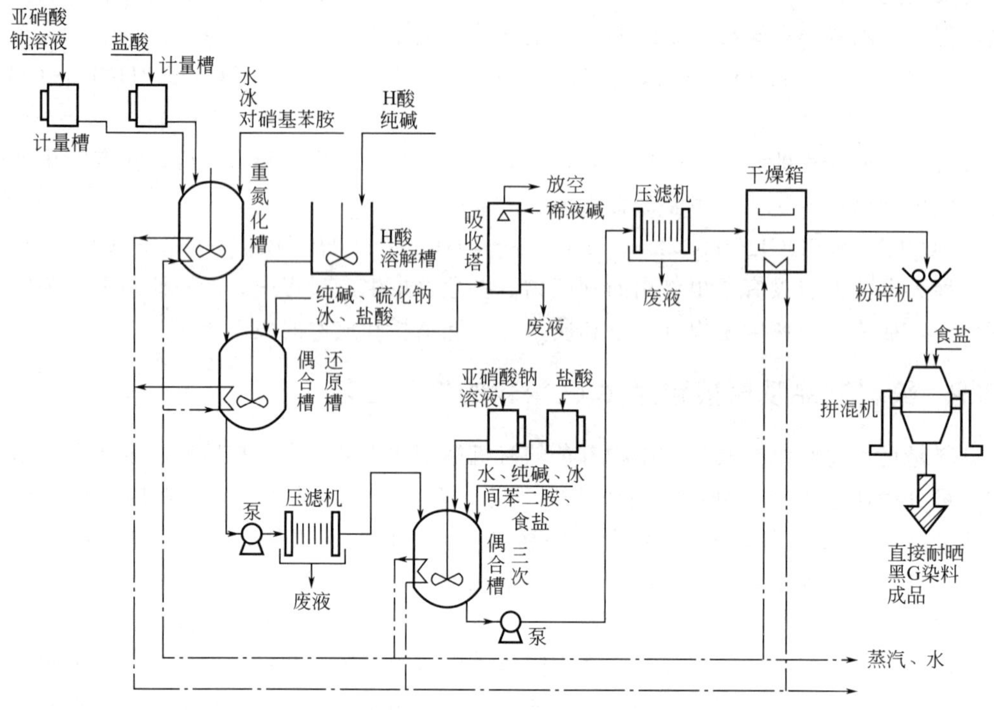

图 3-20　直接耐晒黑 G 染料的生产工艺流程

晒黑 G 染料。

3.3.10　生物化工制品及柠檬酸生产工艺

生物化工工艺是以生物质（biomass）为原料，以生物活性物质为催化剂使之发生转化，或使用其他生物技术进行制备、纯化，从而得到目的产物的生产。例如，用活的酵母菌株使粮食发生“发酵”过程来酿酒，并进一步制醋，是千百年前人类就已经掌握的一种生物化工工艺。20 世纪 30 年代，许多有机化学产品如乙醇、丙酮、丁醇、柠檬酸等已经使用发酵方法进行大规模工业生产。第二次世界大战期间迅速发展的抗生素（如青霉素）生产，以及后来的氨基酸和酶制剂的制造业，都使用了典型的生物化工工艺。20 世纪 70 年代以后，在基因工程（DNA 重组技术）和细胞工程（细胞融合技术）取得突破的基础上，生物化工产品扩展到胰岛素、干扰素、多肽以及各种激素和疫苗等。生物技术与化工相结合，形成了化学工业的一个新的方向——生物化工。生物化工的核心是使用具有生物活性的酶作为催化剂，代替传统化工中使用的一般化学催化剂，并利用基因重组技术改进优化菌株。生物化工工艺具有反应条件温和、能耗低、效率高、选择性强、三废少、能利用可再生资源、能合成复杂有机化合物等优点，其发展前途不可估量。

生物化工产品按产品的性质可以分为大宗化工产品和精细化学品。

(1) 大宗化工产品

主要是将过去由煤化工、石油化工方法生产的产量较大的有机化学品改用生物技术生产。例如乙醇，其半数以上的产品用发酵法生产，今后的方向是以非粮食资源如糖蜜、纤维素（如秸秆、籽壳、蔗渣、造纸废液）和其他生物质为原料生产乙醇。其他可用生物化工方法生产的大宗化工产品还有丙酮、丁醇、甲醇、柠檬酸、乳酸、丙烯酰胺等。

（2）精细化学品

主要包括：①酶制剂，如用于纺织、制糖、洗涤剂等行业用的糖化酶、淀粉酶、蛋白酶、脂肪酶、异构化酶等；②氨基酸，如用作调味剂、营养剂、饲料添加剂的谷氨酸、赖氨酸、色氨酸等；③医药产品，如各种抗生素、维生素、激素、疫苗等；④其他产品，如生物农药，饲料蛋白等。

生物化工产品生产工艺一般包括原料的预处理、工业微生物的培养及生物催化剂选育、生化反应及生物化工产品的分离提纯等。

柠檬酸（citric acid） 分子式为 $C_6H_8O_7$，化学名称为 2-羟基丙三酸，柠檬酸有无水物和一水化合物两种。柠檬酸无臭、有强烈酸味，易溶于水、乙醇和乙醚。柠檬酸酸味柔和爽快，具有良好的防腐性能，可作为酸味调节剂、酸化剂、螯合剂、抗氧化增效剂、分散剂和香料等。

发酵法生产柠檬酸是用黑曲霉素作为发酵剂，主要原料是碳水化合物，如从蔗糖或甜菜中提取的糖蜜、甘薯淀粉、玉米淀粉、马铃薯加工残渣和残液、木薯粉等。以甘薯粉为原料经深层发酵，用钙盐法提取的生产工艺流程如图 3-21 所示。

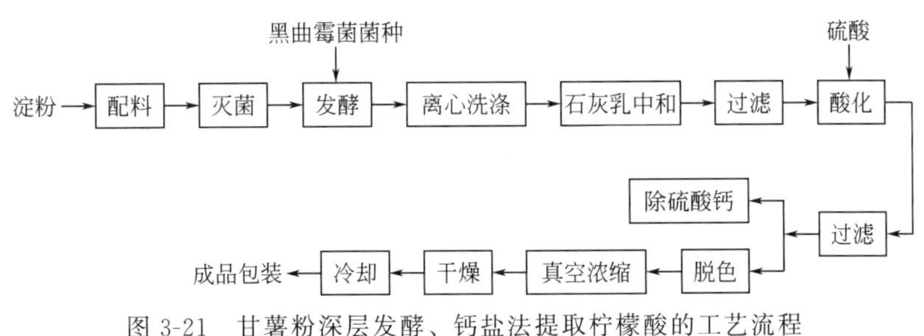

图 3-21 甘薯粉深层发酵、钙盐法提取柠檬酸的工艺流程

值得提及的是，在生物发酵法生产羧酸的工艺实施过程中，发酵液中羧酸浓度往往只能维持在较低的水平上，一般对稀溶液分离纯化的费用占生产成本的比例相当高。如何经济有效地进行产物的分离回收、节约资源、保护环境，是分离科学与工程面临的新的课题。生物发酵法的柠檬酸生产过程中，同样存在柠檬酸稀溶液的分离提取问题。很明显，使用钙盐法完成分离任务存在消耗资源甚至污染环境的缺陷。研究者们利用温度摆动效应，提出了萃取回收柠檬酸的工艺。在低温下，以长链的叔胺为络合剂，烃类和高碳醇为稀释剂从发酵液中萃取出柠檬酸。在高温下进行反萃取，使溶剂再生，同时得到净化的柠檬酸水溶液。

3.4 化工工艺的发展

3.4.1 以高附加值产品为目的的工艺开发

中国加入 WTO 后，包括化工产品和石油化工产品在内的商品在国内及世界各国间的流通规模日益扩大，国内贸易和国际贸易的增长速度大大超过了各类产品生产的增长速度。面对国内市场和国际市场上的激烈竞争，对我国化学工业来说，既是挑战，也是机遇。要参与国际竞争，以国内、国外两个市场的需求为导向，以经济效益为中心，首先必须开发质优价廉、适销对路、附加值和技术含量相对较高的化工产品，提高产品的市场竞争力。

我国化学工业生产的产品中，大批量、通用型、附加值和技术含量相对较低的“大宗化工产品”所占的比例较大；小批量、功能型、附加值和技术含量相对较高的“专用化工产品”所占的比例较小。在化工生产工艺中，生产能力大、稳态操作、特别适用于大宗化工产品生产的连续操作式生产工艺居多；生产能力相对较小、可生产多种产品、对多变的市场需求有较大适应性的多目标间歇式生产工艺较少。从进出口产品的结构分析，出口的化工产品多为耗费资源和能源的原料型的大宗产品，如电石、橡胶等。出口的精细化学品属于传统精细化工产品，例如，2005年起我国染料产量和出口量均居世界第一位，但传统精细化学品仅以数量大取胜，其质量与发达国家有较大差距。高价进口的则是国内急需的一些精细化学品和专用化学品。2010年起我国农药生产量已稳居世界第一位，但国产的高效低毒农药不能满足农业发展需要，需要进口。我国涂料产量已超过1000万吨，产量稳定，固定资产投资有所增加，水性环保涂料品类增多。我国石油化工工业的快速发展，为涂料工业开辟了广阔的原材料来源，特种功能材料的产生又对新型的适应性涂料提出更大的需求，涂料产品已经广泛应用于国民经济和国防建设的各个方面。然而涂料产品仍仅以数量大取胜，其质量、品种与发达国家存在差距。此外，大批不同种类的电子化学品、功能型材料等都需要依赖进口。

要增强市场竞争力，必须适应不断变化的市场需要，及时调整产业结构和产品结构。转变发展方式，发展功能型精细化学品，节能减排，清洁生产，要做到这一点，加快化工科技的创新步伐则是十分关键的。其中，加快开发高附加值功能型产品的生产工艺是重要的创新环节。我国“十三五”期间要求精细化工行业及其上下游逐步提高集中度，基础产品档次从工业级向电子级、医药级、食品级方向提升，强调行业经济运行的协调性和产品结构的合理性，提高行业发展的国际竞争力。

采用普通的工艺技术和特殊的工艺技术相结合，改变物质的结构，使之具有新的功能，是开发高附加值功能型产品生产工艺的一个方面。例如，碳酸钙是一种普通的无机化学品。利用化学制备方法和物理方法相结合的生产工艺，控制碳酸钙晶体的结构形态及粒径大小，经改性处理后，可以使碳酸钙从单一品种扩展为微细、超微细和纳米级改性系列产品，适应橡胶、塑料、造纸、涂料、日化等行业用户的不同需求。

研究工作和工业实践证明，以低韧性高密度聚乙烯（HDPE）树脂或低韧性聚丙烯（PP）树脂为基体，采用改性碳酸钙产品及高填充增强增韧复合技术，可以对难以增韧的低韧性HDPE基体树脂或低韧性PP基体树脂实现高填充增强增韧，在30%～60%（质量分数）的高填充量范围内，高密度聚乙烯材料和聚丙烯材料的韧性分别提高5倍或1倍以上，与此同时，复合材料的成本大幅度降低。

值得重视的是，属于新精细化工领域的功能性涂料种类繁多、附加值高、作用甚大、不可缺少。功能性涂料是具有某种特殊作用的专用涂料，如耐热涂料、防霉涂料、绝缘涂料、电泳涂料、荧光涂料、航空涂料、防污涂料及防火涂料等。功能性涂料的特殊功能则可分为耐热功能、抗生物活性功能、电学功能、光学功能、机械功能、环境功能、安全功能等。功能性涂料的市场处于成长阶段，发展潜力大，应当成为科技开发及成果转化的重点。

产品的生产工艺由复杂工艺路线向简单工艺路线发展，是提高产品附加值的另一个重要方向。随着化学工程与工艺技术的不断发展，化工产品的工艺路线向简单的方向演变。以前，一些化工产品的工艺过程很长、生产步骤繁多，现在，这些化工产品的生产工艺都在向串联反应一步化的方向发展，尽量缩短生产周期，提高过程收率，增加产品的附加价值。乙烯直接氧化法生产环氧乙烷新工艺取代原有的氯乙醇法，就是一个很好的例证。

以往的环氧乙烷生产多采用氯乙醇法。第一步，先将乙烯和氯气通入水中反应生成 2-氯乙醇

$$C_2H_4 + H_2O + Cl_2 \longrightarrow CH_2ClCH_2OH + HCl \tag{3-49}$$

实际上，氯气以鼓泡形式通入水中时，可以产生下述反应

$$H_2O + Cl_2 \longrightarrow HCl + HOCl \tag{3-50}$$

此反应的反应物及生成物中的 3 个可以和乙烯发生反应

$$CH_2{=}CH_2 + Cl_2 \longrightarrow CH_2Cl{-}CH_2Cl \tag{3-51}$$

$$CH_2{=}CH_2 + HCl \longrightarrow CH_3{-}CH_2Cl \tag{3-52}$$

$$CH_2{=}CH_2 + HOCl \longrightarrow CH_2OH{-}CH_2Cl \tag{3-53}$$

十分明显，氯乙醇的收率取决于这三个反应中反应物与乙烯双键加成的速率。一般在 20～50℃、0.2MPa 的条件下反应，对氯乙醇的生成最为有利。

第二步是用碱（通常为石灰乳）与 2-氯乙醇反应，生成环氧乙烷

$$CH_2OH{-}CH_2Cl + \frac{1}{2}Ca(OH)_2 \longrightarrow \underset{\diagdown\ O\ \diagup}{CH_2{-}CH_2} + \frac{1}{2}CaCl_2 + H_2O \tag{3-54}$$

虽然，氯乙醇法对乙烯的纯度要求不高，但是这一工艺路线是“不经济的”，消耗了大量氯气和石灰乳，其副产物 $CaCl_2$ 的用途偏窄。氯乙醇工艺还存在设备腐蚀和环境污染等问题。以直接氧化法新工艺取代氯乙醇法，乙烯一步合成环氧乙烷，工艺过程简单、无腐蚀性、废热可以合理利用，既节约了原材料、能量，又缩短了生产周期，提高产品收率，大大降低了成本。

由复杂工艺路线向简单工艺路线发展的另一个例证是甲烷制备甲醇。通常的工艺路线是先由甲烷制备合成气，然后再由合成气生成甲醇。现在正在研究开发甲烷一步法制甲醇的工艺路线。

3.4.2 以降低消耗、节约能源为目的的工艺改造

原料费用、能量消耗等在化工生产成本中占有较大的比例。在化工生产中，应尽可能采用先进技术，选用廉价易得的原料，选择合适的工艺流程和最优的工艺条件，尽可能降低原材料消耗，提高转化率和选择性。在化工生产中，化学反应和物理处理都是在一定的温度、压力条件下进行，有的反应需要从外部提供热量，有的反应需要将反应热移出，有的过程需要加压，有的过程需要减压，应尽可能加以合理安排，避免造成能量的损失。在新的生产工艺的实施过程中，节约使用原材料，降低物料消耗，合理匹配冷热物流，减少外部供热或制冷，充分利用和节约能源，尽量缩短生产周期，提高过程收率，都是实现产品利润最大化的关键所在。总之，开发先进适用的新工艺，实现以节能降耗为目的的工艺改造，是非常重要的。

以乙苯的气相烷基化生产工艺取代传统的无水三氯化铝法液相工艺，是研究开发节能降耗新工艺的典型例证。

乙苯是重要的有机化工原料。主要用于塑料、橡胶、合成纤维等三大高分子合成材料的重要单体苯乙烯的制备。乙苯也是医药的重要原料。制备乙苯是通过苯与乙烯烷基化反应完成的

$$C_6H_6 + CH_2{=}CH_2 \longrightarrow C_6H_5{-}C_2H_5 \tag{3-55}$$

传统的苯与乙烯的烷基化工艺方法是无水三氯化铝法，使用的催化剂是三氯化铝-盐酸络合物。苯和乙烯在三氯化铝催化剂存在的条件下，进行液相反应，反应后的组成为苯、乙苯和多乙苯的混合物。由于使用强酸性络合物，反应器、冷却塔等设备必须采用搪瓷、玻璃钢或衬耐酸砖等耐腐蚀材料，烃化液需要经过水洗、碱洗等较为复杂的工艺过程，并且产生大量的工业废水。

已成功开发的以固体酸分子筛为催化剂的气相烷基化乙苯生产工艺，使用多层固定床绝热反应器，其工艺流程如图 3-22 所示。

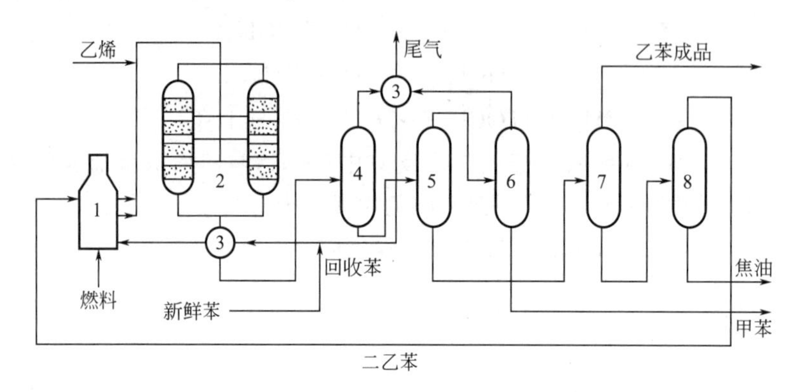

图 3-22 气相烷基化乙苯生产工艺流程
1—加热炉；2—反应器；3—换热器；4—初馏塔；5—苯回收塔；
6—苯、甲苯塔；7—乙苯塔；8—多乙苯塔

新鲜苯及回收苯与反应产物经换热后进入加热炉，汽化并预热至 400～420℃，先与已加热汽化的循环二乙苯混合，再与原料乙烯混合，进入烷基化反应器。反应操作条件为温度 370～425℃，压力 1.37～2.74MPa，质量空塔速度为 3～5kg 乙烯/(kg 催化剂·h)。

气相烷基化乙苯生产工艺的优势在于乙苯的收率高、能耗低、流程有利于热量的回用；催化剂廉价且寿命长，每吨乙苯耗用催化剂的费用仅为三氯化铝法的费用的 1/10～1/20；无腐蚀，反应器可以采用低铬合金钢制作，其他设备和管线无须用特殊合金材料，设备投资减少，生产成本下降；无污染，尾气和蒸馏残渣可以当作燃料。

另一个典型例证是合成工艺中磷-混合稀土 β 分子筛的开发。

异丙苯是一种中间产品，主要用于生产苯酚和丙酮。苯酚用于制造酚醛树脂、增塑剂、杀虫剂等各种化工产品，并可作为染料、医药等精细化学品的原料。苯酚作为重要的化工原料，近几年，我国的需求量急剧增长。由于生产能力不足，进口量持续增加。另外，丙酮也是重要的有机溶剂。

全世界异丙苯年产量约 1800 万吨。我国的异丙苯年产量约 310 万吨，占全世界总产量的 17%左右。北京燕化石油化工股份有限公司是目前我国重要的异丙苯生产基地。

与乙苯生产相类似，制备异丙苯也是通过苯与丙烯烷基化反应完成的。若使用传统的三氯化铝法，由于三氯化铝本身的腐蚀性及助催化剂盐酸的腐蚀性，以及工艺中大量氢氧化钠中和液的使用，产生了大量的废水、废酸、废渣和废气，造成了资源的消耗，增加了环境治理的负担。

北京燕化石油化工股份有限公司以前使用的催化剂有 $AlCl_3$ 和固体磷酸等。这些催化剂都不同程度地存在腐蚀设备、环境污染、能耗物耗大、目的产物选择性差和寿命较短等缺点。若引进 Mobil-Badger 或 UOP 的催化剂，由于高额的技术使用费用，使引进催化剂的使

用成本非常高。北京燕化石油化工股份有限公司与北京化工大学合作，在弄清苯与丙烯烷基化反应机理的基础上，合成出磷-混合稀土β分子筛催化剂（YSBH-1催化剂）；在催化剂的制备过程中，利用磷-混合稀土新型分子筛中的模板剂作为造孔剂，与胶黏剂混合，经成型、焙烧后，形成二次孔，消除了内扩散对催化剂选择性和稳定性的影响，确保了催化剂的质量；通过改进胶黏剂的调胶工艺，制备出分子筛原粉高达85%～90%（质量分数）、ϕ2～3mm均匀球形催化剂，其强度、破碎率满足工业长期运转的要求。生产实践表明，每吨催化剂年生产异丙苯量由固体磷酸的800吨上升到YSBH-1催化剂的6500吨，吨催化剂生产能力提高815%。与应用固体磷酸催化剂相比，生产1吨异丙苯，节省蒸汽20%、减少电耗35%，且原料苯和丙烯的消耗分别降低8%，目的产物选择性提高4%～5%，产品纯度由99.80%提高到99.95%。YSBH-1催化剂的单程寿命、总寿命、异丙苯选择性、生产异丙苯的苯消耗及苯的总收率等指标均不同程度上超过了Mobil-Badger或UOP催化剂的相应的公开报道指标。而且，YSBH-1催化剂没有环境污染，废催化剂可以用作建筑材料的原料使用。

3.4.3 以实现最佳过程为目的的工艺优化

十分明显，化工产品不仅品种繁多，而且生产工艺也千差万别。生产工艺大都是由一些基本的操作及过程有机组合而成的。基本的操作包括加热、冷却、过滤、蒸发、蒸馏、结晶，基本的化学过程包括如氧化、还原、复分解、加氢、酯化、硝化、卤化、水合、水解等等。基本的操作及过程以不同方式、不同次序排列组合起来，其中必然存在优化综合问题。生产工艺过程的每一步骤都需要严格确定温度、压力、物料组成等工艺参数。生产工艺过程的步骤越多、工艺越复杂，各个步骤的工艺参数间就需要进行相关性分析，就越需要进行工艺参数的优化。

例如，裂解气的深冷分离法的工艺流程就可分为顺序分离流程和其他分离流程。裂解气经冷却预分馏除去重组分后，经压缩、碱洗、干燥、冷凝，液态烃按照脱甲烷塔-脱乙烷塔-脱丙烷塔-脱丁烷塔等的顺序实现分离的流程为顺序分离流程。但由于不同产品生产的需要，深冷分离法的工艺流程中的分离顺序可以有多种排列组合方式。不同的排列组合具有不同的优缺点，使工艺过程的能量消耗和投资大小均不相同。这类分离流程的排列组合就是一个典型的化工过程优化综合问题，不同产品生产的要求形成了过程优化的不同的约束条件。

为了更好地综合利用资源和能源，充分利用设备和技术力量，把相邻相近的产品生产厂集中起来，把工艺紧密联系的几个工厂组织起来，发展联合企业，实现统一规划、统一经营、统一管理，是科学技术进步和社会化大生产的需要。联合企业的发展，有利于加强协作，合理组织生产力，创建循环经济模式，提高效率和经济效益，具有很大的优越性。一个企业由多个工厂构成，多种产品、多个工艺并存，甚至原料-产品-原料-产品首尾相接，联合企业的产品及工艺，甚至经营管理，都形成了一个大的系统。

利用系统工程的理论和方法，应用到化工过程之中，把若干个化工产品的生产过程，包括生产过程的各个过程单元以及和这些单元联系起来的物料流和能量流，看成一个系统，从系统的整体目标出发，根据各个过程单元的特性及其相互关系，确定系统在规划、设计、操作、控制和管理等方面的最优策略，成为一个庞大的最优化工程。它应该包括系统分析、系统模拟、系统综合和系统优化等内容。随着化工和石油化工生产的大型化、复杂化和自动化，这个庞大的系统工程正在蓬勃发展。

3.4.4 以过程强化为目的的工艺耦合

近二十多年来，为了强化化工反应过程或化工分离过程，对反应-反应、反应-分离、分离-分离等耦合过程的研究工作不断开展，不少耦合工艺过程已经在工业上成功实施。例如反应-精馏耦合工艺在甲基异丁基醚（MTBE）的合成工艺中应用，年产数十万吨级的工业装置已经建成运行。又如，反应-萃取耦合工艺在中药有效成分及香料有效成分提取等方面得到成功应用。再如，反应-结晶耦合工艺在超细、超纯纳米颗粒等的制备中突破了技术瓶颈等等。

二甲醚作为一种重要的清洁能源和环保产品，已引起人们的广泛关注。二甲醚自身含氧、无 C—C 键、燃烧性能好、热效率高，具有高于普通柴油的十六烷值（约为 55），可直接压燃，并且燃烧过程可实现低 NO_x、无硫和无烟排放，是柴油的理想替代燃料。二甲醚的物性与液化石油气相近，可以代替煤气或液化石油气用作工业燃料和民用燃料。开发二甲醚清洁燃料的生产技术，已成为当今世界能源、环境和化工领域的研究热点。

二甲醚的合成通常采用两步法工艺路线，即先由合成气合成甲醇，然后，再由甲醇脱水制得二甲醚：

$$CO + 2H_2 \longrightarrow CH_3OH \tag{3-56}$$

$$2CH_3OH \longrightarrow CH_3—O—CH_3 + H_2O \tag{3-57}$$

清华大学开发的浆态床反应器一步法二甲醚合成工艺，是在浆态床反应器内通过甲醇合成和脱水多功能催化剂的共同作用，使由合成气合成甲醇的合成反应和甲醇的脱水生成二甲醚的反应同时进行。甲醇一经生成即被转化为二甲醚，从而打破了甲醇合成反应的热力学平衡限制，CO 转化率比两步法工艺中甲醇合成反应的 CO 转化率有显著提高。实验证明，将甲醇合成与脱水反应耦合在一起，可以达到明显的反应与反应耦合的协同作用，使二甲醚合成过程的 CO 转化率与相同条件下甲醇合成 CO 转化率相比提高数倍，甚至远远高于相应条件下甲醇合成的平衡转化率。

采用浆态床反应器，可以完成反应过程与传热过程的耦合，利用液相溶剂比热容大的优点，使合成反应过程容易实现恒温操作。用液相作为移热介质，避免了气相法中大量合成气的循环压缩，从而降低了能耗，使得合成气可以达到较高的单程转化率。由于使用小得多的换热面积来实现液相溶剂与反应体系的换热，不仅使得反应器的设计制造简单，而且可以方便地利用反应热来制备中压蒸汽，使能量利用效率得到提高。

许多发酵过程中，转化率受到生成产物的抑制。发酵过程和产物回收过程的耦合可以减少这一抑制的影响。例如，萃取-发酵耦合工艺中，溶剂萃取用来实现产物的连续移出，从而维持较高的微生物生长率，导致产物的抑制影响降为最小。

乳酸发酵过程存在着典型的产物抑制影响。乳酸发酵过程的研究表明，在微生物的生长过程中，乳酸的抑制影响有赖于乳酸的存在形式。未解离的乳酸产生的抑制作用远大于乳酸根离子的抑制作用。因此，对 *Lactobacillus delbrueckii* 乳酸发酵过程，乳酸的产率在 pH 为 5 或更高时会有明显提高。然而，一般萃取剂主要萃取未解离的乳酸分子。为了在发酵过程中取得有效的萃取效果，在酸性条件下操作是需要的。在较高 pH 范围内，萃取效率会明显降低。要求 $pH<pK_a$ 是乳酸萃取过程的需要，而要求 $pH>pK_a$ 是乳酸发酵过程的需要。乳酸萃取-发酵耦合工艺中，选用了有机酸稀溶液在 $pH>pK_a$ 条件下的络合萃取分离方法。这一方法的关键在于使用一种碱性足够强的萃取剂，保证在较高 pH 值下的萃取能力，且较易再生。通过大量的实验研究和模拟，研究者们以乳酸的萃取发酵耦合过程为对象，提出了包含发酵菌株生长动力学和萃取相平衡在内的萃取发酵耦合的数学模型，计算了不同操作条件下的乳酸萃取发酵耦合过程，结果表明，乳酸萃取发酵耦合过程的优势是十分明显的。发酵法生产乳酸在一个较高 pH 值条件下操作是更为有效的，提高萃取效率的关键是选择合适的萃取剂。

当然，萃取剂必须有良好的生物相容性。事实上，相水平上的溶剂夹带往往会对发酵菌株的生长有抑制作用。采用膜萃取技术或细胞固定化技术可以比较有效地防止发酵菌株与溶剂之间的相水平上的接触。此外，也可以考虑用弱碱性树脂的吸附分离过程替代萃取分离过程，实现产物的移出。选用固体吸附剂可以减少或消除毒性对产酸菌株的影响。

进入 21 世纪，化学工业的各个主要部门，如石油化工、煤化工、基本有机合成、无机化工、精细化工、高分子化工、生物化工都得到进一步的发展。化学工业与作为化工产业核心技术的化工工艺互相促进、共同提高，到达了新的高度。可以相信，在新的世纪里，化工工艺的继续发展将会给人类创造更多的物质财富，对人类文明做出更大的贡献。

第4章 化学工程

4.1 化学工程的产生和发展

化学工程作为工程技术及学科，经历了“形成”“发展”和“拓宽”三个阶段。从19世纪末至20世纪30年代左右，是“化学工程”的形成阶段，提出并发展了“单元操作”，为化学工程这门工程学科初步奠定了理论基础。20世纪40～60年代，是“化学工程”的发展阶段，化学工程学科的各个二级学科先后问世，并促进了一系列有重大影响的化学工艺的产生。20世纪70～80年代以后，是“化学工程”的拓宽阶段，化学工程与生物、材料、资源、环境、微电子紧密结合，形成了新的交叉学科和发展领域。化学工程过程强化，过程数字化、网络化、智能化也成为其拓展阶段的发展特点。

4.1.1 “化学工程”的形成阶段

在18世纪以前，化学品的制造还属于手工操作阶段，与实验室中的制备过程没有很大差异。随着对化学品需求的增长，出现了化学品的制造从手工操作阶段向规模工业阶段的过渡。19世纪后半叶，制碱、制酸、化肥和煤化工已发展到相当规模，技术也达到相当的水平。例如，索尔维法制碱工艺中，使用的碳化塔高达20余米，在其中进行化学吸收、结晶、沉降等操作。十分明显，规模工业阶段的化工生产必须重视物质的物理变化或化学变化在规模生产中的实现和运用。规模工业生产中需要使用钢铁制造机械和设备，工业化学家要在机械工程师参与下才能顺利工作，或者解决工程问题的任务要由具有较多物理学和机械工程背景的工业化学家来承担。

被称作化学工程先驱的英国化学家戴维斯（G. E. Davis，1850～1907）第一个提出“化学工程”的概念。戴维斯曾经就学于斯劳机械学院和皇家矿业学院，先后在煤气厂、漂洗厂和化工厂工作。长期的化工实践使戴维斯认识到，化工生产并不是化学在工业上的简单应用，其中存在大量的工程问题，需要使用独特的工程方法加以解决。

1887年前后，戴维斯在曼彻斯特工学院演讲，系统阐明了化学工程的任务、作用和研究对象。在此基础上，他撰写了世界第一本阐述化工生产过程共性规律的专著《化学工程手册》，于1907年出版。书中系统阐述了物料输送、吸收与吸附、加热及冷却、蒸发与蒸馏、结晶、电解等内容，从化工产品的生产工艺中归纳出共性规律。书中也给出了“化学工程”的定义：“化学工程是工程技术的一个分支，化学工程从事物质发生化学变化或物理变化的加工过程的开发和应用。通常可将这些加工过程分解为一系列物理单元操作和化学单元过程。化学工程师主要从事运用上述单元操作和单元过程进行装置和工厂的设计、建造和操作。化学、物理和数学是化学工程的基础学科，而在化学工程实践中，经济则占主导地位。”戴维斯的贡献在于，他指出各种不同的化工过程的基本规律是相同的，其科学基础是化学、物理和数学。

戴维斯的观点在英国没有获得普遍认可，在美国却引起了广泛的重视。1888年麻省理工学院开设了化学工程课程，随后设置了化学工程专业，是化学工程教育的开始。随后，在宾夕法尼亚大学、密执安大学等也先后设置了化学工程专业。1902年，美国《化学与冶金》工程杂志创刊，不久改名为《化学工程》杂志。1908年6月正式成立了美国化学工程学会。化学工程这一新的学科和专业正式诞生。

19世纪末和20世纪初，大规模的石油炼制业的崛起是产生“化学工程”这一新兴的工程技术学科的基础。当时美国的石油产量剧增，大规模炼油厂迅速兴起，要求解决工厂设计、建造和操作中的工程问题，从而奠定了化学工程的产生基础。同煤化工相比较，炼油工业的化学背景不那么复杂，有可能、也有必要着重进行化工过程的工程问题研究，以适应大规模生产的需要。这就是在美国产生以单元操作为中心的化学工程的历史背景。

1887年戴维斯曾指出，化工生产过程是由一些基本的操作，如蒸发、混合、蒸馏、过滤等组成的。在此基础上，1915年利特尔（A. D. Little，1863～1935）提出了“单元操作”的概念，并阐述了它的基本内容，从而形成了化学工程的分类基础，使单元操作知识成为理解各种化工过程的钥匙。石油炼制和合成氨工业的发展，推进了有关单元操作理论的研究及在生产中的应用。1923年，瓦尔克（W. H. Walker）、路易斯（W. K. Lewis）和麦克亚当斯（W. H. McAdams）合著出版了《化学工程原理》（*The Principles of Chemical Engineering*）。这本著作首次提出了量纲分析法、相似论等方面的内容。书中表述的研究方法和较为完善的内容表明，化学工程的专业理论已经达到一定的深度，化学工程作为一门独立的工程学科已经初步奠定了理论基础。

4.1.2 “化学工程”的发展阶段

由于基本有机合成工业的发展，参照“单元操作”的概念，人们将有机化学工艺中的不同过程按照反应类型的不同分为若干“单元过程”，如氧化、还原、加氢、脱氢、磺化、卤化、硝基化、烷基化、水合、水解……。这个分类研究的开展标志着化学工程研究从物理变化过程（单元操作）向化学变化过程（单元过程）的深入。

同时，在研究单元操作的原理时，也发展出化学工程学科的一个分支——化工热力学。1939年美国麻省理工学院韦伯（H. C. Weber）的《化学工程师用热力学》问世，1944年美国耶鲁大学道奇（B. F. Daoger）的《化工热力学》出版，使化工热力学成为化学工程领域的一个分支学科。化工热力学主要研究相平衡、化学平衡、能量利用与转换的规律。

单元操作和单元过程的分门别类的研究，有助于深入剖析各种操作及过程的特殊规律，但在一定程度上仍带有纯经验的性质，还不能从不同操作和过程内部的固有规律去认识和研究。20 世纪 20 年代以后，石油化工、有机催化、合成树脂、合成橡胶以及流态化等化学工艺及技术相继出现。20 世纪 40 年代第二次世界大战期间，流化床催化裂化制取高级航空燃料、丁苯橡胶的合成及核燃料的分离和浓缩等研究开发成功，这些都极大地推动了不同单元操作基本原理的深入研究。人们透过单元操作的表象，发现所有这些操作都可以归于流体流动、传热与传质三种现象，换句话说，可以分解为“动量传递”“热量传递”和“质量传递”这样三种传递过程或者是其中二者或三者的结合。各种单元操作的特性服从于这三种传递的基本规律。这样，化学工程由单元操作研究阶段进入了“三传”的研究阶段，形成了化学工程领域的另一个分支学科——“传递过程”，化学工程的研究更加深入、更加严谨、更加趋于机理性。1960 年美国博德（R. B. Bird）的《传递现象》的出版标志着“传递过程”研究内容的完善。“传递过程”的主要研究内容包括动量传递、热量传递、质量传递规律及“三传”的一致性。

随着化学工业及其相关领域的科学研究的深入开展，对反应过程的研究已经不能停留在对单元过程的阐述上。人们发现，工业生产中的化学反应过程不可避免地伴随着“三传”一起进行，多种物理过程和化学过程交织在一起，情况错综复杂，必须综合运用化学热力学、化学动力学、传递过程原理的理论和成果，共同进行研究分析。同时，化工工艺的发展，特别是石油化工的发展和生产的大型化，对反应过程的开发与反应器的放大设计提出了更高要求，孕育了化学反应工程的诞生。化学工程的另一新的分支——“化学反应工程”是 1957 年在第一届欧洲化学反应工程学术会议上正式确定命名的。从此，化学工程的“三传一反”的内涵开始建立和完善起来。

20 世纪 50 年代末，随着电子计算机进入化工领域，合成氨及热裂解制备乙烯等工艺过程的专用模拟系统开始出现。20 世纪 60 年代，石油化工装置的高度集中的自动化控制系统和化工模拟系统的推广与应用，推进了化工系统工程及化工控制工程等二级学科的形成。化工系统工程将化工过程看作是一个系统，研究系统的模拟、分析和优化。它从整体目标出发，对系统进行分析、分解、合成、优化，以提高化工装置的经济效益。化工控制工程则是以研究动态及反馈为主要内容。化工系统工程及化工控制工程的出现，标志着化学工程从分析为主转向以综合为主的阶段。

到了 20 世纪 50、60 年代，化工的主要部门，如石油化工、煤化工、基本有机合成化工、无机化工、精细化工、高分子化工、生物化工都蓬勃发展。化学工程一级学科所涵盖的化工热力学、传递过程、传质与分离工程、化学反应工程、化工系统工程、化工控制工程等二级学科先后诞生。化学工程作为学科，化学工艺作为技术，化学工业作为产业，互相促进，共同繁荣，化学工程的发展提高到了新的高度。

4.1.3 “化学工程”的拓宽阶段

20 世纪 70、80 年代以来，化学工程迎接能源问题、资源问题和环境危机的挑战的同时，与高新技术的发展紧密结合，出现了一个新的拓宽阶段。一般认为，“高新技术”主要包括微电子及计算机技术、光电信息技术、生物工程、新材料、新能源、航天技术及环境保护技术等。化学工程学科与新技术学科交叉渗透，一些新兴的交叉学科，如生物化学工程、生物医学工程、微化学工程、材料化学工程等，逐步形成。化学工程科学与数学、物理、化学等基础科学的联系也更加紧密。化学工程向更广泛的领域发展。化学工程在下列诸方面可能形成新的发展前沿。

① 发展新型材料（光、电器件材料，超导材料，功能高分子材料和陶瓷材料）的合成、制备、超净化及加工方法和其他相应的化学化工技术；

② 配合生物基因工程与细胞工程的发展，提供相应的生化反应工程技术和反应器，开发分离生物产品的新方法；

③ 提供新的能源系统，提高能源利用效率，发展新的工艺方法及相应的材料和设施；

④ 提供减少大气污染和水污染的新措施，改善生态环境，发展循环经济，开发零排放的化学加工绿色工艺。

4.2 化工过程、过程单元和单元操作

4.2.1 化工过程中的过程单元、单元过程和单元操作的概念

化工生产从原料开始到制成目的产物，要经过一系列物理的和化学的加工处理步骤，这一系列加工处理步骤，总称为化工过程（chemical process）。我们看到，化工过程虽然各不相同，但大体上都是由一些容器、储罐、泵、压缩机、鼓风机、加热炉、换热器、反应器、吸收塔、蒸馏塔等若干种化工机械和设备所组成，通过管道连接，形成整个生产装置，以实现某个化工过程。这些设备都是该化工过程的一部分，除储罐等外，一般当物料经过其中的时候，都完成某种物理变化或化学变化，或同时完成这两类变化，这些机械或设备称为过程单元（process units）。

人们发现，生产不同产品的具体化学反应过程虽然千差万别，但就反应的类型或特性而言，往往可归纳为若干基本的反应过程，如：氧化、还原、加氢、脱氢、磺化、卤化、水解等等。这些基本的化学反应过程称为单元过程（unit process）。

在过程单元中进行的物理加工处理“操作”，可分别归纳为流体流动与输送、搅拌、粉碎、沉降、过滤、传热、蒸发、冷凝、吸收、蒸馏、萃取、结晶、干燥、吸附等，统称为单元操作（unit operation）。单元操作就是按照特定要求使物料发生物理变化的这些基本操作的总称。

某个过程单元可能是一个典型的单元操作，更多的情况下，过程单元中同时完成几种操作。例如，一个标准式蒸发器，由加热器、分离器两部分构成。蒸发器下部的加热室是由直立加热管束构成的列管式换热器，管束中央有一直径较大的循环管，其截面积为加热管总截面积的40%～100%。加热管管间（壳程）使用饱和水蒸气加热，管内的溶液受热蒸发，形成的蒸汽夹带部分液体上升，冲向上部的分离室。为了防止液滴随蒸汽带出，一般在蒸发器顶部设有汽液分离的除沫装置，使蒸汽由上部蒸出，并经过蒸发器外的冷凝器冷凝成液相；未汽化的液体回落入循环管。由于中央循环管的截面积大，其中的单位体积溶液的传热面积比加热管束的相应传热面积小，溶液的相对汽化率低，即循环管中的溶液的汽含率低。操作中，密度大于加热管内的汽液混合液，因而形成由中央循环管下降、从各加热管上升的循环流动，反复加热和蒸发。十分明显，在蒸发器中同时进行流体流动、传热、蒸发和冷凝。

4.2.2 化工过程中的单元操作

化学工程学科是在19世纪末开始建立的。最初把化工过程分解为一系列单元操作。单

元操作的共同规律最早被认识，它是化学工程学科的基础。任何化工过程无论规模大小，都可以分为一系列基本操作，如流体输送、过滤、加热、冷却、蒸馏、吸收、萃取等。单元操作是对物理变化或物理加工处理而言的。化学工程师只有将各种不同的化工过程分解为单元操作来进行研究，经过单元操作的训练，才能掌握单元操作的共性本质、原理和规律，才有能力使化工生产过程和设备设计、制造和操作控制更为合理。时至今日，各个单元操作的研究仍然有着重要的意义和价值。

随着化学工业的进步，同时为了适应高新技术的要求，一些新的单元操作在不断出现，单元操作的种类不断增加，其中常用的单元操作有 20 多种，如流体输送、搅拌、沉降、过滤、粉碎、颗粒分级、加热、冷却、蒸发、吸收、蒸馏、萃取、干燥、结晶、吸附、离子交换、膜分离等。

4.2.2.1 流体流动与输送

在化工生产过程中，原料、中间产物、加工后得到的产物及其他废弃物等，有许多是流体。为了制得产品，常需要将流体物料按照生产工艺的要求，依次输送到各种设备（如反应设备、换热设备、塔设备等）中进行化学反应或进行物理加工。流体物料通常是单相的，有时可能是两相或多相的，在设备之间的输送往往需借助流体输送设备（如泵和风机等）来完成，使流体物料从一个设备转移到另一个设备，由上一道工序送到下一道工序，形成完整的生产流程。

另外，在化工生产的各个过程单元之中，无论是完成传热、传质或非均相混合物的分离等操作，还是发生化学反应等过程，多数是在流体流动状态下进行的，流体流动是实现各种过程单元的基础之一。

十分明显，一般的化工流程中的气体输送必须利用封闭管路完成，液体输送除少数可采用明沟外，大多数也是通过管路完成的。因此，化工流程中的管路设计，包括管网布局、管路的流速、管路尺寸及材质、管路中的阀门管件和输送机械等，都必须认真加以考虑。

流体在管路中流动时，流体和流体之间、流体与管壁之间会产生摩擦阻力，为了克服这些阻力，必须对流体做功；此外，向高处的设备或带压的设备输送流体还需要提高流体的位能或静压能。因此，流体的输送过程往往需要通过泵（对液体）、风机或压缩机（对气体）等流体输送机械获取机械能。流体输送过程的能耗，与管路长度、直径、管网构成（包括复杂管路、阀门、管件）、流体输送的起始及终了状态、流体的流速及流体物性等有关。

管路的适宜流速是管路设计中的关键参数。对于一定的流体输送通量，管路流速越小，所需管路直径越大，流体流动的压力降越低，所需要输入的机械能越小；管路流速越大，所需管路直径越小，流体流动的压力降越高，所需要输入的机械能越大。

此外，流体系统的压力、管内流体的物性及对材料的腐蚀性，与管路壁面厚度及管路材质有直接关系。

流体输送的总费用是管路及输送设备的折旧费用与输送设备的能耗费用之和。对于一定的输送量，如果管径增大，则流动阻力减小，能耗下降，操作费用下降，但投资费用相应上升；如果管径减小，则流动阻力上升，能耗上升，操作费用上升，而投资费用相应下降。因此，选用过大或过小的管径，都是不经济的。对这些参数进行计算，得到合理的管路设计方案，选择合理的流体输送机械，在保证物料输送安全畅通的前提下，对各种相互矛盾的因素合理权衡和优化，使管路配置合理，输送设备的投资及能耗最小化，这是经常摆在化学工程师面前的重要课题。

液体输送机械通常称为泵（pump）。按其结构和工作原理分类，液体输送机械主要有离心泵和往复泵两大类。

离心泵主要由叶轮、泵壳和轴封装置构成。它的工作原理是利用叶轮高速旋转的离心作用，使液体由叶轮中心流向外缘并提高压力和流速，最终以较高的静压力沿切向流入排出管道。离心泵内液体流动的示意图如图 4-1 所示。

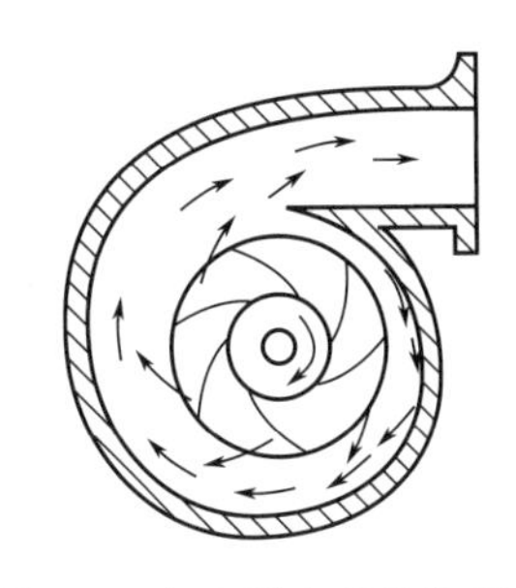

图 4-1　离心泵内的液体流动

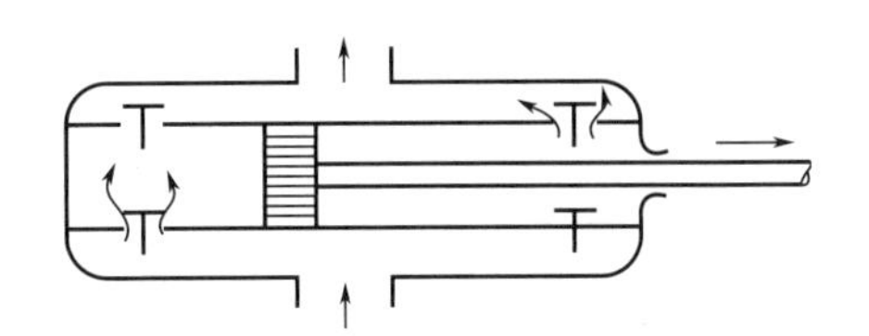

图 4-2　往复泵装置原理示意

往复泵主要由泵缸、活塞、活塞杆、吸入单向阀和排出单向阀构成。它是依靠活塞在泵缸内的往复运动，并与吸入阀门及排出阀门配合，将液体吸入泵缸后，再经活塞挤压，排入压出管道，并提高液体压力。往复泵装置原理简图示于图 4-2。

一般来说，离心泵的结构比较简单，输送液体的流量较大，使用广泛。往复泵的结构比较复杂，输送液体的流量较小，但可以产生较高的压力。

管路系统需要设置阀门用来调节流量或启闭管路。最常见的阀门有截止阀和闸阀两种（见图 4-3、图 4-4）。截止阀结构略微复杂一些，流体经过时阻力较大，但可以较精确地调节流量。闸阀结构简单，流体阻力较小，若流体中含有固体悬浮物时仍然可以使用。

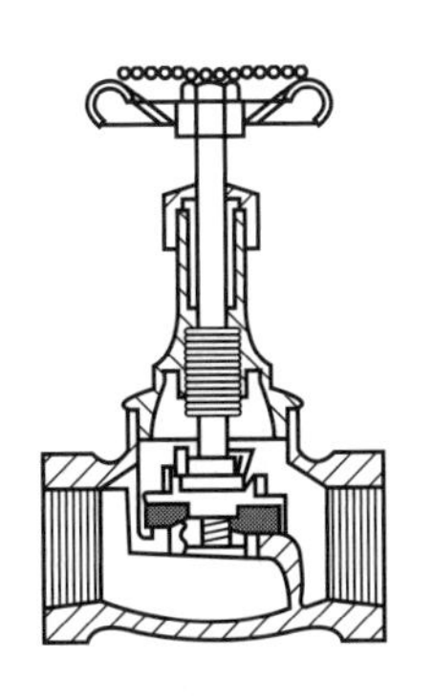

图 4-3　截止阀示意

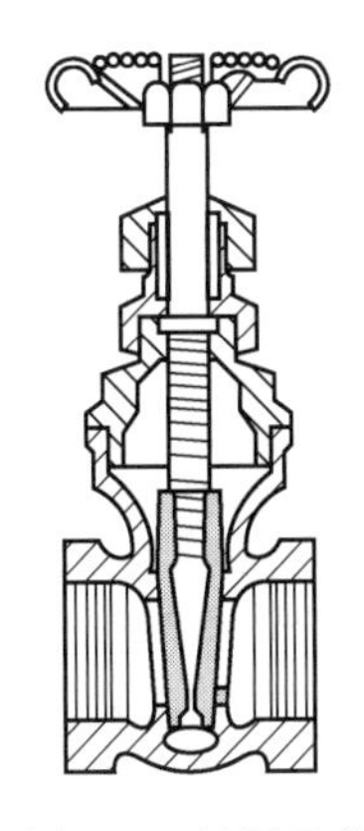

图 4-4　闸阀示意

气体输送设备与液体输送设备形式大体相同，也有离心式、往复式等类型。但气体输送有其特殊性，例如，对于一定的质量流量，由于气体的密度小，体积流量就大，相应的输送机械的体积就大。又如，气体具有压缩性，在输送过程中，当气体的压力发生变化时，其体积和温度也随之发生变化。这对气体输送机械的结构形状有很大的影响。

与流体输送相关联的是固体输送。大型现代化工厂的固体输送可以利用皮带运输机、螺旋加料器、斗式提升机等输送机械或采用气力输送的方式传输气固混合物。皮带运输机、螺旋加料器、斗式提升机等机械的选择和设计更多属于机械工程问题，在化工单元操作中较少加以讨论。

4.2.2.2 沉降与过滤

在化工生产流程中，非均相混合物的分离是经常出现的。非均相混合物的分离一般主要包括气体非均相混合物的分离和液体非均相混合物的分离。

气体非均相混合物是指气体中含有悬浮的固体颗粒或液滴所形成的混合物，其中，固体颗粒或液滴称为分散相，包围这些分散物质而处于连续状态的气体称为连续相。液体非均相混合物是指液体中含有分散的固体颗粒（称悬浮液），或与液体不互溶的液滴（称乳浊液）或气泡（称泡沫液）而形成的混合物，其中，处于连续状态的液体称为连续相，处于分散状态的固体颗粒、液滴或气泡称为分散相。

非均相混合物在某种力场（重力场、离心力场或电场）的作用下，其中的分散相与连续相之间发生相对运动，分散相沉积于器壁、器底或其他表面，从而实现分散相与连续相流体的分离，这种方法称作沉降分离。沉降分离有重力沉降、离心沉降和电沉降。

降尘室（见图 4-5）是典型的气体非均相混合物的重力沉降分离设备。降尘室实质上是一个大的空腔室，气体非均相混合物从降尘室入口流向出口的过程中，颗粒不仅随气体向出口流动，而且颗粒与气体间产生相对运动，向下方的器底表面沉降。如果颗粒在随气体流出设备以前，颗粒能沉降到器底表面并落入集尘斗中，则颗粒就可以从气体中分离出来。降尘室一般可以分离气体中粒径为 75μm 以上的颗粒。十分明显，气体非均相混合物中颗粒分离的必要条件是颗粒在设备内的停留时间应大于颗粒沉降至设备底部的沉降时间。

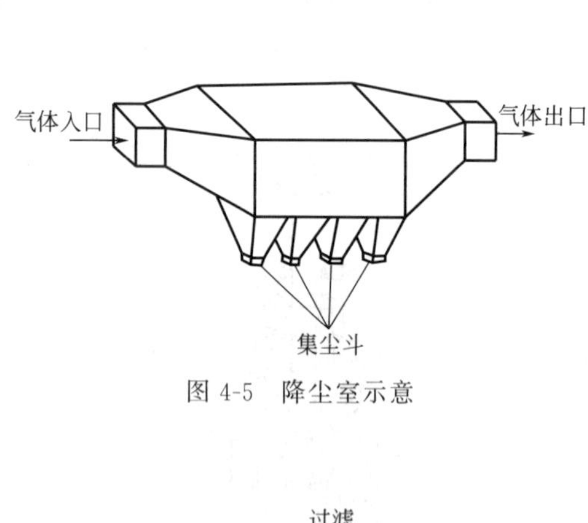

图 4-5 降尘室示意

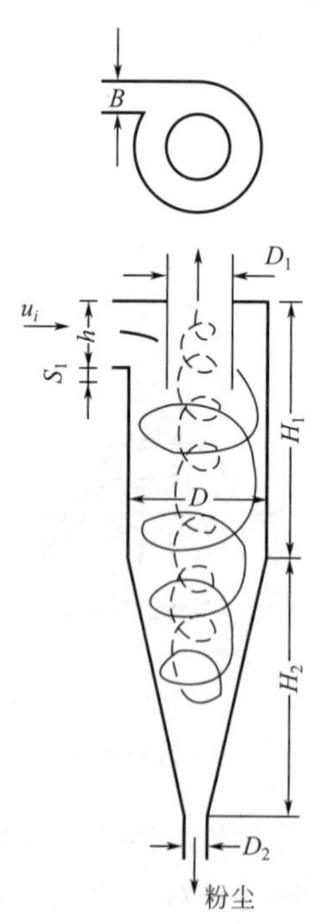

图 4-6 标准式旋风分离器示意
($B=D/4$，$h=D/2$，$S_1=D/8$，$H_1=2D$，$H_2=2D$，$D_2=D/4$，$D_1=D/2$)

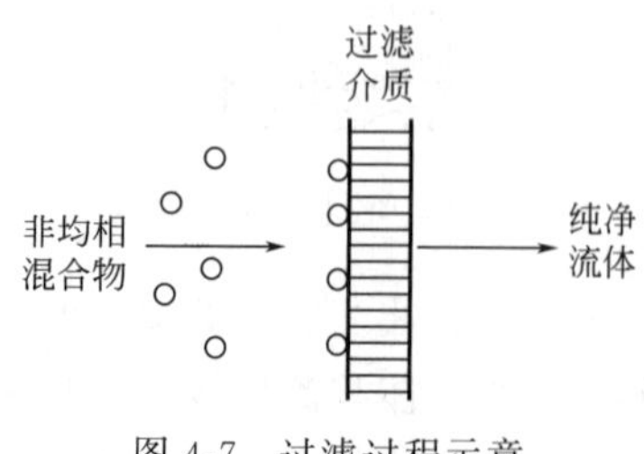

图 4-7 过滤过程示意

旋风分离器是利用离心力场分离气体非均相混合物中的固体颗粒的典型设备。标准式旋风分离器（见图 4-6）是最简单的一种旋风分离器。它的主体为圆筒，下部为圆锥筒，顶部中心为气体出口，进气口则位于圆筒上部，与圆筒切向连接。含粉尘的气体从进气管沿切向进入，受圆筒壁的制约而旋转，做向下的螺旋运动。气体中的粉尘随气体旋转向下的同时，由于惯性离心力的作用，向圆筒壁沉降。气体旋转向下到圆锥筒底部附近后转向中心而旋转上升，最后由中心的排气管排出。这样，旋风分离器内就形成了旋转向下的外旋流和旋转向上的内旋流，外旋流是旋风分离器的主要除尘区。气体中的颗粒只要在气体旋转向上排出前沉降到达器壁，就可以沿器壁滑落到圆锥筒底的排灰口而与气体分离。旋风分离器一般用于分离气体中粒径为 5μm 以上的颗粒。

过滤是分离液-固非均相混合物或气-固非均相混合物的一种常用的单元操作。待分离的液-固非均相混合物或气-固非均相混合物置于多孔过滤介质的一侧，在过程推动力的作用下，流体被强制通过多孔过滤介质，进入多孔过滤介质的另一侧，过滤介质将流体中的悬浮固体颗粒截留下来，从而实现非均相混合物的分离（见图 4-7）。过滤过程的推动力一般是压力差或离心力作用。对于液-固非均相混合物体系，一般将需要过滤的混合物称为滤浆，通过多孔过滤介质得到的清液称为滤液，截留在过滤介质表面的固体颗粒层则称为滤饼。

在实验室中，常用的过滤方法是将过滤介质（滤纸）铺在漏斗上，将悬浮液倒入漏斗，利用静压力差迫使滤液通过滤纸，而将滤饼留在滤纸上，实现液-固非均相混合物的分离。工业生产中用于过滤的机械设备则是多种多样的。常用的液体过滤机有板框压滤机和转筒真空过滤机。

板框压滤机（见图 4-8）是由许多块滤板和滤框交替排列组合而成的。滤板和滤框一般做成正方形，滤板和滤框的角上开有槽孔作为滤浆和滤液的通道，滤框的两侧覆以滤布，围成容纳滤浆和滤饼的空间。滤板的作用是支撑滤布并提供滤液流出的通道，因此，滤板表面制成凸凹纹路，凸出部分起支撑滤布的作用，凹处则形成滤液的流道。由于滤饼留在框内，必须定期清理，所以板框压滤机为间歇操作设备，每个操作循环由装合、过滤、洗涤、卸饼、清理等 5 个环节组成。板框压滤机目前仍是普遍使用的一种过滤机。

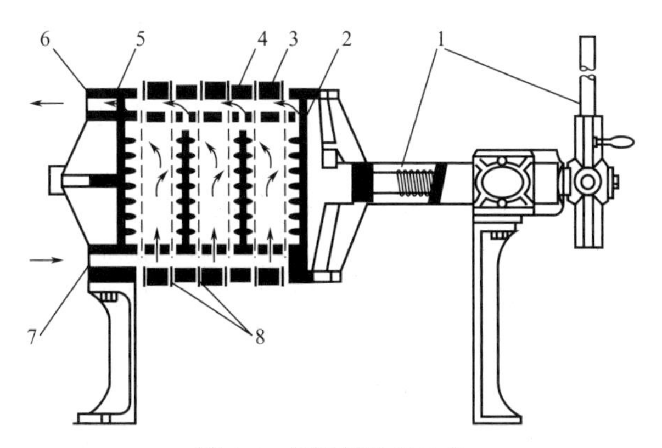

图 4-8　板框压滤机示意

1—压紧装置；2—可动头；3—滤框；4—滤板；5—固定头；6—滤液出口；7—滤浆进口；8—滤布

转筒真空过滤机是工业上应用广泛的一种连续操作的过滤设备。转筒真空过滤机依靠真空系统造成的转筒内外的压力差进行过滤。转筒真空过滤机的主体是能转动的水平圆筒，筒的表面有一层金属网，网上覆盖滤布，筒的下部浸入滤浆中。转筒沿圆周分隔成互不相通的若干扇形格，每个格都有单独的孔道与分配头转动盘上相应的孔相连（见图 4-9）。圆筒转

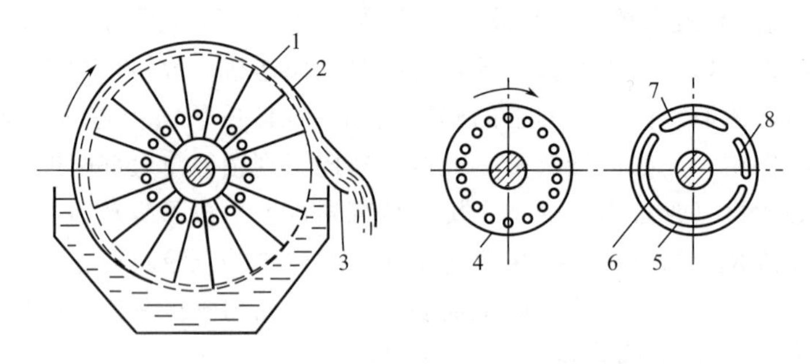

图 4-9　转筒真空过滤机的转筒及分配头示意

1—转筒；2—滤饼；3—割刀；4—转动盘；5—固定盘；6—吸走滤液的真空凹槽；
7—吸走洗水的真空凹槽；8—通入压缩空气的凹槽

动时，借分配头的作用使扇形格的孔道依次与真空管道和压缩空气管道相通，因此，转筒旋转一周时，各个扇形格表面可依次进行过滤、洗涤、脱水、卸饼等操作，并自动连续进行。

4.2.2.3　传热与蒸发

在化工生产中，为了使物料在一定的温度和相态下进行反应、分离和处理，必须对物料进行加热或冷却，这就是传热操作。蒸发是典型的传热过程，此外，在蒸馏、干燥、结晶、制冷等单元操作中和大多数反应过程中，也都会涉及热量的传递。

热量传递的推动力是温度差。由于物体和体系内的不同部分存在一定的温度差，在没有外部功输入的情况下热量从高温部分向低温部分传递。热量传递存在热传导、对流传热和辐射传热三种基本传热方式。物质的分子、原子和电子等在不同温度下的热运动强烈程度不同，依靠物质的分子、原子和电子等微观粒子的振动、位移和相互碰撞发生能量的传递，称为热传导。依靠流体中质点发生相对位移而引起的热量传递称作对流传热，此种传热方式仅发生在液体和气体中。由于引起流体质点相对位移原因不同，对流传热又可分为强制对流传热和自然对流传热。物体由于热的原因通过电磁波向外界发射辐射能的过程称作辐射传热。物体将热能变为辐射能，以电磁波方式传播，遇到另一物体时，辐射能又被物体全部或部分地吸收并转换为热能。辐射传热不需要任何介质作传播媒介，可以在真空中传播。在实际过程中，传热过程往往不是以上三种基本传热方式单独出现，而是两种或三种传热方式的综合结果。

在化工生产过程中，最常见的情况是冷、热两种流体进行热交换。两种流体实现热交换的方式有直接接触式换热、蓄热式换热和间壁式换热三种。例如，间壁式换热的特点是冷流体和热流体之间通过一固体间壁隔开，冷、热流体分别在间壁两侧流动，不相混合，通过固体壁进行热量传递。间壁式换热的传热过程可分为三步：热流体先通过对流传热和热传导将热量传至热侧壁面，再经过热传导将热量传至冷侧壁面，最后利用对流传热和热传导从冷侧壁面将热量传给冷流体。再如，在工业炉中通过燃烧对加热炉管内流体加热，则第一步是高温炉膛中的热量主要通过辐射传热方式向管壁热侧传递，再经过热传导传至冷侧壁面，最后利用对流传热和热传导从冷侧壁面传给冷流体。

讨论传热过程的中心问题是确定传热过程速率。传热过程速率是传热过程的基本参数，它可以有两种表示方式。热流量，即单位时间内通过传热面所传递的热量，它与传热面积、传热推动力（热流体与冷流体的温度差）和传热系数三种因素成正比；热通量或热流密度，即单位时间内通过单位传热面积所传递的热量，它与传热推动力及传热系数成正比。传热系数的大小与传热的方式、换热操作条件如流速和温度、流体的性质、壁面结垢的状况以及换热器的结构和尺寸等多种因素有关。传热计算大多是确定传热速率，以便确定换热设备的尺寸。

在化工生产过程中换热器的种类很多，主要可分为间壁式、混合式和蓄热式三类。其中，间壁式换热器是最为常用的。在间壁式换热器中又按照换热面的形式分为管式、板式和翅片式三种类型。

列管式换热器是工业上应用最为广泛的一种换热器。它的结构紧凑，制造比较容易，传热面积大，处理能力大，可操作性强，尤其适于在高温、高压条件下和大型装置中使用。列管式换热器主要由壳体、管束、封头、管板、折流挡板、接管等部件组成，列管式换热器的结构示意图如图 4-10 所示。列管式换热器整体可分为两部分，列管管路内部称为管程，列管管路外部称为壳程。冷、热流体分别在管程及壳程中连续流动，完成换热操作。折流挡板的作用是改善壳程中流体的流动状况，提高传热速率，达到强化传热的目的。

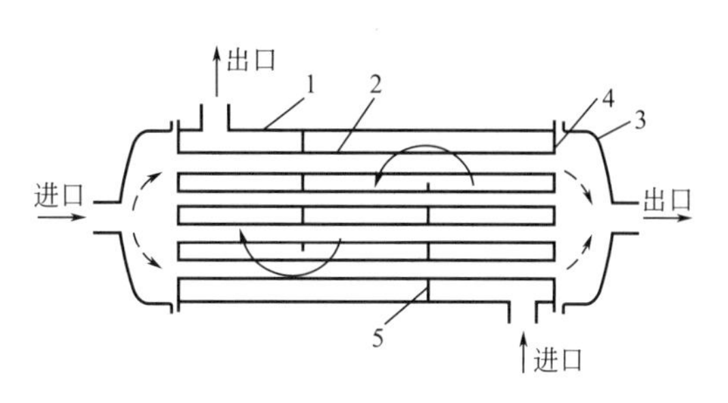

图 4-10　列管式换热器的结构示意
1—外壳；2—管束；3—封头；
4—管板；5—挡板

蒸发在通常意义上是指液体受热后发生的表面汽化现象，但在化工生产过程中，专指加热含不挥发溶质的溶液，令其中溶剂蒸发，使溶液浓缩得到浓溶液的一种单元操作。例如，常用的制盐方法是将含盐卤水加热，使其中水分蒸发，盐分过饱和而结晶出来；常用的制糖方法也是将含糖蔗汁加热蒸发得到糖的晶体。溶剂蒸发冷凝，除去非挥发性杂质，制取纯溶剂，如用蒸发方法淡化海水制取淡水也是蒸发过程。很明显，蒸发是典型的传热过程。

4.2.2.4　蒸馏

液体受热会挥发而产生蒸气。很多液体混合物中各个组分的挥发度不同，所以，混合液体在气（汽）液两相达到平衡时，各个组分在两相中的相对含量不同。易挥发的低沸点组分较多地汽化，在气相中的相对含量比液相中的含量高；难挥发的高沸点组分较少汽化，在液相中的相对含量比气相中的高。蒸馏就是利用液体混合物中各组分挥发度的差异，分离液体混合物的一种单元操作。通过输入热量或取出热量的方法，使液体混合物形成气液两相系统，使易挥发组分较多汽化，在气相中富集；难挥发组分较少汽化，在液相中增浓，从而实现液体混合物各组分的分离。例如，酒精-水混合物，其中酒精和水的挥发性不同，酒精易于挥发，把酒精-水混合物在常压下加热到一定温度，就能建立气液两相体系，用蒸馏方法使它们分离。又如，在容器中将苯和甲苯的混合溶液加热使之部分汽化，由于苯的挥发性能比甲苯强，汽化出来的蒸气中苯的浓度要比原来液体中的高，从容器中将蒸气抽出并使之冷凝，则可得到苯含量高的冷凝液。显然，残留液中苯的含量要比原来溶液中低，甲苯的含量要比原来溶液中高。这样苯和甲苯的混合溶液就得到初步的分离。在化工和石油化工生产中，如炼油厂从原油制取汽油、煤油和柴油，酿酒厂从粮食制酒和酒精等，蒸馏操作都是得到广泛应用的单元操作。

蒸馏分为简单蒸馏、精馏和特殊精馏。

简单蒸馏是一种间歇操作的蒸馏方式。蒸馏釜中的待分离料液不断加热汽化，产生的蒸气中低沸点易挥发组分的组成高于料液中的组成，蒸气立即移出冷凝成馏出液，低沸点组分在馏出液中得到增浓。随着蒸馏过程的持续进行，釜液中低沸点物质浓度不断下降，馏出液中的低沸点物质的浓度也随之降低，因此，需要分段收集，获得不同浓度的馏出液。用简单蒸馏方法分离混合液不能获得高纯度的产品。当混合物中各组分的挥发性相差较大，对组分分离程度的要求又不高的情况下，可以采用简单蒸馏。

当混合物中的各组分挥发性相差不大，且要求将各组分完全分开，获得纯度很高的产品时，必须采用精馏操作。精馏操作的原理相当于把许多个冷凝器和汽化器叠加起来，混合液通过多次部分汽化、部分冷凝得到分离，获取高纯度产品。蒸气部分冷凝时要放出热量，液体部分汽化时又要吸收热量，将两者结合起来，使冷凝放出的热量作为汽化吸收的热量，以实现精馏分离的目的。从这样的原理出发，工业上的精馏分离是通过精馏塔实现的。

精馏操作流程主要包括精馏塔、再沸器（或称蒸馏釜）和冷凝器。精馏塔的塔体一般为直立的圆筒，筒中装有许多块水平塔板，板上开有若干圆孔，有的板孔上还设有泡罩、浮阀等，另外板上还有溢流堰、降液管等构件。精馏塔以料液进口为界分为上、下两段，即精馏段和提馏段。料液从精馏塔的中部加入，进料的液体与塔上部流下的液体一起沿塔向下流动，最后进入塔底的再沸器。在再沸器中，利用外加热源使液体部分汽化，产生的蒸气沿塔上升，最后达到塔顶部的冷凝器，通过换热使蒸气冷凝。一部分冷凝液返回塔内，称为回流液，回流液沿塔逐板流向塔的下部。其余冷凝液引出塔外，称为馏出液。在精馏塔中，特别是在各块塔板上，气液两相逆流接触，发生物质的传递。在每次接触中，气相中的高沸点难挥发组分转入液相，液相中的低沸点易挥发组分转入气相。在进料口以上塔段中，蒸气中的低沸物逐渐增浓，最后在馏出液中浓度达到最大，称为精馏段。进料口以下塔段，上升蒸气从下降液体中提取低沸物，故称为提馏段。最后，在馏出液中得到低沸物浓度最大的产物，在塔底再沸器中得到高沸物浓度最大的产物，完成高纯度分离的任务。精馏操作流程示于图 4-11。

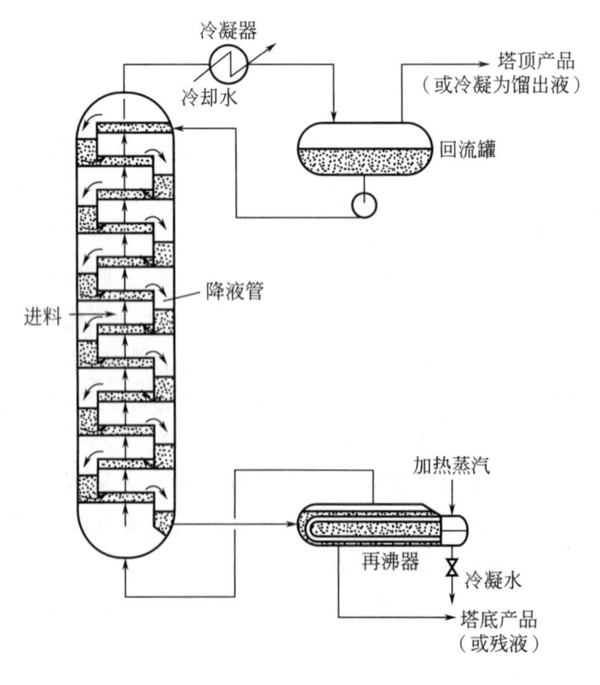

图 4-11　精馏操作流程

精馏塔有填料塔、浮阀塔、泡罩塔、筛板塔等多种形式，在工业中均有应用。近些年来，新型塔结构不断涌现，改进塔结构的目的主要在于使气液两相更好地接触，提高相间传质效率；减低通过精馏塔的压降，提高塔的通量；简化结构，方便制造，提高操作弹性等。特别应该指出的是，塔填料及其相关技术发展很快，各类高效整装填料的出现，使精馏分离效率大大提高。

除常用的简单蒸馏、普通精馏以外的精馏方法统称为特殊精馏。当混合物中的各组分挥发性相差很小，或者形成恒沸物，不能用一般的蒸馏方法分离时，可以另外加入适当的物质，使各个组分的挥发性差别增大，易于用精馏方法分离。由于加入的物质不同，特殊精馏可以分为恒沸精馏、萃取精馏、加盐精馏和反应精馏等不同的精馏过程。此外，还有适用于高沸点热敏物质分离的水蒸气蒸馏和分子蒸馏。

4.2.2.5 吸收

利用气体混合物的各个组分在液体中的溶解度的差异，将其与适合的液体接触，混合气中易溶的一个或几个组分溶于液体内形成溶液，不溶解的组分仍留在气相，从而实现气体混合物分离的操作称为吸收。吸收操作中所使用的液体称为溶剂，混合气体中能溶解的组分称为吸收质或溶质，不能溶解的组分称为惰性组分。

吸收操作是一种重要的分离方法，主要用于以下几个方面。

(1) 气体混合物的分离

原料气在加工以前，需要预先除去其中无用的或有害的组分。例如，从合成氨所用原料气中吸收分离二氧化碳、一氧化碳、硫化氢等杂质。另外，物料经过化学反应后得到的产物，常常和未反应物、副反应物混在一起，如果是气态混合物也可以用吸收的方法加以分离。石油馏分裂解生产的乙烯、丙烯等与氢气、甲烷等混合在一起，可以用分子量较大的液态烃吸收乙烯、丙烯，使之与甲烷、氢气分离开来。

(2) 气体净化

吸收操作是常用的净化气体、回收有用物质的方法之一。生产中排出的废气往往含有污染环境的物质，造成危害。排放这样的气体前需要进行净化，且回收有利用价值的物质。例如，回收烟道气中的二氧化硫及从设备排出的溶剂蒸气等。

(3) 制取溶液

例如，用水吸收氯化氢制备盐酸，用硫酸吸收三氧化硫制备发烟硫酸等。

若溶入溶剂中的气体不与溶剂发生明显的化学反应，所进行的操作叫做物理吸收，例如用水吸收二氧化碳、乙醇蒸气，用液态烃吸收气态烃等。若气体溶解后与溶剂或预先溶解在溶剂里的其他物质进行化学反应，所进行的操作称为化学吸收。例如，用氢氧化钠溶液吸收二氧化碳、二氧化硫、硫化氢，用稀硫酸吸收氨气等。

工业上的吸收分离操作一般是通过吸收塔实现的，图 4-12 为两类不同的吸收装置。图 4-12(a) 为板式吸收塔的工作示意图。溶剂由塔顶进入塔中，混合气体从塔底向上通过每层板上的小孔而上升，在每块塔板上与溶剂相接触，溶质溶解于溶剂中。图 4-12(b) 为填料吸收塔的示意图。吸收塔内填充一定高度的填料，溶剂由塔顶进入，流经填料表面逐渐向下流，混合气体自下而上通过填料层上升，与溶剂逆流接触，溶质溶解于溶剂中，实现吸收分离。

在化工生产过程中有时需要将被吸收的溶质气体从液体中分离出来，使溶剂再生后循环

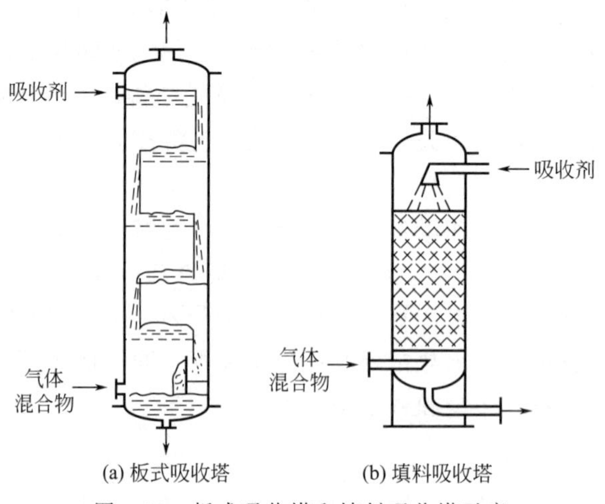

图 4-12　板式吸收塔和填料吸收塔示意

使用。这种使溶质从溶液中脱除的过程称作解吸。例如，用液态烃吸收方法处理裂解气后，必须进行解吸操作，获得乙烯和丙烯产品。

4.2.2.6　萃取和浸取

液液萃取又称溶剂萃取，是分离液体混合物的重要单元操作之一。它是利用液体混合物中的各个组分在溶剂中的溶解度差异来实现分离的。在液体混合物（原料液）中加入一个与其基本不相溶或部分互溶的液体溶剂，形成两相体系，利用原料液中各个组分在两相之间不同的分配关系，使易溶组分较多地进入溶剂相，从而分离液体混合物。选用的溶剂称为萃取剂，原料液中易溶于溶剂的组分称为溶质，难溶于溶剂的组分称为稀释剂。萃取过程与吸收过程十分类似，所不同的是吸收中处理的是气液两相体系，萃取中处理的是液液两相体系。

液液萃取作为分离和提纯物质的重要手段，在石油化工、生物化工、医药化工、精细化工、湿法冶金及核燃料后处理等领域中得到了广泛的应用。例如从芳烃和非芳烃混合物中分离芳烃、从煤焦油中分离苯酚及其同系物、从稀醋酸水溶液中分离提取醋酸、以醋酸丁酯为溶剂从青霉素和水的混合物中提取青霉素等都是萃取操作的典型应用实例。

液液萃取的基本过程包括混合—澄清过程。原料液与所选择的萃取剂充分混合接触，一般形成分散相-连续相的两相体系，创造巨大的相际传质面积，使溶质从料液相向萃取剂相转移。由于料液相和萃取相部分互溶或完全不互溶，因此，经过充分传质后的两相利用密度差分相或离心分相。以萃取剂为主的液层称为萃取相，以稀释剂为主的液层称为萃余相。溶质在萃取相中得到富集。

当以液态溶剂为萃取剂，而被处理的原料为固体时，则此操作称为液固萃取，又称浸取或浸出（leaching）。浸取操作在矿石浸出、中药有效成分提取中经常使用，例如，从植物组织中提取生物碱、黄酮类及皂苷等。在浸取操作中，凡用于溶质浸出的液体称浸取溶剂，浸取后得到的液体称浸取液，浸取后的残留物称为残渣。

在传统的液固萃取和液液萃取技术的基础上，20 世纪 60 年代以来又相继出现了一些新型萃取分离技术，如有机物络合萃取、外场强化萃取、乳状液膜萃取、膜萃取、双水相萃取、超临界萃取、反胶团萃取等。各种方法都具有自己的特点，适用于不同体系、不同种类产物的分离纯化，已经开始在一些领域的提取分离工艺中展现出广阔的应用前景。

工业上实现萃取分离操作的萃取设备包括搅拌槽式的间歇萃取设备、混合澄清槽、离心萃取器及各类萃取塔设备。其中，混合澄清槽和萃取塔设备比较常用。它们分别代表了分级接触式和连续微分接触式两大类萃取设备。

分级接触式萃取设备的特点是以接触级作为一个单元，每一级都为两相提供良好的接触，并实现相分离。混合器内通常加有搅拌装置，混合的作用是使两相充分接触、进行传质，分散体系在混合器内停留一定时间后，进入澄清器，在澄清器内可以依靠密度差或离心力使分散相凝聚，两相得到分离。萃取接触级之间，各相浓度的变化呈阶梯式。典型的分级接触萃取设备如图 4-13 所示。

连续微分接触式萃取设备的特点是分散相和连续相呈逆流流动，每一相的浓度都是连续渐变的，分散相的聚集及两相的分离是在设备的一端实现的。典型的连续微分接触式萃取设备——填料塔如图 4-14 所示。填料塔体内支撑板上装填一定高度的填料层，操作时连续相充满整塔，分散相以液滴状通过连续相。在液液萃取过程中，为了使某一液相更好地分散于另一液相之中，在分散相入口安装分布器，使液体分散成小液滴。例如，以轻液相为分散相时，分布器安放在塔底，液滴是由分散相经分布器喷洒出而形成的。

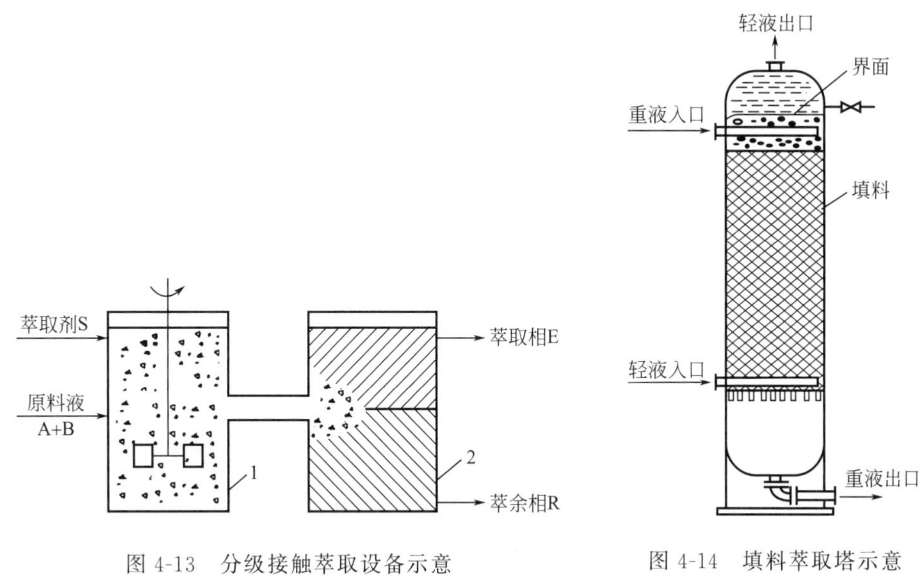

图 4-13　分级接触萃取设备示意

1—混合器；2—澄清器

图 4-14　填料萃取塔示意

4.3　化学工程的主要内容

化学工程学科的内容，是从化学加工生产活动的经验积累起来的，它的发展首先受到化学加工工业发展的影响。同时，化学工程经常接受其他学科和其他生产部门提出的要求，解决有关的问题，这也是促进化学工程学科发展的一个动力。而且，自然科学理论的发展对化学工程学科的形成与发展起到了至关重要的作用。总之，化学工程学科的形成是在化学、物理、数学等基础理论已发展到一定程度和对化学加工工业的共同技术问题已有比较系统的研究的基础上完成的。

化学工程学科当中，化工单元操作是最早被认识的，也是最早发展起来的。直到今天，化工单元操作仍是化学工程这一专门学科的基础。不仅对各个单元操作的研究仍然有着重要的理论意义和应用价值，而且为了适应新技术发展的要求，一些新的单元操作还在不断出现。

在单元操作的发展过程中，人们逐渐认识到单元操作的物理作用具有共同的原则，可以进一步将其归纳为动量传递、热量传递和质量传递等三类“传递过程”。传递过程成为单元操作研究的理论基础。

在化学工程发展的初期，化学工程研究的重点主要集中于发生物理变化的各种单元操作，往往忽视了化学反应在化工过程中的核心地位，这主要是由化学反应过程的复杂性造成的。随着化学工业特别是石油化学工业的发展，装置日趋大型化，对化学反应过程的开发和反应器的放大及优化设计提出了越来越高的要求，推动了对化学反应过程中的工程问题的系统研究，促成了化学反应工程这一化学工程分支学科在 20 世纪 50 年代末的诞生。

在化学工程学科的发展过程中，也离不开热力学这一基础学科，根据化学加工工业和化学工程发展的需要，从基础热力学定律出发，结合大量的实验数据，建立了许多经验的或半经验的关系式，用以计算各种热物性和热力学数据。20 世纪 30 年代以后，从化学热力学衍生出化工热力学这一化学工程的分支学科。

20 世纪 60 年代，随着计算机和计算技术的发展，将系统工程应用于化学工程领域，产生了化工过程系统工程这一分支学科。

概括地说，化学工程学科是适应化学加工工业的需要而产生的，它是以化学、物理、数学为基础并结合其他技术来研究化工生产过程共同规律的工程学科。化学工程学科综合分析化学工业过程中的有关问题和关键，解决有关生产流程的组合、设备结构设计和放大、过程操作的控制和优化等问题，通过各种反应、原料及产品的分离操作、能量及物料的传递输送和混合等，以保证高效、节能、经济和安全生产，获取人类所需的各种物质和产品，并维持良好的生态环境。

关于化学工程学科的划分，广义的划分可以包括各类化学加工工业的工业化学学科，它是从原料、能源开始直至获得最终产品的纵向系统。例如，以无机物为生产对象的无机化工，以有机物为生产对象的有机化工，以生物为生产手段和对象的生物化工等。另一方面，所有化学加工过程又都有许多共同的工程问题，如热量和质量的传递、物料的混合和分离、原料的转化和反应等，从中可以归纳出相应的基础理论、基本原理以及设备设计和放大的共同规律。因此，可以横向地把这些共同的工程问题划分为若干个化学工程的分支学科，如化工热力学、传递过程、分离工程、化学反应工程、化工过程系统工程等。应该说，随着学科的发展，学科的划分可能出现变动或拓展，过去属于经验性的内容，逐渐上升为理论，也就形成了新的学科内容。

今天，化学工程可以定义为研究化学工业和其他过程工业（process industry）生产中所进行的化学过程和物理过程共同规律的一门工程学科。

4.3.1 化工热力学

化工热力学是研究化工过程中各种状态变化、能量转换规律和能量有效利用的分支学科。化工热力学是根据化学工业和化学工程的发展需要，以热力学，特别是化学热力学和工程热力学为基础发展起来的。化工热力学是化学工程及其分支学科、能源学科、材料学科的理论基础，它为传递过程、分离过程及反应过程指明过程可能达到的最大限度，为化学工业的研究开发、设计及优化提供基础理论和数据。

众所周知，热力学作为物理学的一个分支学科，研究与热现象有关的各种状态变化和能量转换的规律。在它的基本定律中，热力学第一定律表述了热、功和内能之间能量守恒关系；热力学第二定律指出了能量转换的方向问题。化学热力学，是热力学基本定律在化学领域的应用，如热化学、相平衡和化学平衡等理论；工程热力学则是热力学在热能动力装置方面的应用。然而，在化工生产过程中出现的许多热力学问题，仅仅利用化学热力学和工程热力学都无法解决。例如，化学热力学很少涉及多组分系统的相平衡以及各相中温度、压力和组成之间的相互关系，这却是化工传质分离设备设计时经常需要使用的。又如，工程热力学涉及的工作介质常常只有空气、水蒸气等少数几种，化工生产中涉及的工作介质十分复杂，且往往是多组分混合物。化工热力学就是在这种需求背景下形成的。

化工热力学与化学热力学的主要差别在于它的工程适用性。它是以化学工业和化学工程所处理的物质体系为对象，使用了许多半经验公式和模型参数，获得描述化工过程、设计化工设备的不可缺少的热力学参数和热物性参数。由于化工生产规模的扩大、新过程的开发以及节约能源的紧迫需求，加上电子计算机的普遍应用，化工热力学这一分支学科的发展正不断深入。

化工热力学的内容有各种热力学过程，如等压过程、等容过程、等温过程、绝热过程、流体压缩和膨胀等过程的压力-体积-温度（p-V-T）关系，溶液理论、相平衡、化学平衡以及化工基础数据的测定和关联等。

① 状态方程式　状态方程式是描述物质体系的压力、体积和温度关系的数学式。最早的状态方程是 1662 年的 Boyle 气体定律，发展到现在，已经出现了近千个状态方程。然而，状态方程的研究仍然是化工热力学的一个活跃的领域。为数众多的状态方程可以分为立方型方程、多参数非立方型方程、普遍化状态方程、基于统计力学微扰理论的方程、基团贡献型状态方程等几类。状态方程可以用于单组分和多组分混合物。多组分混合物性质的混合规则、复杂混合物如石油馏分的 p-V-T 关系、在临界点附近的热力学性质和状态方程式等是研究工作的重点。

② 相平衡　相平衡关系研究是分离过程的基础，代表物质体系分离过程可能进行到的程度。研究的内容主要包括相平衡的测量和研究方法，关联和预测活度和逸度的模型和方法等。其中，活度系数模型研究从 Wilson 方程、UNIQUAC 方程等为代表的局部组成型方程，发展到 UNIFAC 法和 ASOG 法为代表的基团贡献法方程。利用 UNIFAC 方法，可以根据常用的几十个基团的实验数据总结出它们的贡献，然后结合基团间相互作用参数的确定，通过模型计算，预测出未知体系的活度系数。

③ 溶液热力学　溶液热力学可以分为非电解质溶液热力学和电解质溶液热力学两大部分。已提出的非电解质溶液理论有维里理论、分布函数理论、微扰理论、对应状态原理、格点相互作用模型、Flory 溶液理论等。各种理论的提出都有自己的特点，而且都在不断发展并得到应用。

电解质溶液理论开始主要有离子水化理论和缔合理论，以后又出现了 Pitzer 的电解质溶液理论和 Friedman 的电解质溶液理论等。

溶液热力学的发展趋势是研究对象由简单混合物转向多元混合物，由低浓度转向高浓度，从常温常压转向高温高压，从经验半经验模型转向统计力学严格求解的分子模型，从单纯的活度计算转向各种热力学函数及分布函数计算。此外，模型参数也逐步由实验回归转向由分子尺度及能量参数推算，把溶剂当作粒子并考虑各种作用的影响以代替连续介质等，使理论上更合理更深入。

④ 化学平衡　化学平衡关系是反应过程的基础。研究的重点包括化学反应平衡常数的测定和计算方法。

⑤ 化工数据与化工数据库　化工数据主要指各种物性数据，包括热物性（黏度、密度、导热系数等）和热力学参数。专门收集各种化工数据，并加以整理，回归得各种关联式，并编入数据库，对于工程设计和研究工作有着非常重要的作用。商业上转让的化工设计软件中，化工数据库是其中的一个核心部分。

化工热力学研究发展的新领域有下面几个方面。

流体分子热力学　流体分子热力学利用综合经典力学、分子物理学和统计力学方法构造数学模型，关联并预测流体及其混合物的热力学性质。研究内容包括过量性质模型和流体的状态方程两个方面。流体分子热力学的发展，一方面深入应用统计力学理论和计算机模拟技术使模型更为精确；另一方面则是扩大应用领域，从一般非极性流体系统和极性流体系统推广到化学缔合系统、复杂混合物系统、电解质浓溶液系统、高分子聚合物溶液系统直至含有生物活性物质的系统等。

分子系统的计算机模拟　分子系统的计算机模拟是从分子的形状出发，直接获取分子系统的微观和宏观信息。主要有两种方法：一是分子动力学法，即考察系统中分子运动的时间经历，求解一组分子的运动方程，得出 N 个经典粒子系统的相轨迹，用时间平均代替系统综合平均，解出该系统的平衡热力学性质和非平衡传递性质；另一方法是 Monte-Carlo 法，即用统计力学系统综合方法，按一定的概率权重产生一系列构型，再进行平均，以求得微观结构信息和宏观热力学性质。

临界区热力学研究　研究体系在临界点及其附近的 p-V-T 关系、溶解度等热力学性质以及相应的关联模型。

生物化工热力学　测量生物化工体系的 p-V-T 数据、分子量、pH 值、离子强度、溶解度、反应热、平衡常数等热力学数据和黏度等传递参数，研究这些参数间的关系、状态方程、相平衡规律和化学平衡规律等。

4.3.2　传递过程

传递过程是动量传递过程、热量传递过程和质量传递过程的总称。它从化学工程中的各单元操作及单元过程的基本现象出发，归纳得出基本规律，并借助数学、物理学工具，研究和阐明化学工程中有关问题的实质。因此，传递过程原理是单元操作和化学反应工程研究的理论基础。

我们知道，一个物质体系的性质是用一系列物理量来表示的。这些物理量可以分为两类。一类物理量表示体系的量的特征，如体积、质量等，它们是与体系中物质的量成正比的性质，称为容积性质；另一类物理量表示体系物质的特征，如压力、温度、密度等，它们是与体系中物质的量无关的性质，称为强度性质。物质体系具有强度性质的物理量，存在着从高强度区向低强度区自动转移的现象。例如，当物质体系中温度分布不均匀时，热量就会从高温区向低温区传递；当物质体系中浓度分布不均匀时，物质就会从高浓区向低浓区传递，直到达到平衡状态为止。

用传递现象观察单元操作就会发现，凡属流体动力过程的各种单元操作，如流体输送、沉降、过滤、搅拌等，都是以动量传递为基础的。凡属传热过程的，如换热、蒸发等，都是以热量传递为基础的。凡属传质分离过程的，如蒸馏、吸收、萃取等，都是以质量传递为基础的。三种传递现象有着类似的机理和类似的数学表达式，可以相互类比，从一种传递的结果预测另一种传递的结果，因此，可以联系起来加以研究。实际上，在化工单元操作和设备中，三种传递现象有时可能单独存在其中一种，也有可能同时存在其中两种或三种。例如，蒸馏虽然以质量传递为基础，但由于塔板上的气液两相流动和相互接触，动量和热量的传递也同时存在。增湿、干燥、结晶等单元操作，其中热量传递和质量传递具有同等的重要性。

从 20 世纪 20 年代开始，人们采用了物理学中的流体力学、传热及传质的基本原理研究解决化学工业中的工艺技术和设备问题，并通过对研究体系的速度场、温度场、浓度场等的实验测量，逐步探索对传递过程的认识。到 20 世纪 50 年代，人们发现动量传递、热量传递和质量传递之间有相似性，开始采用统一的观点去寻求这三个过程的内在联系，获得其相似类比性。1960 年出版的《传递现象》的专著，正式把这三种传递命名为传递过程，对推动化学工程的发展起了重要的作用。此后，由于计算机和计算技术的发展，可以利用数值解的方法求解复杂的微分方程，促使了数学模型研究方法深入发展，加深了传递过程这一分支学科的基础研究，从概念化及定性研究为主上升为理论性和定量化为主。另一方面，由于先进的测试技术（如激光测速、红外光谱测温场、全息摄影等）的发展，使研究工作更精细、更深入，可以研究较复杂结构的几何空间中的流场和温度场分布、涡团和分子的传递规律和现象，使研究的对象从宏观向微观发展，从单组分、单相体系传递过程向多组分、多相体系及复杂的界面条件下的传递过程发展。

对于传递过程的研究，特别是从分子尺度、微尺度、相尺度和设备尺度等范畴出发对传递现象进行的深入考察，可以使人们对化工设备中发生过程的内在规律有更深刻的了解，更加精确地描述这些规律的数学模型，从而为设备设计放大、结构及性能的优化，提供了坚实的理论基础。

传递过程的研究内容包括以下几方面。

① 多组分工质的相变传热、传质研究　主要是对水-汽体系和烃类有机物体系的相变传热及传质研究。

② 多相流的机理和流动规律研究　主要是气-液、气-固、液-液及气-液-固多相流的机理和流动规律研究。包括传热设备、搅拌釜式反应设备、板式塔设备内的流场分布、气泡大小及分布，蒸馏塔式传质设备的塔板上流体力学特性和适宜操作区的研究，颗粒学与流态化的规律性研究等。例如，气-固相流动可以与流化床气-固催化、干燥和燃烧相结合；气-液相流动可以与反应器、分离器的复杂结构相结合；气-液-固三相流动可以与生物反应器或液相加氢反应过程相结合等。

③ 设备内的传质和多孔介质的传质、传热研究　例如，对各种新型填料塔、多种结构的板式塔、搅拌釜式反应器和环流式反应器及两相、三相流化床设备等的气-液、气-固、液-液、液-固传质性能研究；催化剂反应过程、固体干燥等过程的传质、传热基本规律研究及其催化剂制造；化工产品和生物产品的干燥过程等。

④ 非牛顿流体传递过程与流变性能　主要研究对象是高分子聚合物、天然再生资源和生物工程的产物、原油和水煤浆等的流动与传输过程中的流变性问题等。例如，黏弹性流体在喷淋塔内及搅拌设备中的流速分布、搅拌功率、能量耗散、传热传质和混合机理，高聚物

材料在压延过程中的流变行为、速度分布等。

⑤ 在“外场”作用下流体的特性及传递过程研究　如在磁场下的流化床颗粒的传热、传质行为；电场对冷凝、沸腾传热及液液萃取等过程的传热、传质特性的影响；在振动力场或强离心力场作用下的气-液、液-液、液-固传质过程的研究等。

⑥ 传热规律的研究及高效传热设备的研制　通过比较深入地研究单相流和多相流对传热机理的影响，开发高效的换热单元及设备，包括用机械方法或化学方法处理传热表面以强化传热的机理、方法，例如，表面带有肋槽、翅片的管或多孔表面管的管外部给热，内部有插件的管内部给热，两相流高效换热器元件，高效热管传热元件和特殊异形换热设备的研制及传热规律研究，带化学反应的传热过程与设备的研究等。

⑦ 采用先进的测试手段，与计算机技术结合　从微观的角度研究传递过程的机理，得到精准的传热、传质模型方程，为设备的放大提供依据。

传递过程的研究发展特点有以下几个方面。

研究体系向纵深发展　由简单介质（水、空气）和简单几何表面向复杂结构系统（复杂几何表面、颗粒床等）、复杂物理状态（有相变、多相流）和复杂化学状态（多组分介质、伴有化学反应介质）发展。

研究领域向交叉学科和边缘学科方向发展　任何开发利用物质资源与能量资源的过程均涉及物理加工过程或/和化学加工过程，它们都与动量传递、热量传递和质量传递有关。因此，传递过程原理不但是化学工程技术的理论基础，也是许多工程技术的重要理论基础之一。传递过程的服务对象已从传统的石油化工、冶金化工、食品加工扩散到环境工程、生物工程、医学、材料科学、微电子技术以及核能利用和宇宙开发等领域，为这些工业开发新技术、新工艺、新过程、新设备提供科学依据。

研究方法从宏观向微观发展　从流体的宏观现象发展到对微元体的运动规律的研究，对过程内部的现象进行精密的观测和研究。用激光、液晶显示、高速摄影、图像识别等处理技术测量局部速度分布、湍流强度和给热系数等特性，得到更全面、更精确的传热、传质模型及模拟计算式。

4.3.3　分离工程

20 世纪初“单元操作”概念的出现，把化工过程划分为蒸馏、吸收、结晶、蒸发、干燥等单元操作。这些单元操作主要都是分离过程。这些传统的分离过程经历了几十年的研究和发展，在基础理论和设计方法上都已比较成熟，并积累了大量实验数据。然而直到今天，分离过程方面更深入、更完善的基础理论研究工作仍在进行，提高设备处理能力、提高过程分离效率、降低分离过程能耗，仍然是分离工程研究的重点。

分离过程是将一种或几种组分的混合物分离成为至少两种具有不同组成产品的过程。根据待分离组分在原料中的浓度大小，可以将分离过程划分为富集、浓缩、纯化、除杂等几类。原料或产品的成分分析也属于分离过程。分离过程使物质从无序状态转变为比较有序的状态，是不能自发进行的。分离过程需要在内场或外加场的作用下才能实现。场可以是重力场、离心力场、电场、磁场、温度场、化学位等。因此，实现分离过程需要消耗能量。不同分离过程分离同样多的物料，需要消耗的能量也可能差别很大。能耗大小是评价分离过程是否先进的重要指标。产品回收率和分离精度也是评价分离过程性能的重要指标。

分离过程根据其采用方法的不同性质，可以分为物理分离方法和化学分离方法。物理分离方法依赖于机械力或物质内的物理相互作用，如范德瓦耳斯力等；而化学相互作用力比物理作用力强得多，选择性也更高，过程的分离因子往往更大。因此，加强化学作用对分离过程的影响是分离过程强化的一个研究重点。

分离方法可以按照相态的不同划分非均相混合物的分离和均相混合物的分离。

① 非均相混合物的分离，亦称为机械分离过程，包括沉降、离心、过滤、微滤、超滤等单元过程。

② 均相混合物的分离，包括蒸馏、吸收、萃取、吸附、离子交换、结晶、膜分离、电泳等单元过程。

在各种化学加工工业中，一般必须通过分离过程才能获取产品，而且分离过程是主要的耗能过程。例如，在典型的化工企业中，分离过程的投资一般占总投资的1/3，对炼油行业而言，分离过程的投资则占总投资的70%以上。在美国，分离工程总能耗占全国总能耗6%以上。另外，待分离组分在分离物料中的浓度对分离过程能耗和成本的影响很大。当原料中组分的浓度很稀，而产品中要求杂质的含量很低时，需要的分离费用将急剧增加。例如，一些“电子化学品”，其产品的杂质浓度与该杂质组分在原料中浓度之比达$10^{-10}\sim10^{-6}$或更低；一些具有生物活性的制品，要求分离后的产品仍保持生物活性，这些产品的分离费用则是十分昂贵的。十分明显，分离过程对各种化学加工工业的生产是十分重要的，分离过程的强化和分离方法的改进可能给社会带来巨大的经济效益。

分离技术上的进步，推动了化学加工工业的发展。例如，许多新型的高效率、低压降的板式塔和填料塔的出现，使分离设备的处理能力增大，使大规模分离工艺操作得到了很大的改善，而且大大降低了能耗，这样例子是不胜枚举的。现在，发展新型的板式塔和填料塔的研究工作仍在积极开展，此外，“外场”作用下的高效分离设备的研究，分离过程中的节能技术的研究，特别是开发新型的性能优良的绿色分离剂或加强化学作用对分离过程的影响一直是重点研究课题。分离过程的模拟和优化是设备的设计放大以及操作参数选择中的关键问题，也受到了很大关注。

分离工程学科内容丰富，在基础理论研究、工艺应用开发和设备放大技术方面都开展着广泛深入的研究工作。这里仅概要加以叙述。

(1) 蒸馏和吸收

蒸馏和吸收这两个单元操作在化学加工工业中是应用最为广泛、研究比较深入系统的。研究蒸馏和吸收，通常按平衡过程处理，热力学相平衡是主要的理论基础。然而，经历了几十年，塔板效率问题仍未得到很好的解决。随着研究工作的深入，直接利用传质动力学的方法计算和设计蒸馏和吸收分离过程和设备，成了这两个单元操作的一个研究热点。

蒸馏和吸收的设备主要可分为板式塔和填料塔两大类。研究进展表现为处理量和分离效率大大增加，压降与能耗的显著降低。例如，20世纪50年代末期开始用浮阀塔板取代泡罩塔板，处理能力可以提高20%～40%，板效率增高15%，压降减少15%～20%。此后又出现了几十种新型塔板和各种新型填料，性能比早期使用的浮阀塔板又有很大的提高。例如，采用Intalox填料，通量比浮阀塔板提高20%～35%，压降减少一半。20世纪60年代开始，根据不同塔板结构的流体力学规律，提出了适宜操作区的概念并建立了定量描述的关系。这对于评价和发展新型塔板起了重要的作用。蒸馏和吸收过程的研究重点有以下几个方面。

① 发展基于新的原理的分离设备　例如，英国ICI公司研发的在离心力场中进行蒸馏（或吸收）的Higee设备，强化了气液相的混合和分离，使同样处理量的Higee设备与相应

的填料塔的体积相比，缩小了1000倍。

② 分离过程中的节能技术　蒸馏过程是耗能较大的分离过程之一。降低能耗的意义重大，其中，最有效的方法是提高分离因子。对蒸馏过程在溶液中加入盐类、螯合剂、萃取剂等，增加化学作用对分离过程的影响，可以有效地改变溶质的相对挥发度。对吸收过程，则加强对高选择性吸收剂及利用可逆反应的吸收剂的规律性研究，可以提高吸收剂的容量和选择性。此外，采用热泵技术、蒸馏系统的优化和热集成技术等，也可以大大降低蒸馏过程的能耗。

③ 过程的模拟和优化　对于多元组分蒸馏和吸收过程用计算机进行模拟优化和控制，特别是动态过程的模拟优化和控制。

(2) 蒸发和干燥

蒸发和干燥这两个单元操作是把溶剂（主要是水）与非挥发性溶剂和固体分离的过程，而且是耗能很大的过程。对这两个单元过程的研究重点是根据较为完整建立的各种传热（特别是沸腾传热）理论、传质机理和模型，对电解质溶液理论、液体和气体在多孔性固体中的扩散等进行研究，降低过程能耗和增大分离速率。在设备方面，发展了多效蒸发器和多种类型的高效蒸发器；除了传统的干燥设备，如回转炉干燥器、气流干燥器和流化床干燥器外，发展了微波干燥器、红外线干燥器，发展了分子筛吸附与冷冻干燥相结合等新型干燥过程。还特别注意研究含生物活性物质的蒸发与干燥问题，防止产品失活。

(3) 结晶

结晶操作包括从过饱和溶液体系中使溶质成晶体析出和通过冷却从熔融体系中形成结晶的过程。结晶过程分离纯化的理论主要是根据固液平衡的关系建立的。结晶的基础理论研究主要包括固液平衡、结晶动力学、结晶器内的流体力学、在温度场中多次连续结晶纯化等。区域熔融是反复进行局部熔融和结晶使材料提纯的方法，其扩大应用方面的研究工作仍在继续。开发新型、高效的结晶过程与设备，如对水溶液结晶过程的冷却与蒸发同时进行的设备，对熔融物系的分步结晶技术和塔式分步结晶装置，多种分离操作同时进行的盐析结晶、萃取结晶、乳化结晶、加合结晶等。

(4) 萃取和浸取

萃取和浸取的研究工作在基本理论和应用研究方面都很活跃，在萃取热力学、萃取过程的传质和传热机理以及计算方法、萃取设备的结构参数和设备内部的流动及传质特性、过程的模拟及放大等方面，都做了许多系统的研究。萃取和浸取研究的重点有以下这些方面。

① 新型的绿色萃取剂的研发　特别是利用可逆络合反应的萃取剂的研究开发，添加增大萃取作用的助剂及其机理的研究，相应的多元系统热力学的实验和理论研究等。

② 加强对液-液界面现象及传质理论和传质动力学的研究　探索界面张力梯度、液滴分散和聚并、促进相转移的化学络合组分等对传质的影响。

③ 发展新型高效萃取设备　研究各设备中的两相流动特性、轴向返混对传质特性的影响，建立数学模型，进行优化设计、操作和控制。

④ 开展新型萃取工艺和萃取方法研究　包括超临界流体萃取、变温萃取、双水相萃取、凝胶萃取、反胶团萃取、乳化液膜及支撑液膜萃取，在外场（电场）作用下的萃取，多个过程结合的萃取（如膜萃取、反应萃取、离子交换与萃取等相结合的过程），研究这些新过程有关的热力学、动力学、传质机理与模型等。

⑤ 与萃取工程关系较大的工艺问题　如对贫矿和多金属共生矿的浸取和萃取的研究，

以简化流程和设备；对萃取分离的预处理和后处理的研究，特别是萃取剂的再生、乳化液膜分离中的破乳操作等。

(5) 吸附、离子交换及色谱分离

吸附、离子交换及色谱分离这三个单元操作都是发生在固体表面的分离过程。它们主要根据相平衡来建立分离理论，并已进行大量的相平衡研究工作，已有比较完整的计算方法和模型。在吸附分离和色谱分离中引入化学作用，实现络合吸附、亲和色谱等新过程，可以大大提高分离选择性。

由于这三个过程都需要用固体或固定相，在分离过程中吸着量会不断变化，色谱分离还采用脉冲进料，因此，这三个过程都是在动态下操作，在设备中一般采用分批循环操作的方式。对于吸附过程，出现了变温吸附和变压吸附两大类方法，以后又发展了模拟移动床及参量泵等方法，它们已在工业中采用。色谱操作有很高的分离能力，它从分析手段向大规模制备色谱发展，并按所采用的固定相的类别和设备结构的不同，发展了凝胶色谱、离子交换色谱、亲和色谱等新方法，对于精细化工、生物化工中的分离任务，具有很好的应用前景。吸附、离子交换及色谱分离的研究重点包括以下这些方面。

① 新型固体分离剂的研究和开发　一类是基于分子大小和形状进行分离的分子筛、凝胶等；另一类是在固体载体上连接对待分离组分有特殊亲和作用的配基或基团，以增大分离容量和选择性。

② 研究流体在固体界面上的作用机理以及在表面和多孔固体中的扩散和传递现象。

③ 多组分吸附热力学的研究　对多组分吸附平衡，特别是含电解质溶液的吸附平衡进行实验研究及模型化研究。

④ 分离设备的模拟和放大技术研究　吸附及离子交换等过程的分离机理复杂、变量多，又属于动态过程，数学模拟、数值求解方法及放大技术在不断深化。

⑤ 新过程、新设备的研究和开发　针对极稀溶液中分离或浓缩溶质的过程，如在生物制品中提取含量极少的活性生物质，制备纯度极高的产品时除去其中极微量的杂质等，需要发展新过程和设备；从节能的角度考虑，发展新的处理动态过程的设备或方法；发展多个外场作用下的分离过程和设备，如在温度场、离心力场、磁场、电场等作用下的吸附和色谱过程等。

(6) 膜分离技术

膜分离过程是通过固体薄膜或液体薄膜来实现混合物分离的过程。固体薄膜或液体薄膜可以看作分隔两相流体的一种选择性渗透介质。在压力差、浓度差、电位差的推动下，由于流体中各组分在膜中的渗透速率不同或分子大小不同而进行分离。膜分离过程具有效率高、能耗低、产物不致受热破坏等特点。根据驱动力的不同和一些分离特征的差异，可以将固体膜分离过程进行分类。

各种压力差推动的膜过程是膜分离中应用最广、历史最久的过程。这类过程的特征是料液相中的溶剂透过膜，而大部分溶质或颗粒被截留。根据被截留溶质或颗粒的尺寸大小可将压差推动膜过程分为微滤、超滤、纳滤和反渗透。从微滤、超滤、纳滤到反渗透，被分离的分子或颗粒的尺寸越来越小，所使用膜的孔径也越来越小。典型的利用浓度差为推动力的膜过程包括气体分离、渗透汽化等。电渗析是以电位差为推动力的过程，它用于溶液中带电粒子的分离。此外，乳化液膜、膜萃取、酶膜反应器等一批新的膜过程正在研究发展。膜分离技术的研究重点有以下这些方面。

① 膜材料研制与膜的制备　利用各种高分子材料、无机材料或金属材料制备成具有超薄皮层、精细控制孔径尺寸的非对称膜或复合膜，使它们具有耐热、抗溶剂、抗污垢、化学稳定、机械强度高等特点，尤其要具有高选择性和高渗透速率，这仍然是膜科学与技术发展的关键课题。相转化制膜技术、超薄复合成膜技术、核孔膜技术、多相复合成膜技术以及相关成膜机理等，采用接枝、共混、交联、涂层等方法把特殊基团或化合物固定在膜表面上进行改性等，都是研究工作的重点。

② 开发新的膜过程　渗透蒸发、膜萃取、膜蒸馏、亲和膜过滤、酶膜反应器、膜催化等都是较为新颖的膜过程，正在进一步深入研究，同时，要开展新型膜分离过程与其他分离或反应过程相结合的集成技术的研究。

③ 膜污染和浓差极化机理及其防止技术　膜污染和浓差极化是膜技术实际应用中常常遇到的问题，要研究介质环境、膜表面的化学改性及流体流动特性对膜污染和浓差极化的影响，认识污垢的成因以及浓差极化的机理。

④ 膜分离设备的开发　膜分离设备有平板式、管壳式、螺旋板式及中空纤维式等。由于中空纤维式的比表面积很大，可以承受较高压力，受到更大的关注，且在工业气体分离中采用。需要继续研究开发新的高效膜分离设备，改进流体的均匀分布、减少压降、减缓浓差极化效应和污染的影响。

⑤ 膜内传质机理研究及膜分离过程的模拟　各种膜过程的推动力各不相同，膜材料和结构的多样性十分明显，膜分离对象与膜介质的相互作用差别甚大，需要进一步深入研究膜内传质机理，提出传质模型，指导设计和应用。

(7) 机械分离过程

机械分离是指非均相混合物的分离。实际上所有分离过程最后都是通过机械分离来完成的。固体与流体的分离比较困难，主要有过滤、沉降、离心沉降等过程。以牛顿力学为基础的机械分离理论和计算方法早已建立，但在较长时间内的研究进展缓慢。近年来，许多工业过程，特别是生物化工过程中分离固体的设备很庞大，溶液回收率低，促进了机械分离过程研究工作的深入，推动了机械分离过程研究的新进展。

① 新的过滤过程　采用流体与过滤介质平行流动的错流过滤，加之对新助滤剂和过滤介质的研究开发，大大提高了过滤速率。采用计算机解析的断层扫描技术，对过滤操作进行测试分析和过程模拟，深化了对过滤过程机理的认识。

② 机械分离预处理技术　各种絮凝剂和表面活性剂的开发及作用机理研究。

③ 离心分离技术　气-固旋风分离器中流场分布、模型化及放大规律研究。对液-固体系或具有密度梯度的溶液（例如含细胞组分或蛋白质的溶液）进行离心分离，研究高速回转机械的动平衡技术以及设备放大技术，对分离生物产品，如蛋白质、酶等有重要意义。

(8) 多个过程结合的分离技术

除了传统的分离技术不断发展外，陆续出现利用多种技术、多个过程结合的新型分离或反应技术，其发展比较迅速而且有较好的应用前景。

① 多个分离过程的结合　如萃取与反萃取相结合的膜萃取或支撑液膜萃取，膜分离与蒸发相结合的渗透汽化，电场作用下进行膜分离的电渗析，结晶与其他分离过程相结合的盐析结晶、萃取结晶、乳化结晶等。

② 分离与反应过程的结合　新过程特别适用于各种可逆反应和产物对反应有抑制作用的生化反应。已在工程中应用的有催化反应与蒸馏结合的反应蒸馏，生化反应与膜分离结合

的膜反应器，反应与萃取结合的络合萃取，反应与结晶结合的反应结晶，反应与吸附结合的络合吸附和在超临界萃取条件下的反应等。

多个过程的结合都可能使设备简化、流程缩短、能耗降低，同时增加转化率和选择性，是提高化学加工工业的生产能力和效率的重要途径。

(9) 强化化学作用对分离过程的影响

引入化学作用，强化分离过程的工作主要包括以下两个方面。

① 新型分离剂的制备和选择　降低分离过程的能耗，提高分离过程的选择性和设备的效率，最直接的方法就是设法增大分离因子。加强化学作用是增大分离因子有效手段。关键是制备和选择合适的分离剂以及能影响分离因子的其他添加组分。当然，考虑分离过程的同时要考虑分离剂的回收，若化学的作用太强，使待分离组分与分离剂生成较为稳定的共价化合物，不仅使分离剂回收过程复杂化，而且会使总能耗增加。比较适宜的方法是利用键能较小的可逆化学络合作用。例如，用尿素与正烷烃形成包合物脱蜡，用乙醇胺吸收二氧化碳，利用盐效应分离酒精-水、盐酸-水的共沸物的加盐精馏，利用醋酸亚铜铵分离丁烯-丁二烯的萃取蒸馏，把 Cu^{2+} 固定在固体载体上选择性吸附分离一氧化碳或乙烯、丙烯等。对于萃取过程重点在于研究和发展新的萃取剂，进行“反应萃取”。

② 加入促进剂强化相界面的传质速率　促进剂类似于非均相反应中的相转移催化剂。例如用酮肟为萃取剂回收废催化剂中的铂，若加入醇为促进剂，便可增大萃取率和过程速率。又如用叔胺 R_3N 为萃取剂萃取羧酸时，若采用 $CHCl_3$ 为稀释剂，由于其中氢键的作用，可以比采用烷烃为稀释剂时萃取率高得多。弄清促进相界面传质速率的促进剂的机理对分离过程是很有理论意义和实用价值的。对于涉及固相的分离过程，如吸附、色谱分离、膜分离等，设法使具有某些官能团的物质或单克隆抗体结合在固体表面上，发展亲和吸附、亲和色谱、亲和过滤等是发展方向。

(10) 动态分离过程和设备

动态分离过程与相应的设备，如模拟移动床、参量泵、连续环状色谱等受到重视。许多例子表明，在动态最优化条件下进行操作，可能比在稳态下具有更好的分离效果。此外，对一些分批动态操作（如釜式蒸馏过程）的操作条件的优化和控制，可显著增大分离的效果。对于品种多、产量较少的精细化工产品，实现间歇式多目标过程优化是很有意义的。

(11) 生物化工下游工程

分离工程与迅速发展的生物化工相结合产生了生物产品分离工程，亦称为生物化工下游工程。生物化工的下游工程主要是生物制品的分离、精制和纯化。生物制品分离的任务及对象都有其特殊性，例如，从高纯物中除去与生命有关的有害成分，从大量稀溶液中分离有效成分，处理对热和 pH 敏感的物质并保证生物活性少受损失，防止细菌对分离过程和取得的产品的污染等。针对上述要求，发展了许多适用于分离生化产品的新方法。其中有一些虽然处理量很小，但可以从极稀溶液中分离并浓缩得到纯度极高的蛋白质制品等。这些新的分离方法主要包括以下这些。

① 用吸水凝胶脱水脱盐　一类能大量吸水溶胀的高分子聚合物，如丙烯酰胺与二次甲基双丙烯酰胺共聚的凝胶，可除去水、盐类和小分子量物质如乳糖等，分子量大的蛋白质则不能进入凝胶。这种方法也称为凝胶过滤。吸水凝胶脱盐脱水的速率比透析法快、效率高。溶胀凝胶对 pH 值或温度的变化很敏感，当超过某一 pH 值或温度值时，溶胀凝胶进行逆向反应，把水释放出来。合成不同的凝胶材料，提高凝胶的重复使用寿命，选择优化的操作条

件，发展适宜的脱水设备，减少凝胶表面吸附蛋白质造成的损失等，是这类脱水方法得以实施的关键。

② 双水相萃取　双水相萃取是利用两种聚合物体系溶于水或某种聚合物和盐溶于水，分为两个水相，进行萃取分离的过程。蛋白质在两个水相中的溶解度不同，可以用来分离蛋白质。研究重点是不同聚合物的分子量、盐类种类和浓度以及 pH 值等因素对生成的双水相体系的性质及对各类蛋白质分配系数的影响。

③ 亲和色谱　亲和色谱是分离极低浓度或制备纯度极高的蛋白质的方法之一。把对待分离物有特殊亲和力的配基连接在载体上，进行色谱分离。可以利用这种方法分离酶、激素等微量有生物活性的物质（如干扰素、尿激酶等）。把单克隆抗体连接在载体上，形成免疫亲和色谱，可根据抗体对抗原的作用，专一地分离某种生物产品。亲和色谱是分离生物物质的最具潜力的分离方法之一。

④ 电泳和等电聚焦　这两种方法都是在电场梯度下进行的高效分离方法，可用以分离带两性电荷的物质如氨基酸、多肽和蛋白质等。电泳是利用待分离物质的电泳速度不同，等电聚焦则是在电场中叠加一 pH 梯度，待分离物质电泳到 pH 场中的 pH 值等于其等电点时，由于此时蛋白质的电荷为零，不再泳动而被分离。这两种方法都具有极高的分辨能力，是分离蛋白质的有效方法。

分离生物制品的方法还有超临界萃取、反胶团萃取、离子交换等。

稀溶液脱水是生物分离的下游工程中的共同问题。除凝胶脱水外，膜透析、反渗透、盐析法沉淀或等电结晶、高速离心分离、离子交换、亲和层析以及等电聚焦等都可以脱水，需要针对不同体系和情况找出简单易行、能耗较低的脱水方法。

4.3.4 化学反应工程

化学反应过程是化工生产的核心部分，反应速率和收率的高低，对生产成本有着决定性的影响。在化学工程发展的初期，由于缺少对化学反应过程中工程问题的系统研究，反应器的放大和新反应过程的开发，一直依靠逐级放大和经验摸索。随着化工工艺的发展，特别是石油化工的发展，装置日趋大型化，对化学反应过程的开发和反应器的放大设计的要求越来越高，促成了化学反应工程这一分支学科的诞生。

化学反应工程主要内容有三方面：一是化学反应规律的研究，建立反应动力学模型，与物理化学对反应的研究不同之处在于，化学反应工程着重于过程反应速率，并进行实验测定和数据关联；二是反应器中传递规律的研究，建立反应器传递模型，包括反应器内部和催化剂内部传质、传热、动量传递的规律以及与反应过程间的相互关系，工业反应器中既有化学反应，又有传递过程，传递过程的存在虽然不能改变化学反应的规律，但诸如物质浓度、温度等的不均匀分布和梯度的存在，均会影响反应的结果；三是新的反应过程和新的反应器的开发及放大设计，包括工业规模的反应器的形式、结构的开发和优化设计等。

除此以外，化学反应过程动态操作特性以及发生温度失控等定态多重性和稳定性问题也是化学反应工程的研究内容。生物反应器以及反应与分离相结合的反应器、催化剂工程设计与催化剂制造过程的放大问题也已成为交叉形成的小分支学科，受到足够的重视。

在化学反应工程中，数学模型方法是开展研究工作的基本方法。无论是反应器设计、放大或控制，都需要对研究对象进行定量的描述，用数学关联式表达诸如时间、温度、压力、浓度、流速、热导率、扩散系数等各参数之间的关系。根据问题复杂程度和所描述的范围及精度的不同，建立数学模型的繁简程度也不同。在化学反应工程中，数学模型包括动力学方程式、物料衡算式、热量衡算式、动量衡算式及其他参数计算式等。

反应动力学专门阐明化学反应速率与各物理因素，如浓度、温度、压力及催化剂等的定量关系。反应动力学的研究一般均在实验室的小装置中进行，为数学模型的建立提供基础数据。反应器中的传递过程模型（即物料、热量和动量衡算式）一般也需要依靠实验求出。模型中的有些数据不一定都要实测，某些物性数据从有关工具书中查取或用关联式加以计算。

十分明显，化学反应工程处理问题的方法是实验研究和理论分析并举。在解决新过程开发问题时，可先建立动力学和传递过程模型，然后再综合整个过程的数学模型，根据数学模型作出的估计来制定实验方案，用实验结果修正和验证数学模型。利用数学模型也可以在计算机上对过程进行模拟研究，通过模拟计算，进一步明确各因素的影响程度，并进行生产装置的设计。

化学反应工程在工业生产中应用很广，因为化学加工工业必然有化学反应，许多其他工业也常常包括化学反应，也需要采用反应器。化学反应工程研究的深入，逐步形成了反应器设计的数学模型方法，摆脱了对逐级放大的依赖，具有指导功能而不再完全依靠经验。对工业反应过程操作的优化和新型反应器的设计，起到了很大的促进作用。化学反应工程是发展的学科，特别是在生物化工等新领域，是十分活跃的学科。

化学反应工程推动化学工业的发展的作用是十分巨大的。例如合成氨工业，最初发明合成氨的过程需要在70MPa下进行，能耗很高，合成塔（反应器）的制造不但技术难度很大而且投资费用高。经过催化剂的改进和径向流动固定床反应器的完善化，操作压力可降至7MPa，配合其他设备和工艺的改造，能耗已降到（25～30）$\times 10^6$ kJ/t NH_3，使化肥增产粮食的成本达到了可以广泛采用的程度。又如乙烯的生产，由于裂解炉经过几代的改善与发展，使能耗降为早期生产所需能耗的1/3，达到（20～25）$\times 10^6$ kJ/t 乙烯，大大促进了合成塑料、合成纤维及合成橡胶等三大合成材料工业的发展。再如大规模生产汽油、柴油的催化裂化装置，反应器从间歇式操作的固定床经历了多种形式的连续式流化床，发展到提升管循环流化床，催化剂从天然白土发展到普遍采用的沸石分子筛，使轻油收率从30%～40%提高到70%以上，处理量提高了几十倍，能耗也大幅度降低。

化学反应工程这一化学工程的分支学科从正式命名到今天已经有50余年。从对固定床反应器和流化床反应器的研究开始，发展到对三相床反应器、生化反应器、新型反应器以及反应与分离联合过程的研究，在各个研究方向上都取得了十分明显的进展。由于生产规模增大可以节约投资和提高劳动生产率，反应器的体积愈来愈大，反应器的放大研究也在不断深入。化学反应工程的研究重点包括以下这些方面。

（1）固定床反应器

固定床反应器是一种使流体和静止状态的固体颗粒床层接触并进行化学反应的设备。所谓固定床，是指在反应器中固体颗粒物料或催化剂静止地放置在支撑板上，形成一定高度的床层。流体经分布板均匀地通过固体颗粒床层，在接触过程中发生化学反应。固定床反应器在化学工业中应用很广泛，特别是在采用固体催化剂强化化学反应速率的过程中大量使用。

固定床反应器是化学反应工程中研究得最深入的一个分支。对床层传递参数的测试方法和有关的计算关系式比较成熟，数学模型也比较完备。重点研究固定床反应器的模拟设计和优化，反应器的动态模型和动态特性、安全性分析和控制（包括反应器的多态或温度失控问题），发展将催化剂涂布在列管式反应器的壁上或某些特殊形状的构件上形成新型的壁式固定床反应器等。

(2) 流化床反应器和流态化技术

固定床反应器中的颗粒状固体，在流体自下而上地通过反应器时，随流体速度逐渐加大，颗粒状固体便从静止状态变为流动（悬浮）状态，像流体一样在反应器内部循环运动或随流体从反应器中流出（如图4-15所示），这类现象称作流态化，这一类反应器称为流化床反应器。

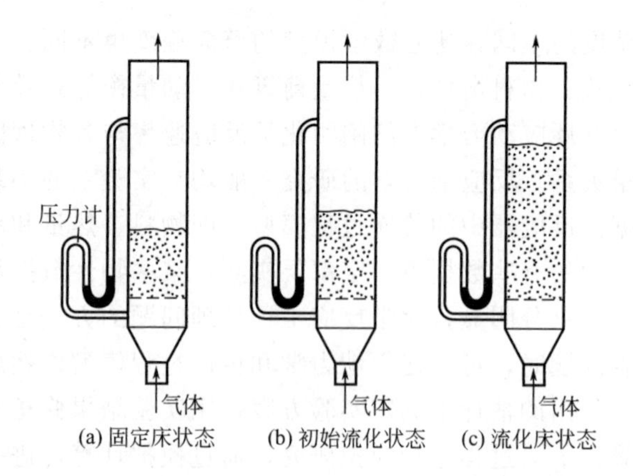

图4-15 流体在不同流速时的床层变化示意

流态化技术不但用于反应工程，也用于固体输送、干燥等其他化工过程，在两相流态化（气-固、液-固）和气-液-固三相流态化方面都进行了大量有效的研究工作，是化学工程学科中活跃的研究领域之一。

气固流态化的研究工作主要有两个方面，其一为流化床的流体力学基础理论和相应的基本关系式及广义流态化的概念，有关气泡的形成、分布和特性的考察和分析，重点发展描述流体-颗粒系统的行为的新理论和新模型，研究流型的划分和传质机理等，用以解决流化床反应器放大问题。其二为开发有效的流态化技术和设备，用于化学反应工程和其他化工过程。

在鼓泡流态化与湍动流态化方面的研究包括开发不同的分布器和内部构件，以改善气体分布和流化质量，研究其对分布器上方区域的动态特性及流化床反应器性能的影响；调整颗粒粒度结构和物性，改善床层流化性能；外加其他力场如磁场、搅拌等，改善流化状态；提高系统压力，改善流化质量；充分利用分布器控制区特性的浅床流态化等；研究催化或非催化反应器模型。

在快速-循环流态化方面的研究包括快速流态化存在的区域、模型和判据；气固流动的规律，如絮状物和颗粒的离析、气固滑落速度、截面孔隙率的轴向和径向分布、气体颗粒速度分布和通量分布、气体的加速运动及床层的整体压降和平均孔隙率等；床层的传递特性，如气体的混合、颗粒的混合、传质和传热特性及相应的关系式等；催化或非催化快速流化床反应器模型及快速流态化反应器的放大设计和应用。

气-液-固三相流化床反应器的现象和机理更为复杂。广义地说，三相流态化反应器主要包括浆料反应器、喷射环流反应器和通常的流化床反应器。研究重点主要有流型的划分及其判据；气泡的行为、尾涡结构、分散相含率、气泡大小分布、停留时间分布与各个参数的关系；相内返混、相际的传质及传热规律；反应器模型及新型反应器的开发应用等。

(3) 聚合反应工程

20世纪30～50年代以来，高分子聚合反应工艺发展迅速，对链反应、逐步聚合反应有所认识，完成了高压聚乙烯、聚氯乙烯、聚丙烯、顺丁橡胶、丁苯橡胶的工业化生产，实现了本体法、溶液法、悬浮法、乳液法等聚合反应工艺。20世纪50～60年代，发现了齐格勒-纳塔（Ziegler-Natta）催化剂，采用了定向聚合生产聚氯乙烯、聚丙烯、顺丁橡胶，在多个工业品种上实现了生产连续化。20世纪60～70年代，引入计算机技术、凝胶色谱分析技术，实现了生产的优化和控制。

聚合反应有其特殊的工程性问题，如巨大的热效应、反应体系大多数为非牛顿型流体、反应过程中流变特性和气相体积流速有很大变化等，需要在反应器和反应工程理论方面开展专门的研究工作。20 世纪 60 年代起，开始了系统的釜式反应器的放大理论研究。到 20 世纪 70 年代，逐渐形成了聚合反应工程这一新的分支。20 世纪 70～80 年代开始，研究了聚合物的使用性质与聚合物的分子结构以及操作条件的定量关系，提出了功能高分子材料的分子设计理论；发展了气相流化床反应器和环管式反应器等新型聚合反应器、聚合反应与模塑结合在一起的反应器，大大提高了生产效率。

聚合反应工程的研究主要包括聚合反应动力学与相行为，研究反应机理和建立反应动力学模型，实现过程的优化和控制；聚合物系的流变特性和传递特性，如聚合釜搅拌桨的形式、搅拌功率、混合特性、传热特性、非牛顿流体搅拌、凝胶效应与微观混合间的关系等；聚合产物的质量控制，如聚合物分子量的分布、组分分布、链的序列分布、链的支化度和立构规整度、平均粒度、颗粒孔隙率和表面积等的控制；聚合过程模型化及工业聚合反应器操作连续化和新型反应器的开发。

(4) 生化反应工程

由于生物工程的发展以及生物反应体系的特殊性，对生化反应器提出了许多特殊要求。所有生化反应都需要有酶或细胞参与，它们都属于生物活性物质，灭菌、消毒、保持酶或细胞的活性是选用和设计反应器必须注意的问题。生化反应的体系很复杂，体系多属于非牛顿型流体，在反应过程中物性变化很大；反应体系可能是气-液两相、气-液-固三相或气-液-液-固四相，传质过程机理和反应机理都很复杂；气体的溶解和传递速率往往是控制性的，强化氧气或废物的传递是设计优良反应器的关键。酶、细胞的重复使用是提高反应效率、降低成本的重要方法，酶与细胞的固定化是解决重复使用的重要方法；生物反应的产品大多数对反应有抑制作用，要求及时地从体系中分离反应产物。针对以上问题，开展了大量的研究工作，逐步发展为生化反应工程这一分支。生化反应工程中的主要工作有以下几个方面。

① 酶和细胞的固定化　酶和细胞的固定化方法、采用的载体、温度和 pH 值及扩散作用的影响等都是研究的主要内容，使固定化后保持足够高的酶固载量或细胞密度，有足够快的氧和/或底物的传递速率，酶的活性或细胞能有较长的寿期或能产生更多的二次代谢产物。

② 酶或细胞反应动力学　生化反应动力学一直是生化反应工程的重点课题。由于酶和菌体的种类很多，反应体系和影响因素很复杂，需要深入研究很多重要反应的动力学方程。同时对气-液两相、气-液-固三相或气-液-液-固四相的传质和反应机理以及在固定化酶或细胞内部的扩散等的研究也在继续开展。要实现生化反应的优化操作和控制，必须全面、深入地了解底物、产物在反应过程各个阶段（如细胞的增长、代谢物的分泌、某些化合物转化为产物等阶段）的机理以及有关传质与反应动力学与 pH 值、某些离子浓度的相互关系，并建立相应的模型，以便对工艺条件进行优化选择，对反应器进行设计和控制。这些方面的工作是生化反应工程的研究重点之一。

③ 新型生化反应器及其放大规律研究　传统的生化反应器主要是搅拌反应釜。各种型式搅拌桨的功率消耗和釜内的流体动力学研究及相应的设计放大规律的研究工作已取得了很多成果。但是，由于搅拌消耗功率很大，空气中氧的利用率很低，而且搅拌桨产生的剪应力较大，对于细菌的培养（尤其是对动植物细胞的培养）不利，需要发展新型的生化反应器。

无搅拌桨的环流反应器　气升式环流反应器利用空气充入环流管中，在反应器内的不同区域形成密度差，从而产生自然对流；也有利用静压差或流体喷射的动能驱动反应器内部的液体环流的、不同结构形式的环流反应器。结合传质、传热和相应动力学研究，建立数学模型进行放大及优化控制，是环流反应器的研究内容。

高细胞密度反应器　采用塔式反应器、带微生物外部循环的反应器等多种反应器结构，利用固定化酶或固定化细胞技术，可以提高反应器中酶或细胞的密度，大大降低反应器的体积，提高效率。

反应-分离相结合的反应器　要能及时将反应产物移出，把酶或细胞保留在反应器内，提高它们在反应器中的密度，最合理的是开发反应与分离相结合的反应器。例如反应与萃取相结合、反应与二氧化碳循环气提相结合、反应与结晶相结合、反应与膜分离相结合等。其中，膜反应器的研究发展最快。膜反应器中的中空纤维膜器，能提供很大的比表面积，受到更多的注意。但是，膜器运行过程中很容易受浓差极化的影响或被污染，培养细胞需要经常清理和装卸等。

增大溶氧及传氧速率的反应器　绝大多数嗜氧微生物的培养，尤其是需要氧参加的反应（如用微生物氧化烷烃制备醇和酸），溶氧和氧气的传递速率经常是反应速度的控制因素。增大溶氧速率，不但可以提高处理量和产率，还可以大大提高通入空气的利用率，降低通入空气的能耗。传统的方法是提高搅拌速率或采用深层发酵技术，增大输入空气的压力和气泡在反应液中的停留时间。其他的研究工作有加入携氧剂（如硅烷或氟氯烃类）；增大空气进入反应系统的相界面，如用中空纤维反应器、改善氧气进入液体中的分布器，形成小气泡；采用动态方法提高气-液相界面的传氧速率，如用盘式反应器使空气周期性地处在连续相中或分散相中，周期性改变空气的流动方向或流速等。

其他特殊要求的反应器　存在一些特殊的工况，如培养动物细胞，需要附在器壁上生长；培养动植物细胞，希望提供适量的空气，又要避免过分搅动而产生的剪应力使细胞破坏；有些反应体系在过程中流变性变化很大；处理植物秸秆等纤维素的反应器不但规模大而且处理的物料主要是固体等。对于这些特殊情况，传统的化学反应器一般都不适用，需要发展高效、新型结构的生化反应器。

（5）催化剂工程

催化剂工程是催化科学、化学工艺学和化学反应工程学相互渗透结合，形成的一个新的分支学科。它以工业催化剂设计、制备和使用中的工程问题为研究对象，设计制备宏观动力学性能和机械性能良好并与反应器相匹配的工业催化剂。

开发新型高效催化剂对于降低反应温度和压力、增大处理量、提高收率、缩短流程、节约能耗、降低成本等起到关键性作用。例如生产低密度聚乙烯，原来操作压力为200MPa，20世纪80年代采用了氟化铬催化剂，压力降为0.7～21MPa，能量节省了75%。又如聚丙烯催化剂，20世纪80年代初采用了新型钛催化剂，活性达300kg聚丙烯/g钛，与旧工艺相比，节省蒸汽85%，电耗降低12%，投资下降了33%。以后又开发了活性达1000kg聚丙烯/g的新品种催化剂，使聚合后的产品不需要精制去除催化剂和杂质，增大了处理能力，也简化了加工过程。

开发新催化剂，首先需要依靠对催化科学的深入研究，而且愈来愈多的研究深入到催化剂表面分子的层次以及晶体内部的层次。把分子筛催化剂推广到“择形”催化材料的研究，包括磷铝系分子筛、骨架富硅分子筛、杂原子骨架取代催化剂、层状化合物等；以超强酸固体催化剂取代毒性和腐蚀性较大的液态强酸催化剂（如硫酸、氟氢酸），使用固体碱性催化剂如 MgO、Al_2O_3-MgO、TiO_2-ZrO_2 等；研究多作用合金催化剂，包括金属超微粒子，如Ni、Pd、Cu-Fe超微粒子，非晶态合金，如Ni-P、Ni-B等，多组分合金多作用催化剂，如铂-铼、铂-锡重整催化剂，有机金属络合物催化剂等。

仅有优良的催化剂材料是不够的，还应根据化学反应工程的需要制备成工业上可以应用的、性能良好的催化剂。

① 催化剂的工程设计　研究工作包括催化剂的粒度大小和分布、形状、孔径大小和分布、活性组分在颗粒内的最优分布、催化剂颗粒表面层次的反应-扩散特性、宏观动力学、催化剂颗粒有效传递系数的实验测定和关联、催化剂有效因子的计算方法等。上述各因素都会影响催化剂有效因子的大小和反应的选择性，影响催化剂的装填量和床层的孔隙率，从而影响床层压降和操作特性。

② 催化剂工程设计与反应器选择　催化剂的工程设计应该与反应器的选择和设计相匹配。例如，采用流化床反应器，主要应考虑的是重度和颗粒大小的分布，颗粒形状和活性组分的分布则相对次要一些；又如选用径向流动固定床反应器可以考虑采用粒径较小的催化剂颗粒等。

③ 催化反应机理与反应器动态特性　大量实验证明，某些反应在周期性动态操作下可以使反应选择性或/和反应速率增加；对于催化氧化或加氢反应，催化剂表面活性组分的价态是不断改变的，起氧化作用的是催化剂中的氧原子或晶格氧，起氢化作用的是表面的氢原子。因此，周期操作过程中的动态动力学与稳态下操作的动力学是不同的。动态操作有可能使中间反应中最慢的控制步骤加速，增加反应的选择性和总反应速率。因此，把分子表面动力学微观层次与反应器层次相结合，使催化反应机理与动态操作策略相协调并与反应器结合，将使反应过程的效率显著提高，使某些氧化、加氢反应的工业生产过程产生显著的经济效益。例如，流化床反应器从总体来说是在稳态下操作的，但是由于内部循环的颗粒（催化剂）的参数是在动态下操作的，因此，若适当改变流化床各空间位置的参数（温度、浓度），便可能利用流化床反应器进行连续的、周期性的动态操作，实现优化工艺操作的目的。

④ 催化剂制备过程的放大问题　保证大规模生产的催化剂仍具有小规模制备催化剂的良好性能的关键是掌握制备催化剂的放大规律。例如，制造金属催化剂或金属氧化物催化剂，普通采用的是共沉淀法或浸渍法，然后再经过干燥热处理和还原。这几个步骤往往是制备催化剂过程中设备放大的关键。例如在干燥中，溶液从催化剂毛细管内向孔口迁移，把溶质带到孔口位置，会导致活性组分聚集在孔口附近的表面，造成活性组分分布不均匀。若制备催化剂的设备放大后，其温度场有较大变化，便会影响到催化剂的性能。催化剂的类型很多，制备方法各异，要解决催化剂制备的全部放大问题是不容易的。催化剂制备的放大问题，不但具有理论意义，而且具有巨大的经济效益。

(6) 其他类型的新型反应器

为制备电子元件、光导纤维等高科技器件用的材料而发展的化学气相淀积技术（CVD），已相应开发了 CVD 反应器，而且已经有许多种形式。按放置方式有垂直式和水平式；按操作压力可以分为常压与低压；按器壁温度可分为热壁和冷壁；按激发方式可分为热激发和等离子激发等。对这类特殊反应过程的热力学、动力学、反应器内部的流体力学、传质与传热等问题及反应器的数学模型也是一个研究热点。

电化学反应工程是反应工程的一个重要分支。电化学反应器还包括电解池、电解电池和电化学电池几类。传统的电化学反应大多数为无机化学反应。近年来，有机电化学合成迅速发展，合成的高分子材料具有很多特殊性能。有机物燃料电池、有机电池和塑料电池可以满足航天、电子工业的要求。电池本身就是一个反应器，用电化学反应方法获取新材料也需要特殊的电化学反应器。发展的电化学反应器是三维电极的，比表面积大、传质速率快、结构紧凑。电极过程的机理与电化学反应动力学、电极结构与催化作用的关系、电极老化过程与活化技术、离子交换膜在电解合成过程中的作用、固定床电化学反应器的数学模拟和工程放大等，都是研究的热点。

4.3.5 化工过程系统工程

化工过程系统工程是以化工系统为对象，将系统工程的理论和方法应用于化工过程的一种工程学和方法论，是在系统工程、运筹学、化学工程、过程控制及计算机技术等学科基础上发展起来的一门交叉性分支学科。它从系统的整体目标出发，按照整体协调的需要，把自然科学和社会科学中的某些思想、理论、方法、策略和手段等从横的方面上有效地组织起来，并应用现代系统论及控制论的成果，根据各组成部分的特性及其相互关系，确定化工系统在规划、设计、控制和管理等方面的最优策略，达到最优设计、最优控制和最优管理的目标。

20 世纪 60 年代是化工过程系统工程的理论准备时期；20 世纪 70 年代是化工过程系统工程开始走向实用的时期，陆续研制出商品化的工业用化工流程通用模拟系统；20 世纪 80 年代是化工过程系统工程普及推广时期，在理论上、方法上和内容上也不断完善和发展。总之，随着化工和石油化工生产的大型化、复杂化和自动化，过程系统工程学科正在蓬勃发展。

化工过程系统工程不但可以帮助设计性能优良的新装置，还可以挖掘现有生产厂的潜力或对现有的装置或设备进行优化操作和改造，提高生产能力和劳动生产率。过程系统工程的一个发展方向是节能。把过程的优化与设备的优化结合起来，把化工系统优化与全厂动力系统的优化结合起来，并进行过程的有效经济分析，对降低能耗物耗的实用意义很大。大量事例证明，对现有的石油炼厂的换热系统进行改造或对全厂能源利用的优化以及在生产管理上的排产计划进行优化，都可能每年获取千万元以上的经济效益。

化工过程系统工程主要包括过程系统模拟、过程系统综合、过程系统的操作和控制、间歇过程的设计及操作优化、人工智能技术在化工中的应用等内容。

(1) 过程系统模拟

过程系统模拟或称过程系统分析，即建立过程系统的数学模型并在计算机上加以体现和试验。过程系统的模型是借助有关概念、变量、规则、逻辑关系、数学表达式、图形和表格等对系统进行一般性描述。在计算机上的体现和试验，按计算模式不同可分为模拟型、设计型和综合型。按模拟对象所要求的特性和时间关系，则可分为稳态过程模拟和动态过程模拟两大类，过程系统模拟是过程系统工程的基础，而且实用程度最高。

① 稳态过程系统模拟　稳态过程系统模拟是化工流程模拟研究中开发最早的技术，它包括物料衡算和能量衡算、设备尺寸和费用计算以及过程技术经济评价。流程模拟系统又分为专用系统和通用系统两大类。模拟的工艺过程对象不断拓展，建模技术和模拟系统技术不断改进，出现了一批代表性软件，在工业上广泛使用。

过程系统模拟的“方法”，是指求解非线性方程组的方法。它的发展和改进十分重要，先后出现的过程系统模拟方法有序贯模块法、联立方程法和双层法等。

② 动态过程系统模拟　动态过程系统模拟可分设计型动态模拟系统和培训型动态模拟系统两大类。动态过程系统模拟起步比稳态过程系统模拟晚 10 年。

（2）过程系统综合

过程系统综合是按照规定的系统特性，寻求需要的系统结构及其各子系统的性能，并使系统按规定的目标进行最优组合。系统综合用于从众多的可行方案中选择最优方案或流程。过程系统综合是一个极为复杂的多目标最优组合问题，其中包括反应路径的综合、换热网络的综合、分离序列的综合、反应网络的综合、全流程的综合、公用工程系统的综合、过程系统能量集成等。

① 反应路径的综合　反应路径的综合就是把经过一系列反应步骤取得产品的方案进行优选。评价反应路径的判据多采用经验规则，建立可行化学反应路径及生物化学反应路径为知识库基础的专家系统。

② 换热网络的综合　换热网络的综合是确定化工生产过程中各物流间换热匹配的结构和相应的换热负荷匹配问题，对换热网络进行优化设计。利用特殊的调优方法及数学规划方法可以自动生成最优的换热网络结构，同时考虑到网络的柔性问题，促进换热网络的综合及最优设计，可以取得明显的节能效益。

③ 分离序列的综合　分离序列的综合是找出分离流程的最优组合以及每一个分离器的最优设计变量，如结构尺寸、操作参数等。开发分离序列综合的专家系统，对推动分离序列的综合的应用有很大作用。

④ 反应网络的综合　反应网络的综合是确定一个反应器系统的最优拓扑结构和操作条件。

⑤ 全流程的综合　全流程综合是寻求把原料转化为产品的最经济、最合理的流程结构。已有的研究工作表明，采用混合整数规划法处理全流程系统，可以起到简化系统的作用。

⑥ 公用工程系统的综合　公用工程系统的综合是对化工厂动力系统的综合。结构优化法以及考虑公用工程与整个化工过程系统进行热集成，对化工厂的节能有很大潜力。

⑦ 过程系统能量集成　过程系统能量集成即把反应、分离、换热和公用工程统一考虑，综合利用能量。以夹点技术为基础的能量集成策略，是一个有效的工具。

（3）过程系统的操作与控制

过程系统的操作与控制的内容包括数据的筛选与校正、过程操作的优化、过程安全监督及事故诊断和操作模拟培训系统。

① 数据的筛选与校正　数据的筛选和校正是一个去伪存真并获得所需信息的重要技术，包括校正测得的数据、合理推算出测得的数据、删除多余的数据、侦破过失误差和正确选择测量位置等。

② 过程操作的优化　过程操作优化分为离线操作优化和在线操作优化两类。对前者多采用“黑箱法”（即数理统计法）和机理模型法。以后发展的非线性规划法和不可行路径法等，能使流程模拟系统直接用于操作条件优化。对后者可采用模型法或简化模型-更新技术等。

③ 过程安全监督及事故诊断　过程安全监督及事故诊断可用于事故原因分析，提供各种处理方案。它包括报警系统、报警分析系统及外扰分析系统等。技术关键包括异常状态的检测和提取技术、高水平的测定器及敏感元件、将初始信号加工成高清晰度信号的处理技术、人工智能专家系统以及模拟系统等鉴别手段。

④ 操作模拟培训系统　操作模拟培训系统是用计算机进行仿真培训，训练生产人员的操作技能，增加操作知识，培训事故诊断的决策能力等。

（4）间歇过程的设计与操作优化

由于小批量生产的特殊化工产品采用间歇操作，间歇过程设计和操作优化重新受到重视。这类过程属于多产品、多目标和多自由度问题，其过程设计和操作完全不同于传统的连续操作过程，必须建立一整套系统工程方法。

（5）人工智能技术在化工中的应用

人工智能是让计算机做一些通常认为需要人的智能才能完成的事情。工程技术中有大量的非数值性问题，它们具有不确定性和离散性，难以建立数学模型，需要利用专家的经验进行分析、判断、推理并做出决策。专家系统是人工智能研究发展的结果。它把专家的知识以便于计算机接受和记忆的形式表示，并使计算机具有通过自学习而积累知识的功能。深入探索应用控制论、模糊数学和人工神经元网络等基本理论和方法解决复杂化工系统的知识表达、不确定性推理自学习规划问题，使人工智能技术在化工中得到应用，使整个系统具有自学习、自组织的能力，自动修改模型，不断跟踪最优目标，并且使决策具有一定的柔性。

4.3.6 化工技术经济

技术经济，又称技术经济学，是介于工程技术学科与经济学科之间的一门新兴的交叉学科。技术经济的基本任务是研究技术和经济的相互关系，对技术路线、技术政策、技术方案和技术措施进行分析论证，对它们的经济效益进行评价和评估，寻求技术与经济的最佳结合。在市场经济条件下，技术经济对于任何企业和部门以至任何个人的工作，都具有十分重要的意义。

事实上，工程技术从来都是以经济为出发点和最终目的。任何一项新工艺、新技术要实现工业生产，一方面从技术角度来考虑，要有创新之处，要优于其他工艺和技术；另一方面，从经济角度考虑，要求有更高的经济效益。一般来说，先进的技术总是伴随着较高的经济效益的。然而，由于影响工程技术经济性的因素较多，情况错综复杂，对一项技术方案经济性评价的结论，需要进行一系列的科学分析和论证后才能得到。工程技术的任务是利用各种生产要素，如原材料资源、能源、资金、劳动力等，经过各种加工，生产出具有特定使用价值的产品，以满足人们的物质需要。在这个过程中，工程技术受到自然科学规律和经济学规律两方面的制约。

对工程技术项目进行技术经济评价，必须注意和正确处理好政治、经济、技术、社会等方面的关系。考察和评价一个技术方案，在政治方面，必须符合国家经济建设的方针、政策和有关法规；在经济方面，应以较少的投入获得较好较多的成果；在技术方面，应尽可能采用先进、安全、可靠的技术；在社会方面，应当符合社会的发展规划，有利于社会、文化的发展和就业的要求；在环境生态方面，应当符合环境保护法规和维护生态平衡的要求。对一个技术方案进行评价，不只是单纯的技术问题。它往往同时涉及政治、社会、环境、资源等方面的问题，有时还涉及国防、生态等问题。

化工技术经济是化学工业领域的技术经济分析。化工技术经济是结合化工过程生产技术上的特点，研究由这些特点决定的共同的技术经济规律，探讨如何提高化工过程的设备、资源和能源的利用率，提高企业和部门的整体经济效益。

增加产品的数量和提高产品的价值都可以达到提高经济效益的目的。随着科学技术的飞速发展，化工的高科技产品和特殊功能性高附加值产品的开发与生产，将产生更高的价值和收益。另外，从技术革新、设备改造、提高产品的产量和质量等角度着手，都能够在不同程度上增加产出的价值。

减少投入、降低消耗及降低成本也是实现经济效益的重要途径。随着技术进步和生产效率的提高，产品生产的人力消耗、物质消耗及能源消耗将逐步降低。另外优化服务也可以创造效益。例如，随着通信和网络技术及相应的物流技术的发展，使得商品库存和销售费用大大降低，从而降低了成本。绿色化学工艺的采用，则减少了环境污染，也使成本降低，可以创造明显的社会效益和经济效益。

4.3.7 化工过程安全

化工过程安全是国际公认的预防及管控重大化工事故的理论基础、实践总结和关键手段，是化学工程与工艺专业的一个新兴的专业方向，已经发展成为一门包括许多高新技术、系统理论和工程实践的崭新学科。

现代化学工业的发展紧密依赖着创新驱动和技术进步。化学工业中的许多工艺过程更为复杂、更加优化，过程的深度开发需要更加安全的技术保障来维护。化工过程安全的基础原理及工程技术正是随现代化学工业的发展而不断完善起来的。

通常，人们理解的“安全”含义，是通过制定各种规章制度来预防事故，且往往强调的是工人的职业安全。近年来，“安全”已被“损失预防（loss prevention）”所代替。损失预防包括风险辨识、技术评估以及为预防损失而进行的新的工程项目设计，损失预防在过程工业中通常指的就是“过程安全”。过程安全与传统的事故预防方法相比，除了更加严格的操作规程和安全标准之外，更多地关注产生于技术之外的事故；更多地强调预知可能发生的安全风险，在事故发生前采取必要的措施；更多地着眼于使用系统论方法，尤其是用于风险辨识和估计其发生的可能性。

① 化工过程安全介绍化工过程安全的基础理论、技术知识和相关概念，系统论述化工生产过程及其典型工艺的安全技术及工程问题。通过对化工工艺及典型装置的过程原理、反应条件的分析，研究过程的鲁棒性条件和边界极限状态，确定危险介质、工艺参数、装备技术以及系统防灾的安全控制与技术工程体系。

② 化工过程安全遵循系统工程的思维逻辑，以风险辨识、风险分析与评价、风险管控为主线，阐述化工过程安全风险管理技术、事故发生的可能性估算及事故应急等相关策略。

风险辨识 在事故发生以前，风险并不总是能够被辨识出来的。辨识风险并在事故发生前最大程度地减少风险是必要的。风险辨识的方法包括：①过程危险检查表，它是过程中必须要检查的一些项目和可能问题的列表；②危险调查，调查存在的危险物质，提供对危险的防范和对安全设备和程序的信赖；③危险和可操作性研究，这种方法允许在所控制的环境内，对于特定设备，设想各种事件，并确定每种事件是否发生以及怎样发生，以及事件能否导致任何形式的安全风险；④安全检查，它是一种有效的研究，结果高度依赖于检查小组的经验。

风险分析和评价 化工生产过程中会发生什么事故？怎样发生事故？发生的概率是多大？后果如何？这些问题与风险分析和评价联系在一起。风险评价包括产生事故的事件的确定，事件的发生概率以及后果，后果则包括人员伤亡，对生态环境的破坏，造成的厂房、设备、资产、资金损失，以及停工劳动日损失等。

风险管控 在加强对风险辨识及风险分析和评价的基础上，针对可能的安全风险采取有效的管控措施，在实际的化工生产过程中，制定完善的安全生产管理制度，加强对工作人员的安全培训，执行科学合理的安全风险排查机制，强化安全管理工作，才能够实现对化工生产过程的安全管控，保证化工生产过程的安全性。

③ 化工过程安全从全过程生命周期分析出发，突出体现以事故预防为主的化工过程风险管理和控制的思想，阐述本质安全化工过程的设计理念、设计原理、设计流程和评价指标方法。

“本质安全”的概念认为，物质和过程的存在必然具有其不可分割的本质属性，只有消除或最小化具有固有危害性质的物质或过程，才能从本质上消除其危害特征，实现过程的本质安全。一句话，本质安全即安全的本质特征，具有安全本质特征的过程称为本质安全过程。本质安全与传统安全之间的区别体现为：

① 着眼点不同。本质安全的宗旨是根除过程的危害特征，从而消除事故发生的可能性，故在过程允许的情况下能够实现过程零事故；传统安全方法以控制危害为目标，仅能降低事故发生的概率或弱化后果的影响，并不能避免其发生。

② 采用方式不同。本质安全根据物质和过程的固有属性消除危害或使危害最小化；传统安全方法通过添加安全保护设施控制已存在的危害。

③ 介入时机不同。本质安全注重在过程早期从源头上消除危害，同时要求在整个过程生命周期考虑过程本质安全；传统安全方法通常在过程的中后期对危害进行分析、评价，提出改良措施。

随着对过程认识的不断深入，人们希望从整个生命周期的全局出发考虑本质安全。实现本质安全，在过程生命的早期实施相应的决策更为重要。

本质安全原理是本质安全设计的依据，是保证过程朝本质安全方向发展的一般性原则。过程设计的各个阶段均应采用化工过程本质安全化设计原则，按化工过程本质安全设计流程尽量消减过程中的危险。

本质安全评价指标方法多种多样，在过程本质安全设计中占有重要地位，是衡量过程设计本质安全水平的重要工具。研究开发综合性强、适用性广、准确性高、实效性好的本质安全指标方法，具有重要的理论意义和应用价值。

4.4 化学工程进展的主要特征

化学工程的拓展显示出明显的特征，学科发展的主要趋势是化学工程与高新技术学科的交叉渗透，化学工程与数理化等基础科学的紧密联系，化学工程学科内容的深化和延展。

4.4.1 化学工程与高新技术学科的交叉渗透

化学工程学科与高新技术学科相互结合，形成交叉型的前沿性学科。

(1) 化学工程与生物化学、生物学（含微生物学）的结合，形成生物化学工程学科

近五十年来，生物化工蓬勃发展。生物化工迅速发展的领域是发酵工程、酶工程、基因工程与细胞工程。发酵工程中各种抗生素医药、维生素药物、氨基酸、柠檬酸、乳酸等的生产，酶工程中各类酶制剂与辅酶、核酸与药物等的制备，细胞工程中大规模动植物细胞培养，疫苗、免疫试剂、优良种子培育等，基因工程中各类 α 与 γ 干扰素的研制、DNA 重组等，都是化学工程与生物化学、生物学结合的产物。

人类对于医药、食品等的需要推进了生物化工的发展，进而推动了化学工程学科的发展。生化产品的生产一般可由“上游”“中游”“下游”组成，“上游”是菌种培养与优选，更多的是生物化学者的工作；“中游”是反应（如发酵、细胞培养）；“下游”是分离，主要是化学工程师的工作。生物化学工艺的进步同样推动了传质与分离工程的发展，许多新的分离方法，如膜分离、层析、超滤、超临界萃取分离都是由于生物化工产品分离的需要而得以发展的。

（2）化学工程与材料物理、材料化学的结合，形成材料化学工程学科

聚合物材料、无机非金属材料、复合材料都是材料化学工程研究的对象。聚合物材料的理论基础是聚合物反应工程、高分子传递过程与黏性物流体力学；无机非金属材料的理论基础是硅酸盐物理化学与化学工程学。材料技术的发展依托于化学工程学科，材料化学工程已成为化学工程的重要组成部分。

材料化学工程在聚合物材料和无机非金属材料的研制与发展中起着重要作用。聚合物材料品种很多，它们由石油化工生产的单体出发，经过聚合反应制成。除了大宗聚合物产品外，目前聚合物材料发展的重点是开发新品种树脂（如农用薄膜、汽车用基料、新型建材、光缆等），新品种功能材料（导电高分子、感光树脂、防伪材料等），新品种复合材料（陶瓷基高分子材料、长短纤维增强复合材料）等。无机非金属材料除传统的硅酸盐材料外，特种陶瓷发展迅速，由于工业和国防的需要，新型结构陶瓷问世，主要包括耐高温材料、电绝缘材料、发动机材料、生物功能材料、半导体陶瓷等，用途特殊，用量不大，但价值极高。

（3）化学工程与电子学、微电子学的结合，形成微电子化学工程

微电子工业的发展离不开化学工程学科的贡献，几乎所有的微电子材料都是化工材料，微电子加工工艺中化学加工工艺占相当大的比例。

微电子材料中，基材是硅、砷化镓等半导体元件材料和聚酯线路板材等，光刻胶等光敏抗蚀剂是甲基丙烯酸及其酯的聚合物，半导体封装材料是聚硅氧烷、硅树脂等，掺杂剂是气态 AsH_3、固态硼化物等。上述微电子材料都是要求特别严格的化工产品，与化学工程关系密切。再看微电子加工工艺，化学气相淀积（CVD）等都是精细化工工艺。随着信息时代的到来，微电子化学工程将更加具有生命力，不仅在理论上有所突破，还会创造更大财富，带来更大收益。

（4）化学工程与能源化学、石油化学、煤化学的结合，形成能源与资源化学工程

能源与资源的合理利用、洁净利用、优化利用引出了一系列能源与资源化学工程的研究领域。

节能是现代企业与整个人类的重要课题，是所有工业企业技术改造中的主要任务。提高煤与油的燃烧热效率，大力推广高效换热器，大力研制新一代热泵技术，都是能源与资源化学工程的研究范畴。煤加工中的化工问题也是能源利用中的热门课题，新型煤气化工艺与煤气化炉、煤制合成气的先进工艺、以煤为原料的整个联合循环发电等都涉及一系列能源与资源化学工程问题。此外还有能源开发中的化工问题，如制氢与贮氢、再生能源、太阳能与化学能的转化与利用等都属能源与资源化学工程的研究领域。

（5）化学工程与环境化学、生态化学的结合，形成环境化学工程

环境保护是全人类共同关心的大事，是可持续发展战略面对的重大课题。企业的“三废”治理，化工原料与化工工艺的无害化、CO_2的利用等都是环境化学工程的研究领域。在“三废”防治方面，对企业排放的废气、废液、废渣采用物理化学法与生物法治理，减少电厂、煤厂向大气排放烟气的硫化物、氮氧化物和 CO_2 以及各类机动车辆排放尾气的净化；

在化工原料无害化方面，用无毒原料代替光气、氟利昂、硫酸二甲酯，用无毒溶剂代替苯、甲苯；在化工工艺无害化方面，提出原子的经济利用和零排放工艺；在化工产品无害化方面，无毒与低毒农药的生产和使用，这些研究与开发任务都是环境化学工程的内容。

4.4.2 化学工程与数学、物理、化学等基础学科的紧密结合

(1) 化学工程学科的进展越来越依靠近代数学的支撑

大多数化学工程问题都是非线性问题，非线性数学在化学工程中已得到广泛运用。化学工程的放大方法从经验放大，到相似放大，再到数学模拟放大，非线性数学在化学工程学科的发展中大有用武之地。同样，最优化方法在分离工程、反应工程、特别是系统工程中得到广泛使用。各种变尺度变步长的最优化策略已成为系统优化、提高效益的重要途径。最优化方法是化学工程师必须掌握的数学工具。偏微分方程理论在化学工程中受到高度重视，例如，反应与分离工程中的二维数学模型往往都是偏微分方程组，化工控制工程涉及的操作参数与反应空间的关系或反应时间的关系，也要用偏微分方程来解决。

(2) 近代物理的新进展带动了化学工程研究的深化

化学工程学科中的“三传”实际上都是物理过程，化学工程学科的发展长期得益于与物理学的结合。各种大型测试手段的研究和运用都离不开近代物理的进展。例如，X射线衍射研究物质相态与结构，气相色谱程序升温脱附研究物质表面性质，气相色谱程序升温氧化研究催化剂析碳，红外光谱研究吸附状态与反应动态学，透射电镜研究超微粒子大小与孔结构，电子能谱研究催化剂状态组成与失活等。

(3) 近代化学的研究成果推动了化学工程学科的发展

化学工程学科本身就是化学与工程学的结合。由于物理化学的研究成果，聚合物高分子、生物大分子的热力学性质能够预测，非理想溶液的相平衡及非理想体系复杂反应的化学平衡能够计算，多态反应动力学能够测定。由于生物化学的研究成果，许多生物活性物质能够制备，生物环境治理方法得以推广。此外，精细高等有机化学和高等无机化学的发展带来了多样化的化工新产品。

4.4.3 化学工程学科内容的深化和延展

(1) 由简单物系向复杂物系发展

随着化学工程的不断发展，化学工程研究对象已趋向复杂体系。例如，由于物理过程与化学过程同时发生，使气、液、固多相并存，性质发生很大变化，使研究的物系更加复杂。又如，聚合物加工过程中所处理的物料是高黏性非牛顿型流体，其性质特征不是一般理想溶液的性质能概括的。再如，生物化工实际上研究的是有活体存在体系的化学工程问题。生物催化剂可以用现代选育或修饰的方法进行培养和改造，生化反应过程从微观角度研究酶动力学、发酵细胞生长与生物产物生成的动力学，生化分离工程研究生物产物的提取与精制工艺，许多基本原理与检测方法等与一般的无活体存在体系不同。

(2) 由复杂工艺路线向简单工艺路线发展

化学工程的研究对象日趋复杂，但化工产品的工艺路线却日趋简单。许多化工产品的生产步骤向串联反应一步化的方向发展，例如，研究甲烷一步法制甲醇、甲醛工艺，合成气一步法制二甲醚工艺等。

(3) 由简单过程向多个过程结合发展

不少由多个过程结合的工艺已在工业中得到应用。例如，反应-精馏结合在甲基叔丁基醚（MTBE）、甲基叔戊基醚（TAME）的合成工艺中应用，已建成年产数十万吨级的工业装置；反应-萃取结合在中药、香料有效成分提取和稀有贵金属的提取中应用；反应-结晶结合在超细超纯纳米颗粒和炸药粒子的制备中应用；反应-成型结合过程已应用于热塑性工程塑料部件的制造上。

(4) 由定态向非定态发展

近代化学工程中，非定态的研究备受关注。高压吸附制备气体的过程是“非定态”过程。稀薄二氧化硫的氧化、低浓合成气制甲醇，采用定态操作不能自热，采用非定态操作却可以实现。非定态反应工程理论已经成为化学工程的一个分支。

(5) 由常规小分子向高分子、大分子发展

由于精细化工与材料化工的进展，研究对象已从一般化合物分子延伸到有机大分子、聚合物高分子与生物大分子。新型仿生材料，如钛菁固氮化合物是有机大分子；新型导电高分子，如聚噻吩、聚乙炔是聚合物高分子；20 世纪 90 年代初，C_{60}的发现给新一代团簇化合物的合成与制备带来了新的研究课题。

(6) 由宏观向微观发展

为了探讨传递机理、反应机理，分子化学工程已成为化学工程学科的前沿分支，分子热力学、分子传递现象与分子动力学构成了分子化学工程的主要研究框架。当物质粒子达到超微状态，具备宏观粒子所不能具备的性质，超微粒子、纳米粒子已成为材料领域的热门研究对象。对超微粒子的研究，还包括研究其粒度与分布、形状、相态、掺杂及包裹等，超微粒子催化剂、超微粒子炸药、超微粒子助剂与添加剂已得到广泛应用。

(7) 由描述现象向阐明机理发展

化工中的许多传递行为、反应行为，已经由描述现象转向阐明机理，如反应器颗粒催化剂的多态行为，已能从理论上进行解释并预测，使过程按人们期望的方式进行。动力学研究也从经验关系式，向与机理挂钩、推导出机理性动力学方程发展。

(8) 由极限条件向温和条件发展

从高效节能的观点出发，许多化学品的合成反应都从高压向低压发展，合成氨的压力从20～30MPa 降低到 10～11MPa，合成甲醇的压力从 20～30MPa 降低到 5MPa，烯烃的聚合反应等都向温和的低压方向发展。实现温和条件下反应，往往有赖于低温低压高活性催化剂的开发与使用。

(9) 由探索试验向有效预测发展

例如，历来催化剂的筛选设计，包括活性组分、助催化剂，制备工艺等主要依靠实验，现在已能根据反应的类型和特征进行有效预测。药物分子的设计也是如此，可以预计药物分子中各官能团的作用，在计算机上进行药物分子的设计和合成路线设计。

(10) 由参数的单项测量向过程的集散系统控制发展

系统工程的研究对象，从较单纯系统的模拟与优化，到对多个换热、反应、分离综合体系的优化，甚至到大型化工企业全系统的优化。DCS 分散控制系统、IDS 集散控制系统与网络标准化已推广使用，并迅速发展。智能控制成为新的热点，模糊控制、模式识别、专家系统、人工神经网络均有突破性进展。

第5章 创新是化工发展的动力

人类社会经济发展的历史表明，生产力的提高是与科学技术的进步分不开的。从18世纪到今天，化学工业和石油化学工业经历了巨大的发展和变化，化工产品不断更新，先进的工艺和设备不断出现。化工工艺技术的进步、化学工程学科的深化和化学工业的发展都充分说明，化工和石油化工是技术密集行业，新产品、新技术、新工艺层出不穷，只有不断进行技术创新，不断进行研究开发，才能在激烈的竞争中求生存、图发展，才能促进化工科学技术的进步，才能加快化工和石油化工事业的发展。创新是化工事业发展的动力，提高技术创新能力是推进结构调整、转变增长方式、提高竞争力和加速发展的中心环节。

5.1 提高创新能力是增强竞争力和加速发展的中心环节

21世纪的前20年，是我国现代化建设可以大有作为的重要战略机遇期，也是国家利益不断拓展的重要时期。党的十七大、十八大确定了全面建设小康社会的奋斗目标。“十二五”时期，世情国情继续发生深刻变化，我国经济社会发展呈现新的阶段性特征。综合判断国际国内形势，我国既面临难得的历史机遇，也面对诸多可以预见和难以预见的风险挑战。要实现经济又好又快的增长，必须要充分发挥科学技术对推进结构调整和经济增长方式转变的重要作用，坚持把科技进步和创新作为加快转变经济发展方式的重要支撑。充分发挥科技第一生产力和人才第一资源作用，提高教育现代化水平，增强自主创新能力，壮大创新人才队伍，推动发展向主要依靠科技进步、劳动者素质提高、管理创新转变，为社会经济全面协调可持续发展，加快建设创新型国家，提供更加有力的支撑。

回顾21世纪开始的十几年，我国国民经济再次出现了加速发展的势头。据国家统计局数据统计，2000年以来产业结构中第一产业比重不断下降，第二产业比重平稳上升，第三产业比重在2000年以前一直稳步上升，所占比重从1978年的23.7%上升到2000年的39.02%，2000～2010年则处于波动缓升状态（见表5-1）。这个时期的显著特点是，包括能源、交通和通信在内的基础设施建设的加强，推动了第二产业比重的上升。2000年，全年完成工业增加值首次超过4万亿元，到2014年，全年完成工业增加值超过27万亿元。

这一轮经济增长明显地具有重工业为主导的特征。电力、钢铁、机械设备、汽车、造船、化工、电子、建材等工业成为国民经济成长的主要动力。随着能源、交通、通信基础设施建设的进展，带动了电力、运输车辆、建筑材料、钢铁、有色金属、石油化工和机械电子等产品和建筑业的需求，推动了第二产业的发展。

表 5-1　2000～2018 年中国经济增长状况　　单位：亿元

年份	GDP	较上年增长/%	第一产业增加值	所占比重/%	第二产业增加值	所占比重/%	第三产业增加值	所占比重/%
2018	900309.00	6.60	64734.00	7.19	366001.00	40.65	469575.00	52.16
2017	827121.70	6.90	65467.60	7.92	334622.60	40.46	427031.50	51.63
2016	743585.50	6.70	63672.80	8.56	296547.70	39.88	383365.00	51.56
2015	689052.10	6.90	60862.10	8.83	282040.30	40.93	346149.70	50.24
2014	643974.00	7.30	58343.50	9.06	277571.80	43.10	308058.60	47.84
2013	595244.40	7.80	55329.10	9.30	261956.10	44.01	277959.30	46.70
2012	540367.40	7.90	50902.30	9.42	244643.30	45.27	244821.90	45.31
2011	489300.60	9.50	46163.10	9.43	227038.80	46.40	216098.60	44.16
2010	413030.30	10.60	39362.60	9.53	191629.80	46.40	182038.00	44.07
2009	349081.40	9.40	34161.80	9.79	160171.70	45.88	154747.90	44.33
2008	319515.50	9.70	32753.20	10.25	149956.60	46.93	136805.80	42.82
2007	270232.30	14.20	27788.00	10.28	126633.60	46.86	115810.70	42.86
2006	219438.50	12.70	23317.00	10.63	104361.80	47.56	91759.70	41.82
2005	184937.00	9.9	22420.00	12.12	87598.00	47.37	74919.00	40.51
2004	159878.00	10.1	21413.00	13.39	73904.00	46.23	64561.00	40.38
2003	135823.00	10.0	17382.00	12.80	62436.00	45.99	56005.00	41.21
2002	120333.00	9.1	16537.00	13.74	53896.00	44.79	49899.00	41.47
2001	109655.00	8.3	15781.00	14.39	49512.00	45.15	44362.00	40.46
2000	99215.00	8.0	14945.00	15.06	45556.00	45.92	38714.00	39.02

注：资料来源为国民经济和社会发展年度统计公报（国家统计局）。

从 21 世纪开始的十几年的国民经济增长状况的数据分析（见表 5-2～表 5-4），我国国民经济呈现出高增长、低通胀、高效益的平稳发展势头。然而，国民经济高速发展的背后存在着潜在矛盾，其突出的表现就是粗放的增长方式、对投资增长的依赖性和对能源资源的依赖性。

表 5-2　2000～2018 年我国经济增长状况统计

项目	2000	2001	2002	2003	2004	2005	2006	2007	2008	2009
GDP/亿元	100280	110863	121717	137422	161840	187319	219439	270232	319516	349081
GDP 增长率/%	8.5	8.3	9.1	10.0	10.1	11.4	12.7	14.2	9.7	9.4
居民物价消费指数/%	0.4	0.7	−0.2	1.2	3.9	1.8	1.5	4.8	5.9	−0.7
项目	**2010**	**2011**	**2012**	**2013**	**2014**	**2015**	**2016**	**2017**	**2018**	
GDP/亿元	413030	489301	540367	595244	643974	689052	744127	827122	900309	
GDP 增长率/%	10.6	9.5	7.9	7.8	7.3	6.9	6.7	6.9	6.6	
居民物价消费指数/%	3.3	5.4	2.6	2.6	2.0	1.4	2.1	1.6	2.1	

注：资料来源为国民经济和社会发展年度统计公报（国家统计局）。

表 5-3　2000～2018 年我国的消费投资净出口对经济增长的贡献统计

项目	2000	2001	2002	2003	2004	2005	2006	2007	2008	2009
消费对 GDP 贡献率/%	78.1	49.0	43.9	35.4	42.6	54.4	42.0	45.3	44.2	56.1
投资对 GDP 贡献率/%	22.4	64.0	48.5	70.0	61.6	33.1	42.9	44.1	53.2	86.5
净出口对 GDP 贡献率/%	−0.5	−13.0	7.6	−5.4	−4.2	12.5	15.1	10.6	2.6	−42.6
项目	2010	2011	2012	2013	2014	2015	2016	2017	2018	
消费对 GDP 增长率/%	45.4	61.9	56.3	48.2	48.8	59.7	65.5	58.8	76.2	
投资对 GDP 增长率/%	66.9	46.2	42.0	54.2	46.9	41.6	43.1	32.1	32.4	
净出口对 GDP 贡献率/%	−12.3	−8.1	1.7	−2.4	4.3	−1.3	−9.6	9.1	−8.9	

注：资料来源为国民经济和社会发展年度统计公报（国家统计局）。

表 5-4　2000～2018 年我国能源消耗总量和单位 GDP 能耗

项目	2000	2001	2002	2003	2004	2005	2006	2007	2008	2009
能源消耗总量/亿吨标准煤	14.70	15.55	16.96	19.71	23.03	26.14	28.65	31.14	32.05	33.61
单位 GDP 能耗/(吨标煤/万元)	1.47	1.40	1.39	1.43	1.42	1.40	1.31	1.15	1.00	0.99
项目	2010	2011	2012	2013	2014	2015	2016	2017	2018	
能源消耗总量/亿吨标准煤	36.06	38.70	40.21	41.69	42.58	42.99	43.58	44.85	46.40	
单位 GDP 能耗/(吨标煤/万元)	0.87	0.79	0.74	0.70	0.66	0.62	0.59	0.54	0.52	

注：资料来源为国民经济和社会发展年度统计公报（国家统计局）。

2015 年前后，我国经济发展仍处于可以大有作为的重要战略机遇期，但也面临着诸多矛盾叠加、风险隐患增多的严峻挑战，经济发展进入了新常态。从表 5-1～表 5-4 中的数据也可以明显看出，我国 GDP 增速开始回落至 6%～7%之间。以 2018 年为例，我国 GDP 增速回落至 6.60%，第三产业占比升至 52.16%，消费对 GDP 的贡献率提升至 76.2%，投资对 GDP 的贡献率回落至 32.4%，而净出口对 GDP 的贡献率为−8.9%。

2018～2019 年，经济发展面临着诸多困难和挑战。中国发展的外部环境变数增加。比如，世界经济增长的动能减缓，一些新兴经济体面临较多的困难，国际金融市场大幅波动，单边主义、贸易保护主义抬头，中美经贸摩擦不确定性等。外部环境变数对中国经济稳定运行增加不确定性，下行压力加大。中国经济的结构性矛盾出现新变化，转型升级中遇到的矛盾比预想的要大。传统发展模式和增长方式还难以适应持续提高的技术与环保标准。化解发展不平衡、不充分的主要矛盾，特别是推进三大攻坚战，都需要相关各方付出艰苦努力。需要综合施策，精准调控，使经济增长在提质增效中保持平稳。

应该十分清醒地看到，随着全面建设小康社会进程的推进，我国人口多而能源和资源匮乏的矛盾将会更加突出。我国是世界人口第一大国，面临着庞大的劳动力就业、城镇人口迅速膨胀、社会老龄化、公共卫生与健康等一系列重大需求的压力；我国又是一个人均能源、水资源等重要资源占有量严重不足和生态环境相对比较脆弱的国家，要在这样的基础上实现工业化和现代化，不得不面对日益严峻和紧迫的重大瓶颈约束。世界各国发展的经验表明，依靠科学技术、立足自主创新是有效满足这些需求和解决瓶颈约束的根本途径。一方面，可以控制人口总量，提高人口素质，并通过科学技术改造传统产业和开辟新型科技产业来创造大量的就业机会；另一方面技术创新也可以极大地拓展获取能源和资源的广度和深度，提高能源和资源的利用率，开辟绿色的循环经济发展途径，治理日趋严重的污染，维护和改善和谐的生态环境。

坚持把提高科技自主创新能力作为推进结构调整和提高国家竞争力的中心环节，这是基于当代国际竞争态势以及我国经济社会发展要求做出的战略判断。大力增强自主创新能力，大力增强核心竞争力，在实践中走出一条具有中国特色的技术创新的路子，是我国社会经济和科技发展战略的主攻方向。在发展路径上，要从跟踪模仿为主向加强自主创新转变；在创新方式上，要从注重单项技术的研究开发向加强以重大产品和新兴产业为中心的集成创新转变；在创新体制上，要从以科研院所改革为突破口向整体推进国家创新体系建设转变；在发展部署上，要从以研究开发为主向科技创新与科技普及并重转变；在国际合作上，要从一般性科技交流向全方位、主动利用全球科技资源转变。要以加强自主创新作为战略基点，以支撑发展作为现实要求，以重点跨越作为有效途径，以引领未来作为长期任务，为经济社会全面协调可持续发展提供强有力的支撑。

我国经济发展的外部挑战变数明显增多，国内结构调整阵痛继续显现，经济运行确实稳中有变、变中有忧，下行压力加大。但是，我国经济发展的基本面是好的，而且潜力大、韧性强、回旋余地大。根据稳中有变、变中有忧的新情况，我国提出“稳就业、稳金融、稳外贸、稳外资、稳投资、稳预期”的针对性措施。稳增长，上台阶，破解发展难题，植根发展优势，培育发展动力，拓展发展空间，推动经济高质量、高效益发展。中国经济高质量发展的根本出路在于改革开放与创新驱动。以创新驱动为主取代要素驱动为主，为创新营造更为宽松良好和更可持续的环境，激发创新、创造、创业、创富的活力和激情，不断推进技术创新、产品创新、客户创新、业态创新、模式创新，是我们发展经济的核心任务。

我国“十二五”规划要求，要坚持《自主创新、重点跨越、支撑发展、引领未来》的方针，推动经济发展更多依靠科技创新驱动。把握科技发展趋势，超前部署基础研究和前沿技术研究，推动重大科学发现和新学科产生，在物质科学、生命科学、空间科学、地球科学、纳米科技等领域抢占未来科技竞争制高点。加快建设国家创新体系，围绕增强原始创新、集成创新和引进消化吸收再创新能力，强化基础性、前沿性技术和共性技术研究平台建设，建设和完善国家重大科技基础设施，加强相互配套、开放共享和高效利用。面向经济社会发展重大需求，在现代农业、装备制造、生态环保、能源资源、信息网络、新型材料、公共安全和健康等领域取得新突破。着力提高企业创新能力，促进科技成果向现实生产力转化，重点引导和支持创新要素向企业集聚，加大政府科技资源对企业的支持力度，加快建立以企业为主体、市场为导向、产学研相结合的技术创新体系，使企业真正成为研究开发投入、技术创新活动、创新成果应用的主体。

我国“十三五”规划明确指出，我国发展仍处于可以大有作为的重要战略机遇期，也面临诸多矛盾叠加、风险隐患增多的严峻挑战。必须准确把握战略机遇期内涵和条件的深刻变化，增强忧患意识、责任意识，强化底线思维，尊重规律与国情，积极适应把握引领新常态。“十三五”规划强调，坚持发展是第一要务，牢固树立和贯彻落实创新、协调、绿色、开放、共享的发展理念，以提高发展质量和效益为中心，以供给侧结构性改革为主线，扩大有效供给，满足有效需求，加快形成引领经济发展新常态的体制机制和发展方式，保持战略定力，坚持稳中求进，统筹推进经济建设、政治建设、文化建设、社会建设、生态文明建设和党的建设，确保如期全面建成小康社会，为实现第二个百年奋斗目标、实现中华民族伟大复兴的中国梦奠定更加坚实的基础。

2018 年 9 月，国务院发表《关于推动创新创业高质量发展打造“双创”升级版的意见》

（以下简称《意见》）。《意见》指出，创新是引领发展的第一动力，是建设现代化经济体系的战略支撑。《意见》强调，以习近平新时代中国特色社会主义思想为指导，全面贯彻党的十九大和十九届二中、三中全会精神，坚持新发展理念，坚持以供给侧结构性改革为主线，按照高质量发展要求，深入实施创新驱动发展战略，通过打造“双创”升级版，进一步优化创新创业环境，大幅降低创新创业成本，提升创业带动就业能力，增强科技创新引领作用，提升支撑平台服务能力，推动形成线上线下结合、产学研用协同、大中小企业融合的创新创业格局，为加快培育发展新动能、实现更充分就业和经济高质量发展提供坚实保障。

5.2 “微笑曲线”与转变经济发展方式

2008年下半年开始出现的世界性金融危机引发的“传染病”，使众多西方发达国家的经济发展迟滞不前，发展中的中国也面临着经济结构调整的迫切需求。

长期以来，我国经济增长高度依赖国际市场，外贸依存度从改革开放之初的9.7%上升到目前的60%，远高于世界平均水平。2018年我国外贸依存度仍为33.7%，其中，出口依存度约18.1%，进口依存度约15.6%。较高的外贸依存度，带来与国际市场“同此凉热”的风险度。一旦国际市场不确性加剧、外部需求急剧变化，拉动中国经济的三驾马车就必然因为出口的滑落而需要重新平衡。

认真分析经济发展的实际情况，尤其是加工制造业的发展情况，我国制造业自主创新能力弱，缺乏核心技术和自主品牌，产品附加值低，大而不强。据工信部介绍，2018年对全国30多家大型企业130多种关键基础材料的调研结果显示，32%的关键材料在中国仍为空白，52%依赖进口。2018年在世界制造业品牌500强中，中国拿下了15%的占比，相比于2006年中国品牌在全球品牌500强中的占比仅1.2%确实有了很大的进步，品牌提升有了明显成效，但是，“制造大国、品牌弱国”的状况仍未根本改变。我国具有质量竞争力的出口商品在全部出口额中的占比不到10%；我国制造业技术对外依存度高达50%；我国工业产品新开发的技术大部分属于外援性技术；制造业能耗占全国一次能耗的50%～60%，单位产品的能耗高出国际水平20%以上。此外，我国物流业的专业化、标准化水平有待提高，物流费用占货品总成本需要大幅降低，物流业与制造业需要联动发展。

“规模不经济”的现象在许多企业开始出现，不少制造企业出现利润增长低于规模增长的局面。粗略统计发现，部分企业的总资产收益率和毛利率均呈逐年下滑趋势，这些净利润率下滑的明显现象，反映出“规模不经济”的现实。

20世纪80年代，M. E. Porter在其著作《竞争优势》中，引入价值链分析模型来反映企业的价值增值活动。波特把战略规划的视野扩展延伸至整个行业的上、中、下游全过程中，强调指出，上、中、下游增值空间的差异及维持上、下游竞争优势对构筑企业和产业核心竞争力的重大意义。他认为，由于处于中游的价值链的生产加工环节容易模仿，而处于上下游的服务环节（包括上游的内向服务即生产性服务，下游的外向服务即客户服务），尤其是研发、设计、营销、售后服务等不宜模仿，能够获得较长时期的差别化竞争优势，因此，制造业企业的价值链应该以加工制造环节为起点，向研发、营销等服务环节延伸。

20 世纪 90 年代初宏碁（ACER）总裁施正荣先生根据波特理论和他多年从事 IT 产业的丰富经验提出“微笑曲线”理论。他指出，随着兼容机的迅速发展和 IBM 放开 PC 的标准之后，整机制造的行业壁垒完全消失，附加价值荡然无存，而 PC 产业上游的技术研发和下游的渠道运营和品牌建设则拥有较高的附加价值，整个价值链的附加价值图形就像一个微笑的曲线（如图 5-1 所示）。

传统观念认为，制造就是生产加工。实际上，生产加工并不等于制造。制造包括生产和服务两部分。从微笑曲线来看，附加值高低随着产业链分工中的业务工序上、中、下游的变化而变化。上下游服务处于价值链的高端，而生产加工环节却处于价值链的低端。一般认为，生产加工所创造的价值约占整体价值的三分之一，而服务所创造的价值约占三分之二。从过程分析，生产过程的时间占十分之一，而服务过程的时间占十分之九。

图 5-2 绘出了不同行业的微笑曲线。“产业微笑曲线”簇就是不同行业附加值的体现。“微笑曲线”中位于价值链中游的任意动点 a_2、b_2、c_2 的附加价值最低，而上游的动点 a_1、b_1、c_1 与下游的动点 a_3、b_3、c_3 具有较高的附加价值。一般来说，资金-技术密集程度越高的产业，其曲线的位置越高、曲线的弯曲度也越大。

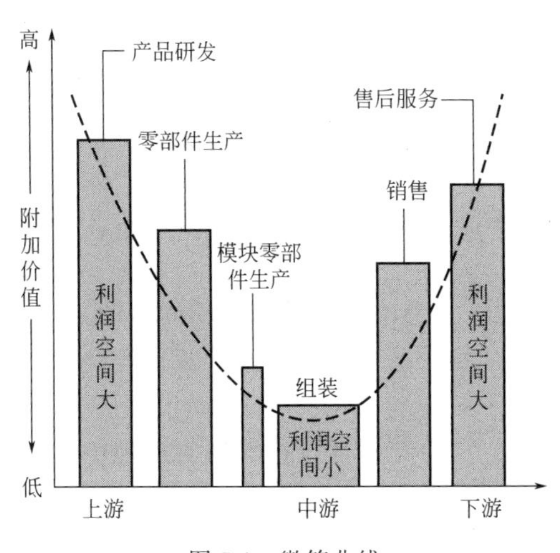

图 5-1 微笑曲线

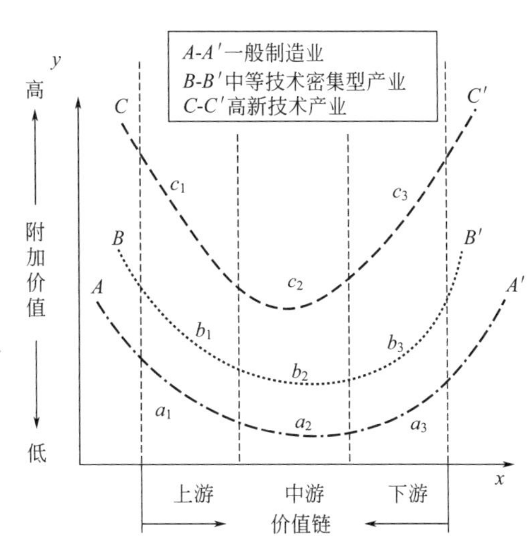

图 5-2 不同行业的“微笑曲线”

“微笑曲线”的分析告诉我们，传统的经济发展方式不够注重结构的优化、效益的增加、过程的可持续和成果的共享，必须尽快地改变。要十分重视经济结构的调整，十分重视发展方式的改变，十分重视技术创新和价值创新，才能在社会经济发展过程中实现质与量的统一、快与好的统一、物与人的统一、人与自然的统一。

国际金融危机的影响，为我国加快经济发展方式转变提供了难得机遇。把加快经济发展方式转变作为深入贯彻落实科学发展观的重要目标和战略举措，毫不动摇地加快经济发展方式转变，不断提高经济发展质量和效益，不断提高我国经济的国际竞争力和抗风险能力。我们要增强机遇意识和忧患意识，积极适应把握引领新常态，有效化解各种矛盾，更加奋发有为地推进我国改革开放和社会主义现代化建设。我们必须坚持以更广阔的视野，冷静观察，沉着应对，统筹国内国际两个大局，必须科学判断和准确把握发展趋势，充分利用各种有利条件，加快解决突出矛盾和问题，集中力量办好自己的事情，使我国发展质量越来越高、发展空间越来越大、发展道路越走越宽。

5.3 技术创新的含义和内容

“创新”是美籍经济学家约瑟夫·熊彼得在他的《经济发展理论》（1912 年出版）中首先提出来的。他认为，创新是“企业家为了获取潜在利润而对生产要素的新组合”，创新的具体表现反映在五个方面：①引入新的产品、新的质量，即产品创新；②采用新的生产方法，即工艺创新；③开辟新的市场；④获取原料或半成品的新的供给来源；⑤实行新的组成形式，即组织创新。虽然，只有第一条和第二条与技术直接相关，但是，由于整个创新是以产品创新和工艺创新，即技术创新为主要内容和重要基础的，后来的经济学家们通常将创新视为技术创新。

此后，许多专家、学者分别从各自的领域开展了大量的研究，从不同的视角对技术创新概念的内涵做了描绘，各种提法不下数十种。总体概念可以归纳为，技术创新是以市场为导向、以提高竞争力为目标，从新产品或新工艺设想的产生开始，经过研究与开发、工程化、商业化生产，到市场营销和服务的整个过程的一系列活动总和。可见，技术创新是一个技术与经济有机结合、一体化发展的过程，是一个技术经济概念。具体来说，技术创新有以下特点。

① 系统性　技术创新不是单项活动或一个环节，而是一个过程、一个系统工程，具有系统性。

② 综合性　技术创新是一个技术同经济乃至教育、培训、文化等相结合的过程，具有综合性。

③ 创造性　技术创新是生产要素的一个新的组合，是具有创造性的能动的活动。

④ 连续性　技术创新从新设想的诞生，到研究开发、工程化、生产、营销等环节，是不断深入的连续过程，具有连续性。

⑤ 风险性　技术创新的努力及其结果普遍呈现一定的随机性，技术创新过程中各种未知因素往往难以预测，给技术创新带来风险。

⑥ 效益性　技术创新项目主要追求目标市场直接或间接的经济效益。成功的技术创新通常能获得高额的回报，具有效益性。

技术创新与以往很熟悉的技术进步、技术发明、研究开发（R&D）、技术革新等概念虽有联系，但更有本质的区别。技术进步强调技术手段、技术水平的提高，是利用技术提高生产率的活动，其根源在于技术创新，技术进步是以往各种技术创新的积淀性的经济表现和反映，有累积、渐进的含义。技术发明是一种新观念、新设想、新技术、新工艺，属于技术范畴，仅是技术创新的一个环节或一个步骤，只有把技术发明工厂化、产业化并成功地进入市场才能算一项技术创新。技术革新一般指小改、小革、小发明、小创造，仅能为小型技术创新提供技术资源。研究开发（R&D）一般包括三种活动，即基础研究、应用研究和试验开发，它是创新的前期阶段，是创新成功的科学基础。总之，技术创新不仅是技术进步的根本动力和途径，而且能统领技术发明、技术革新和研究开发（R&D），是技术、经济一体化的过程，是技术经济的概念。

在新的形势下，技术创新被赋予了新的核心含义和内容。

第一，技术创新要加强原始性创新，努力获得更多的科学发现和技术发明。新中国成立

70 年来，我国在化学工业、化工工艺技术和化学工程方面取得了一系列重要的进展，但与国际先进水平相比，仍然存在相当大的差距，在某些交叉学科领域和关键装备的设计制造方面的差距更是十分明显。这不仅与作为科研人力资源大国的地位不相称，而且也造成了我国在关键技术、核心技术等方面长期受制于人的不利局面。然而，我国化学工程技术的发展已经奠定了萌发并获得重要的科学发现和技术发明的基础，我国在化工和石油化工领域的对外开放和合作交流的空间也在不断扩大，我们有理由、有条件强调原始性创新，也有必要鲜明地提出技术创新要加强原始性创新的要求。

第二，技术创新要加强集成创新，使各种相关技术有机融合，形成具有市场竞争力的产品和产业。科学技术发展的特征和实践告诉我们，集成创新是科学技术向前发展、科学技术成果实现产业化的重要途径。多年来，单项技术研发一直是技术开发活动的主要方式。但是，以单项技术为主的研究开发，如果缺乏明确的市场导向和与其他相关技术的有效衔接，将很难形成有竞争力的产品和产业。任何一个产业都好像一个环环紧扣的链条，而单项技术则是组成链条的链节。如果仅仅完成了个别链节的改造或技术进步，不注意其他链节的相互匹配，真正启动起来的时候，往往出现个别链节带不动整体链条、甚至断链脱节的情况。这样的比喻对化工或石油化工这类过程工业的生产更是如此。把集成创新纳入技术创新的范畴，在突破关键技术的同时，大力促进各种相关技术的有机融合，实现集成创新，不仅有利于提高研究开发活动的效率，而且可能进一步加快科学技术成果向现实生产力的转化，发挥科学技术作为第一生产力的作用。

实现集成创新的另一层含义是，推进技术创新，一定要加强集成创新，集中力量实现关键领域中的重大产品、工艺和装备的突破。当代科学技术的进步不仅表现为对单项技术的把握，而且更多地表现为对技术群的整体突进和相关技术的集成。紧紧围绕中国社会经济发展和国家安全的重大需求，选择具有高度技术关联性和产业带动性的重大产品、工艺和装备作为战略攻关项目，实现在关键领域的集成创新，对未来中国科学技术和社会经济的发展十分重要。要坚持有所为有所不为的方针，抓住那些对中国经济、科技、国防、社会发展具有战略性、基础性、关键性作用的重大课题，努力把科技资源集中到事关现代化全局的战略领域，集中到事关实现全面协调可持续发展的社会研究领域，集中到事关科技事业自身发展的基础领域，抓紧攻关，争取突破，形成对生产力发展和科学技术进步的实质性推动，促进社会经济的健康发展。

第三，技术创新要在引进国外先进技术基础上，积极促进消化吸收和再创新。

对于一个国家而言，技术获取的途径是多种多样的。在当今全球化浪潮波及的世界里，任何国家和地区都不可能封闭起来谋求发展。充分利用全球化带来的机遇，获得超乎寻常的发展速度，摆脱贫穷落后的面貌，才能提高国家的经济实力和国际地位。

实践证明，在引进国外先进技术基础上的自主创新，就是积极促进消化、吸收，实现再创新。中国改革开放以来，为了尽快缩短与世界的差距，通过引进国外先进技术和装备，包括鼓励以合资方式学习国外先进技术和经验，开展广泛的对外科学技术合作与交流，带动了国民经济的快速发展和科学技术的进步。但是，无论是合资引进技术，还是“以市场换技术”，都不可能直接换来创新能力的提高，也难以提升企业的核心竞争力。反之，重复的引进会使某些产业陷入技术依赖的被动局面。例如，改革开放以来，我国先后引进的大型合成氨成套技术和装备就有 28 套之多。在化工及石油化工等领域，相当比例的核心技术和重大装备依赖进口，在化学合成药领域，有 95%以上的产品依靠仿制。有些观点认为，在经济全球化时代，我国能够以低成本使用外国技术而实现技术进步。正是认识上的偏差导致了策略上的失误。这种认识实质上是把掌握技术简单地等同于形成自有技术的能力，等同于自主创新能力，忽视了自有技术能力和自主创新能力是组织内消化吸收而再生的，是累积经验并加工产生的。韩国等国家的经验说明，自有技术能力的发展，需要靠高强度的技术学习、富于进取精神的企业战略和坚定不移的自主意志，同时善于利用国际资源，高度重视对引进技术的消化、吸收再创新，在学习和实干的基础上形成创新能力。

我们应该在加大深层次的技术引进及开辟广泛的科技合作与交流基础上，完善引进技术的消化吸收和再创新的机制，提高科技交流与合作的档次和深度，既充分利用人类共同的科学技术文明，又迅速形成更富有竞争力的技术创新成果，有所作为，不断前进。

总之，我们要贯彻经济建设必须依靠科学技术、科学技术必须面向经济建设的战略方针，把提高自主创新能力作为经济和科技发展的战略主线，把提高自主创新能力作为结构调整的中心环节，把技术创新作为带动经济结构优化升级的关键和经济社会发展的动力，实现国民经济从资源依赖型向创新驱动型的战略转变，从依赖国外技术为主向自主创新为主的战略转变。做好原始创新、集成创新、引进技术消化吸收再创新这三个方面的合理布局和系统集成，发挥市场配置资源的基础性作用，实现系统各部分有效整合，激发企业在创新行为中的主体活力，推进结构调整，营造有利于技术创新、发展高新技术和实现传统产业优化升级的环境。

5.4 技术创新的三个“相适应”

以国家利益和市场需求为导向，积极组织技术创新项目，加大成果转化的力度和成功率，需要在技术创新过程中坚持三个“相适应”，即技术创新与国家政策行为相适应，技术创新与工业生产实践相适应，技术创新与市场经济规律相适应。

5.4.1 技术创新与国家政策行为相适应

自从十一届三中全会开始了改革开放，十四大确定了中国特色社会主义市场经济体制改革的目标以来，中国经济体制改革和社会经济发展在理论和实践上都取得了重大进展。为适应经济全球化和科技进步加快的国际环境，适应全面建设小康社会的新形势，党的十六大提出了建成完善的社会主义市场经济体制和更具活力、更加开放的经济体系的战略部署。完善中国特色社会主义市场经济体制的目标是，按照统筹城乡发展、统筹区域发展、统筹经济社会发展、统筹人与自然和谐发展、统筹国内发展和对外开放的要求，更大程度地发挥市场在资源配置中的基础性作用，增强企业活力和竞争力，健全国家宏观调控，完善政府社会管理和公共服务职能，为全面建设小康社会提供强有力的体制保障，进一步解放和发展生产力，为经济发展和社会全面进步注入强大动力。

中国特色社会主义市场经济中，“中国特色社会主义”这一定语是十分重要的。作为经济发展和社会全面进步的动力，技术创新必须与国家政策行为相适应。许多技术创新的成功范例都说明了这一点。

以现代化大生产为基础的市场经济的一个特点，就是存在着激烈的竞争，任何企业要在竞争中打败对手，从根本上讲，必须坚持技术创新，发展新技术，提高劳动生产率，增强市场竞争能力。发展新技术，一靠自主开发，二靠引进。完全靠自主研究，一切从头做起，当然会延缓发展速度。但一味依赖引进，虽然一时解决生产发展问题，但无法最终在竞争中保持优势，甚至会受制于人。很显然，发达国家的转让方为了保持领先地位，往往不肯提供最先进的技术，更何况经过洽商、采购和建设等旷日持久的过程，到投产时或再经过一段时间，原来先进的东西，就缺乏竞争能力了。当然，有计划、有重点地引进一些关键技术，对于迅速克服生产技术中的薄弱环节，填补空白，带动经济发展是必要的。但必须通过对引进技术进行消化、吸收，直至改造、创新，形成自己的新技术、新工艺。

20 世纪 90 年代中后期，中国为发展区域经济而先后引进的多套年产 11.5 万～14.5 万吨乙烯装置相继落成。然而，在这些装置的建设过程中，石油化工生产技术向大型化、综合化的方向的发展迅速。乙烯装置的平均规模由原来的 10 万吨/年扩大到 60 万～80 万吨/年，规模扩大后，更有利于资源的综合利用，产品的生产成本下降，竞争力和经济效益也大大提高。相形之下，年产 11.5 万～14.5 万吨乙烯装置则处在“骑虎难下”的局面，装置开车启动就意味着亏损。为了解决此类问题，决定首先对某公司 30 万吨/年乙烯装置进行扩容改造至 45 万吨/年。对于这套 20 世纪 70 年代中后期的装置进行改造，国外公司仅做可行性研究就开价数百万美元。面对这项政策导向性的示范过程，工业企业与高校、科研院所密切合作，自主创新，共同攻关，实现了多项技术创新，顺利完成了乙烯装置从 30 万～45 万吨/年的扩容改造，使生产成本下降，提高了产品的竞争力。事实证明，政策的导向性对技术创新起到了成功的推动作用。

又如，20 世纪 90 年代，世界上三大著名日用化学品跨国公司（美国宝洁公司、英国联合利华公司、德国汉高公司）先后进入中国市场，对日用化学工业的民族品牌形成了巨大压力。依靠技术创新，振兴民族工业，是那个时期的一个导向性的任务。清华大学化学工程系结合中国当时的日用化学工业发展状况的分析，利用化学工程与日用化工的交叉优势，提出了“承认差距，抓住关键，准确切入，跨越发展”的指导原则，开展了深入的研究开发工作。在日用化工领域中，洗涤剂的评价标准是采用一定量的洗涤剂，在一定操作温度（40℃）下对标准污布洗涤一定的时间（1h），此后评价标准污布洗涤后的“白度”。从化学工程的角度分析，这一评价方法忽视了“洗涤速率”这一动力学概念。实际使用过程中，洗涤操作温度可能低于 40℃，洗涤时间大多小于 1h，因此，其洗涤效果达不到产品的最佳性能范围。从这一关键点切入，提高“速率”需要添加“催化剂”，洗涤助剂“速洁净”就应运而生了。美国宝洁公司马上发现了这一技术创新成果，提出要买断成果的“产权”，当然未有结果。这一成果的推广，使 20 世纪 90 年代末期，民族品牌洗涤剂中洗涤助剂“速洁净”的市场占有率达到 90%以上，大大提高了产品的竞争能力。

化学工业是国民经济的支柱产业，化学工业产品和国计民生、衣食住行密切相关。然而，化学工业部门又是资源大户、能源大户，化学工业中的生产工艺及产品的使用都可能对环境和生态带来不良的影响。因此，结合解决“三农”问题的技术创新，结合发展绿色工艺和循环经济的技术创新都可能获得政府政策的导向性的支持，相关的技术成果更易于实现成功转化。

5.4.2 技术创新与工业生产实践相适应

技术创新是以市场为导向、以提高竞争力为目标，从新产品或新工艺设想的产生开始，经过研究与开发、工程化、商业化生产，到市场营销和服务的整个过程的一系列活动总和。

以单项技术为主的研究开发，如果缺乏与其他相关技术的有效衔接，如果不能与工业生产实践相结合，就难以实现工程化和大批量生产，就很难形成有竞争力的产品和产业。因此，技术创新必须与工业生产实践相适应。

在化工过程的技术创新中，首先需要进行研究开发，一般包括应用基础研究、应用研究和试验开发，研究开发是技术创新的前期阶段，是技术创新得以成功的科学基础。

其后，需要将一个化工工艺过程从试验室规模转移过渡到工厂规模，解决工程化问题，实现商品化生产，这个阶段之所以必要，是因为试验室研究与工厂商品化生产之间，存在着巨大的差异，主要表现在以下几个方面。

（1）原材料使用和处理不同

在试验开发阶段，以试剂级的纯化学品作原料，目的在于排除原料杂质的干扰，尽快使关键工艺技术得以突破。在产业化过程中，用工业化学品作原料，必须进一步克服原料杂质带来的干扰；同时，降低原料成本，争取更大的经济效益。

原料的纯度有时会对反应和产物带来重大影响。例如，为了开发催化加氢脱硫过程，在实验室里，氢气通常使用纯净的氢气。在工厂实现这一工艺过程时，一般多从天然气转化制备氢气。天然气转化制得的氢气中含有一氧化碳杂质，它的存在会使加氢脱硫使用的催化剂中毒，使用过程中需要增加纯化工序。

在试验开发阶段，首先希望尽快突破关键工艺条件，求得合理的转化收率，对未反应的原料、用于反应或提取的溶剂、原料中的杂质和反应中产生的副产物的处理等考虑得并不十分周全。在产业化过程中，从最大过程收率和最低能耗物耗出发，未反应的原料组分必须加以回收、净化并循环使用；原料中分离出的杂质和反应中产生的副产物也都必须加以收集、处理；反应或提取溶剂的用量必须严格控制，减至最低限度，而且必须加以回收、净化和重复使用。

（2）过程中的工艺操作不同

试验开发阶段，为突破关键反应工艺往往开始不太关心反应时间的长短；产业化过程中，在尽可能的条件下缩短反应时间从而提高设备利用率，降低能耗。试验开发阶段，过程的加热方式常常使用明火或者电炉；在产业化过程中，由于安全等方面的原因，常用蒸汽加热，必须设置专用的蒸汽发生锅炉。试验开发阶段，换热操作或反应热的移出，都考虑得比较简单，或是使用玻璃冷凝器进行水冷，或是利用反应用三颈瓶周围的空气将反应热冷却，必要时在反应瓶下方放置冰水浴；在产业化过程中，必须设计专门的换热器，对于反应器设备，由于其单位体积具有的表面积不能满足表面散热的要求，必须准确计算反应热并设计适当的换热装置。试验开发阶段，过程要求的真空条件或压力条件比较容易实现；在产业化过程中，取得稳定的、足够的真空度并非易事，另外，需要压力条件时要配备压缩设备。试验开发阶段，实验步骤往往是间歇的；在产业化过程中，一般要实现连续操作等。

（3）使用设备及其尺度不同

试验开发阶段，为了便于安装和拆卸，大多数试验设备由玻璃器皿组成，少数使用陶瓷器皿。这些材料制成的试验室设备易于清洗，除非用于强碱和氟化氢的场合，通常没有腐蚀问题。玻璃是透明的，研究者可以很容易地观察到设备中发生的现象，但这些设备不耐高温，也不耐压。在产业化过程中，设备需要按工艺要求进行定型设备选择和非定型设备的专门设计，使之在耐受温度和压力、耐腐蚀等方面符合要求，设备一般是不透明的，较难直接观察其中的状况，必须设计系统仪表进行温度、压力、流量等工艺条件的控制。此外，使用的设备需要维修，要求设备维修要较为方便，有的装置还要方便拆卸、清洗和组装。设备的价格也是需要考虑的问题，为达到工艺要求使用特殊材料，将使投资显著增加。

另外，试验开发阶段，使用玻璃设备的尺寸大小无需严格确定，可根据市场供应的品种随意选用，不合适时也易于更换。在产业化过程中，设备属于永久性资产，投资巨大，整个过程中的全部设备的生产能力必须相互平衡，全厂生产能力又必须与市场需要相适应，故工厂设备的尺寸必须认真计算和选择。

特别值得注意的是，多数化工过程及设备的研制需要经过“放大”，才能达到需求的尺度，而且影响“放大”的因素又十分复杂。例如，一个 1L 的试验室玻璃釜中能实现的反应，在 $10m^3$ 钢制反应器中不一定能顺利重现。首先，如果 1L 釜是靠釜壁传热供给反应所需热量的话，在 $10m^3$ 釜中，单位体积的釜壁传热面会明显减小。其次，$10m^3$ 反应釜中的搅拌器型式、尺寸和转速都必须重新加以确定，简单的几何尺寸放大，并不可能保证釜内流体流动的相似性。第三，如果 1L 釜中各处的物料温度、浓度是均一的话，在 $10m^3$ 釜中，温度和浓度会呈某种分布。此外，其他影响放大效应的因素还很多，要求化学工程师通过中间试验等手段，研究其中规律，解决放大中出现的问题。

总之，试验开发阶段和产业化阶段在诸多方面存在着差异，要使技术创新成果转移到工业生产上去，往往需要中间试验阶段。很明显，技术创新与工业生产实践相适应是必须坚持的。

技术创新与工业生产实践相适应还突出表现在，技术创新不是单项活动或一个环节，而是一个过程、一个系统工程，一个环环紧扣的完整的链条。技术研发工作往往是通过单项关键技术的研发开始的，而且这个单项关键技术往往又是过程开发的瓶颈。然而，仅仅完成了个别链节的改造或技术进步，不注意与其他的链节相互匹配，或者说，这一单项技术不具备“先进适用性”，那么，真正启动起来会出现个别链节带不动整体链条、甚至断链脱节的情况。这是因为，相对于个别瓶颈的突破，其他的某些环节将成为“瓶颈”，不实现“辅助”环节的创新，就无法真正实现科技成果的产业化。

2008 年 7 月注册成立的浙江信汇新材料股份有限公司，“建成年产 10 万吨丁基橡胶生产装置，实现了多种规格的普通丁基橡胶和卤化丁基橡胶产业化”，就是创新驱动的一个范例。丁基橡胶作为重要的战略物资，由于其优良的气密性，主要用于轮胎气密层、内胎、医用胶塞和硫化胶囊等产品的生产。十余年来，浙江信汇新材料股份有限公司坚持开展产学研合作，坚持技术创新与工业生产实践相结合，突破国外技术封锁和产品垄断，公司的普通丁基橡胶和卤化丁基橡胶产品顺利实现产业化，其卤化丁基橡胶产品成功进入全球前三十强轮胎企业，成为目前国内产能领先、市场领先、产品牌号最齐全的丁基橡胶生产企业，创造了十分明显的社会效益和经济效益。进入新发展阶段，浙江信汇新材料股份有限公司坚持“企业和谐、技术进步、环境友好、本质安全”的理念，正在创造更高质量、更有效率、更可持续、更加安全的新发展局面。

5.4.3 技术创新与市场经济规律相适应

前已述及，技术创新是一个技术与经济有机结合、一体化发展的过程。经过研究与开发、工程化、商业化生产阶段，批量产品必然要通过市场营销和服务进入市场，实现效益。因此，技术创新只有与市场经济规律相适应，才能顺利通过入市经营阶段，使技术创新的整个过程得以完成。

例如，前述的洗涤助剂“速洁净”技术创新成果的入市经营和推广阶段，清华大学化学工程系并未使用常规的技术转让的方式，而是依托公司的体制和机制，以“为下游产业服务”为宗旨，组织工程技术人员逐个到洗涤剂生产企业，与之密切结合，试制出富含“速洁因子”的新型洗涤剂，新产品的优良性能调动了洗涤剂生产企业的积极性，扩大了富含“速洁因子”的新型洗涤剂的生产量，提高了产品的竞争能力。与此同时，“调动下游的积极性推动了上游效益的实现”，使 20 世纪 90 年代末期，民族品牌洗涤剂中洗涤助剂“速洁净”的市场占有率达到 90%以上。

又如，产品的附加价值与产品使用的载体密切关联。同样是研究开发“空气清新剂”产品，在家庭或宾馆中的盥洗室使用的“空气清新剂”产品的市售价格就要远低于在小型轿车上使用的“空气清新剂”产品的价格，明显体现出消费载体不同，其服务性产品的价格及利润的差异。

再如，以往认为需要生产“量大面广”的产品，这样容易进入市场，实际上，“量大面广”和“量小高值”是密切关联、相辅相成的。微晶玻璃建筑材料是一种量大面广的高新技术材料制品，它的性能可以与大理石相媲美，特别是由于在制造过程中板材表面没有气孔，十分易于表面清洁。因此，微晶玻璃建筑材料得到了十分广泛的推广应用。微晶玻璃的制备过程中的一个关键步骤是烧结微晶化，即将玻璃微渣和金属氧化物混合复配，放入平板模具当中，送进窑炉程序升温、烧结微晶化，最终制成微晶玻璃。由于需要使用模具，当然就可以制备其他的精密制品，如首饰盒等，这是一类“量小高值”的产品，同样可以推入市场，实现很好的经济效益。

应该说，技术创新与市场经济规律相适应的范例很多，而且许多新情况、新观点都在不断出现，非常值得深入实践，具有广阔和深入的发展前景。

5.5 技术创新的四个工作阶段

作为一个过程，技术创新一般需要经历筛选立项、开发集成、入市经营和完善提高四个阶段。

5.5.1 筛选立项阶段

筛选立项阶段主要是对研究开发进行决策，确定此项研究开发对企业有无必要，经济上有无利益，以便决定是否着手这项研究开发工作。企业的研发工作按其策略性质，可以按照面向市场需求、拓展原料来源、着重工艺改进、扩大产品应用等方面确定研究课题的立项或筛选试验室的研究成果。

(1) 面向市场需求

这类研究的目的是为满足特定的市场需求，尤其是为变化了的市场需求及时地提供相应的产品。例如，美国孟山都公司一直为橡胶工业提供抗氧剂和硫化促进剂。当白边汽车轮胎问世时，孟山都公司对无色的抗氧剂进行了十分及时的研发，适时地提供了相应的产品。市场需求导向是企业的研发工作立项或筛选技术成果的基本原则。

(2) 拓展原料来源

这类研究是从开拓新的、价廉易得的原料出发，研究从这类原料制备有广泛用途的衍生产品及其工艺。例如，美国联碳公司先以乙炔为原料、后以乙烯为原料，研究开发出一百多种重要的有机化学品的生产工艺。

（3）着重工艺改进

这类研究可以是为生产新产品而开发新的工艺，也可以为现有产品的生产工艺进行有效的更新改造，使新的生产工艺提高效率、节能降耗，实现经济效益和生态效益的共赢。

（4）扩大产品应用

这类研究主要是为现有产品寻找新的用途或应用工艺，扩大产品的市场，延长产品的寿命。例如，尼龙最初只作为纤维用于织袜及制造降落伞，后来才扩大到其他的纤维用途，如轮胎帘子线、汗衫、地毯，并可作为塑料用于容器和机械零件，这样就明显扩大了尼龙的市场范围和销量，延长了它的生命周期。当然，新产品也应有较大的用途和市场，否则其工业化前景就会受到影响。

另一方面，从研究开发与企业经营战略的关系方面来看，确定研究课题的立项或筛选试验室的研究成果又可以从防御性和进攻性两大方面进行分析。

防御性研究（defensive research）是指为保持企业现有的经营业绩而进行的研究开发，主要是对现有生产工艺中的薄弱环节进行改进和强化，如改进操作方法和工艺条件，提高产品质量，改进设备，改进计量、检测和控制手段，优化管理和控制，改善劳动条件以及保护环境等。

进攻性研究（offensive research）是指为扩大企业经营规模和范围而开发新的产品品种，增加新的过程设备，甚至进入全新的领域，从根本上提高企业的经济效益。

需要提及的是，试验室研究成果的筛选不仅要依据“市场需求导向”这一基本原则，而且需要认真评价试验室研究成果的可以工程化和产业化的“成熟”程度，尽量保证研究成果转化的成功率。

公司开发决策确定后，一般要进行界定性开发（definitive development），包括性能评价、产品界定、过程界定、专利研究、市场研究和工业研制草案制订。认真界定产品，论证可申报专利的新颖性，分析销售市场的容量和前景，要为产品开辟尽可能多的用途，扩大市场的需求，最后草拟出研究开发和工业试制过程草案，完成立项工作。

5.5.2 开发集成阶段

如前所述，在化工过程的技术创新中，首先需要进行研究开发，一般包括应用基础研究、应用研究和试验开发，这是技术创新的前期阶段。应用基础研究、应用研究和试验开发的研究成果还要实现技术转移。实验室制备过程与工业生产过程不会完全一致，甚至会很不相同。需要通过技术集成，实现工程化、产业化。

（1）试验室开发

试验室开发工作包括产品改进、应用开发、批量样品制备、专利研究、过程开发和辅助开发。为了申请专利，也为产品开发和过程开发提供依据，要认真确定工艺路线及其影响因素。批量样品的制备是供给应用研究使用，也可作为样品提供给潜在用户试用，同时供做老化寿命试验使用。

（2）设计开发

设计开发工作包括专利申请、中间试验和过程设计等。首先根据试验室工作结果提出专利申请，同时进行中间试验装置的设计和建设。根据中间试验确定产品质量规格、工艺流程、控制方法等，结合市场调查结果确定工厂规模，并在此基础上做出概念设计或基础设计。

(3) 最终开发

最终开发包括工厂厂址选择、工程设计、工厂建设、试车投产。至此，一种新产品从最初的创意变成工业生产的实际。也有的认为这一阶段应包括在入市经营阶段，而把概念设计和基础设计作为开发集成阶段的最终成果。

5.5.3 入市经营阶段

技术创新是技术与经济的一体化发展的过程。经过筛选立项阶段和开发集成阶段，批量产品必然要通过市场营销和服务进入市场，实现直接的经济效益。

市场需求是技术创新的出发点，也是落脚点。换句话说，实现技术创新必须开拓市场。这里有两个方面的内容是十分重要的。一是充分挖掘信息资源，开展市场调查和预测工作，不仅调查市场需求的数量、品种，还要调查和预测市场需求的时机、技术含量、质量价格匹配；不仅调查和预测近期的、显性的、有形的市场需求，而且还要调查和预测长期的、潜在的、无形的市场需求，为技术创新和产品的入市经营的决策提供高效的、充足的市场信息。二是以全新的经营服务理念对技术创新的成果，包括产品、劳务和知识产权，进行营销、服务和推广工作，从而最大限度地实现技术创新的真正价值。

5.5.4 完善提高阶段

技术创新链不是线性的，是不断进行交叉、反馈的复式链条。企业的技术创新需要经历完善提高阶段，这是技术创新能否持续、快速、高效进行的关键步骤。通过修正、健全和完善技术创新成果，扩大企业产品在市场的占有率，形成具有企业资源特色和自主知识产权的主导产品和名牌产品，取得一批自主知识产权和重要技术标准，打破发达国家依靠知识产权、贸易技术壁垒对市场的控制。在提高企业的自主创新能力的同时，也可能出现新的技术创新课题和成果供进一步筛选，使企业技术创新过程周而复始，不断进展，逐渐形成有利于企业技术创新的体系和机制，建立竞争优势，实现企业经济和技术的腾飞。

5.6 在技术创新中充分发挥企业的主体作用

企业是技术创新的主体，这一概念必须十分清楚。虽然从总体上看，我国企业的技术创新能力还不强，但是并不意味着我国所有企业的技术创新能力都不强，在某些行业，我国的部分企业已经具有了比较强的技术创新能力。对我国企业已经具有的技术创新能力估计过低，对企业中技术人员的技术创新能力估计过低，不利于在技术创新中充分发挥企业的主体作用。高校和科研院所的专家教授进行科技开发往往更多关注的是技术先进性，他们中的相当一部分对产业的技术需求不是很清楚，对研究开发出来的成果是否有市场需求不是很清楚，对企业已经开发和应用了哪些技术不是很清楚，技术研发与企业及市场需求的脱节导致科技成果转化率不高的实例并不少见。因此，积极营造支持企业技术创新的政策环境，提高企业的自主创新能力，充分发挥企业在技术创新中的主体作用十分重要。

坚持企业是技术创新的主体，首先需要观念创新。要全面建立起以市场为导向、以需求为动力、以提高国际竞争为目标的科技与经济有机结合并一体化发展的技术创新观念。要变“国家技术创新的主体是政府”为“国家技术创新的主体是企业”；要变“企业技术创新的参与者是技术部门、技术人员”为“企业技术创新的参与者是各个部门、全体员工”；要变“企业技术创新的目的是单纯技术进步”为“企业技术创新的目的是提高经济效益”。此外，还要树立起技术创新具有综合性、创造性、风险性等观念。观念的创新为技术创新提供思想保证，在此基础上，用技术创新作为中心环节统揽全局，把技术创新作为企业的基本战略。

在技术创新中充分发挥企业的主体作用，需要充分利用大量的创新资源，主要包括信息资源、技术资源、人力资源和资金资源等。

（1）信息资源

信息资源是技术创新的最基本的资源，信息的获取、整理、加工、分析、传递和运用，既是正确决策的基本依据，也是组织协调、开展工作的重要基础。外部信息包括市场信息、技术信息、经营环境、外部支撑系统和政府政策等；内部信息包括企业的规模、产品、技术、装备、人力、创新能力等。必须加强信息的收集、提炼、加工和交流，为技术创新提供充足、准确、及时的信息资源。

（2）技术资源

技术资源主要包括产品新技术、设备新技术、工艺新技术等，它们是技术创新的前提条件，没有这些技术资源，技术创新就成了无源之水。要将原始创新、集成创新和引进消化吸收再创新等三种创新方式有机结合起来，最经济地为企业技术创新提供相应的技术资源。

（3）人力资源

技术创新是由新设想的产生、立项决策、研究开发、工程化、产业化、上市营销的组织和管理等环节组成的全过程，企业的企业家、管理人员、科技人员、生产人员、经营销售人员在技术创新的全过程各司其职，分别承担决策组织者、管理者、研制开发和设计者、转化者、价值实现者的责任和义务。可见，企业技术创新是全员参与的能动的创造过程，全体人员都是实现技术创新的不可缺少的人力资源。

企业家是“为了获得潜在利润而实现生产要素新组合的人”，是技术创新的决策者、组织者和推动者。企业家要有眼光，能看到潜在利润；要有胆量，敢于经历风险；要有组织能力，调动各类资源，实现生产要素的新组合。

科技人才是自然科学、社会科学和工程技术的活的载体，是企业技术创新的生力军，是核心的人才资源。由于技术创新是研究开发、工程化、产业化、市场营销等一体化的过程，要求技术创新人才是兼具较强的研究开发能力、工程化能力和懂市场的复合型人才。

（4）资金资源

资金资源是创新资源中的重要资源，在市场经济条件下，是其他资源价值形态的集中体现。技术创新的资金费用主要包括研究开发的内部支出、研究开发的外部支出、购买技术支出、新技术新产品设计费用、新技术新产品相关设备购置费用、与新技术新产品有关的建设费用、新技术新产品试制费用、新技术新产品的使用培训费用和新产品销售费用。为了保证技术创新的顺利进行，企业一方面必须保证按销售收入的一定比率，足额提取科技发展基金；另一方面通过折旧、留利、贷款、引进外部资源等多种渠道，筹集资金用于转化。

总之，要建设以企业为核心、产学研有机结合的技术创新体系，加快科技型企业的发展，不断增强企业的技术创新能力。在信息、人才、技术、资金、管理咨询等方面努力构建有效的社会化的技术创新服务体系，支撑企业的持续技术创新能力。企业作为独立法人单位，也要以创新的、开放的姿态，采取内引外联、请进送出、社会协作、共同发展等途径，高度重视技术创新，充分发挥企业的主体作用。

5.7 “场”“流”分析及过程耦合技术

单元操作或单元过程是组成各种化工生产过程，完成一定加工目的的基本单元。掌握单元操作或单元过程的共性本质、原理和相互影响的规律，优化化工过程的设计、合理调控单元操作或单元过程，可以实现化工过程的强化与创新。

5.7.1 “场”“流”分析

单元操作或单元过程的研究工作一直在深入开展。对于单元操作或单元过程的共性本质、原理和相互影响规律的研究中，“场”“流”分析的观点是值得重视的。20 世纪 60 年代后期，Giddings 教授从“场流分级”分离过程的分析出发，试图以“场”和“流”分析的观点，对丰富多样的分离过程进行同一性归纳，希望能得到一些普遍性的结论。20 世纪 90 年代，袁乃驹教授等拓展了“流”和“场”的概念，并将其应用于描述和分析分离过程和反应过程，提出设计新的过程的“思路”。

5.7.1.1 “流”和“场”的定义及特征

袁乃驹教授等开拓发展了“流”和“场”的一般性概念，提出了“流”和“场”的定义及其主要特征。

袁乃驹教授等认为，所谓“流”是指在系统中物质的整个体相处于运动（移动）状态。十分明显，对于任何分离过程或反应过程而言，都必须以整体位移的方式，向相应的设备输入物料或从相应的设备中输出物料。这样的物料的“传递”方式主要有两类。一类是分批式的直接机械位移，例如，分批进料时将物料以倾注的方式加入到容器中。另一类则是常见的通过流动产生位移。前一类方式用于间歇式操作，后一类方式则多用于连续操作。总之，系统中物质整个体相的运动均称作“流”。

“流”的特征包括：①作为“流”的物料体相的成分、组成及物料流的数量；②物料体相的移动方式，如连续加入、分批加入、脉冲加入、阶梯式加入等；③物料的相态，如气相、液相、固相或它们的混合物；④物料流动方向，如各个“流”的相对运动方向不同，可分为并流、逆流、错流、折流等，也可能其中的一相是不运动的，如固定床；⑤物料接触方式，如液液萃取过程中两相的接触方式可以是有机相为分散相的直接接触式，也可以是水相为分散相的直接接触式，在膜萃取过程中的接触方式则是以微孔滤膜为两相界面的接触方式；⑥物料体相的流速。

袁乃驹教授等认为，所谓“场”是指物质各组分受“场力”的作用发生“迁移”，实现传递，或者发生化学反应。“场”的存在可以产生化学反应或传递现象。

“场”的特征主要包括：①“场”的类型，如电场、磁场、离心力场、浓度场、温度场、化学位差异等；②“场”的空间分布，例如，可以是一维场、二维场或三维场，可以是连续的场作用，也可以是间断的、脉冲的场作用；③“场”的数量，如单个场作用、多个场分别作用或协同作用；④“场”的相对强度，即对于涉及的场力的相对比较，如氢键力作用大于范德瓦耳斯力作用。

5.7.1.2 “场”“流”分析的基本概念

袁乃驹教授等提出的“场”“流”分析的基本概念的主要内容包括：①“流”和“场”的存在是构成分离过程或反应过程的必要条件；②“流”和“场”按不同方式组合可以构成不同的过程；③调控“流”和“场”的作用，如利用化学作用或附加外场以增强“场”的作用，或改变“流”和“场”的组合方式，可以实现过程强化；④多种“流”和多种“场”的组合可以产生新的过程。

(1)“流”和“场”的存在是构成分离过程或反应过程的必要条件

首先，任何分离过程或反应过程都必须传递进出的物料，为了使物料充分混合、接触，物料还需要在体系中运动。对于分离过程而言，进入体系最少有一个“流”，其中最少含有两个组分，可以含有多个组分，移出体系的产品流应包括两个“流”或多个“流”。对于反应过程而言，进入体系可以是一个“流”或多个“流”，其中含有一个组分或多个组分。另外，“流”可以只含有被分离组分或参加反应的组分，也可以包含促进体系传递或反应的分离剂或载体。

根据“流”的定义和特征，可以建立过程的物料衡算、热量衡算和动量衡算的一般性方程，并建立模型、进行计算。应该说，“流”的存在，是构成分离过程或反应过程的必要条件之一。

值得提及的是，“流”只是物料主体的运动（位移）。对于一个均一的主体相，“流”的存在并不能使均一的主体相中的各个组分产生相对运动，不能直接产生组分间的分离作用。构成分离过程或反应过程的另一个必要条件就是“场”的存在。

十分明显，“场”的存在可以产生化学反应或传递现象。例如，均相混合物中的各个组分的分离需要依靠各组分之间的不同的分子扩散速率；以颗粒或液滴等不同体相形式存在于流体中的非均相混合物的分离依靠多相流中不同体相的运动速度差异；组分之间的化学反应的发生则依赖于不同组分之间不同的化学亲和力。可以看出，使各个组分产生运动的差异而分离或发生化学反应都需要接受“场”力的作用，即分离体系或反应体系中必须存在“场”。例如，温度场的存在可以产生热传递，浓度场的存在可以产生物质的扩散等等。

对于分离过程而言，由于“场”的存在而产生的传递也是一种流，但是，这种流和前面定义的整个体相位移的“流”有本质的差别。这种迁移传递的流可以使体相内各个组分产生不同的位移，是使各个组分实现分离的基础。

对于分离体系而言，在“场”的作用之下，各组分产生不同的运动速度和位移：①在相同的“场”力作用下，不同组分“粒子”通过某一介质或界面受到的阻力不同而形成不同的运动速度和位移；②在同一体系中，相同的“场”力对不同的组分“粒子”的作用不同，如固相吸附对不同组分的吸附力不同，不同组分在液相中的溶解度不同，不同组分与另一物质的络合能力不同等；③相同的“场”力作用下，不同组分“粒子”由于其质量不同而产生不同的运动速度。

(2)“流”和“场”按不同方式组合可以构成不同的过程

按照“场”“流”分析的观点，“流”和“场”按不同方式组合可以构成不同的分离过程或反应过程。换句话说，现有的分离过程或反应过程均可以表示为若干类“流”和“场”的组合，它们都可以用形式类似的数学模型来描述。

例如，对于一般的液液萃取过程，它是依据待分离溶质在两个基本上互不相溶的液相

（料液相和萃取相）间分配的差异来实现传质分离的。换句话说，实现液液萃取过程，进行接触的两种液体必须是互不相溶的，或者存在足够范围的两相区域。待分离溶质从一个液相（料液相）转入另一个液相（萃取相），实现传质。按照“场”“流”分析的观点，液液萃取过程应包括料液相及萃取相两个液相“流”，其移动方式可以是连续的，也可以是分批的；其流动方向可以是逆流、并流或错流。液液萃取过程存在一个“场”，就是化学位，化学位的差异决定待分离溶质在料液相和萃取相之间分配的差异，实现分离。

对于反萃取过程，同样是由两个“流”、一个“场”构成的。反萃相及萃取相两个液相“流”，其移动方式同样可以是连续的或分批的，其流动方向可以是逆流、并流或错流。反萃取过程同样存在一个化学位“场”，化学位的差异决定待分离溶质从萃取相向反萃相转移，实现分离富集。

在一般的液液萃取或反萃取过程中，两个液相“流”的流动方式均表现为一个液相为连续相流动，一个液相为分散相流动，两相直接接触。这样，萃取分离过程必然存在一相在另一相中的“分散”接触和“聚并”分相。如果同样是两个“流”（萃取相流动及料液相流动），一个“场”（待分离溶质在两相间的分配差异，即化学位差异），但利用微孔膜作两相的分隔介质，就形成了膜萃取过程。膜萃取过程的传质是在分隔料液相和萃取相的微孔膜表面进行的。例如，由于疏水微孔膜本身的亲油性，萃取剂浸满疏水膜的微孔，渗至微孔膜的另一侧，萃取剂和料液在膜表面接触，发生传质。可以看出，与通常的液液萃取过程相比较，膜萃取过程没有改变“场”的数量，只是增加了“膜”这一分隔介质，从而改变了两个液相“流”的流动方式，变两相的直接接触为两相在膜两侧分别流动。这样的“流”和“场”的组合，使膜萃取过程中不存在通常萃取过程中的液滴的分散和聚并现象，可以减少萃取剂在料液相中的损失，由于两相分别在膜两侧做单相流动，使过程免受“返混”的影响和“液泛”条件的限制。膜萃取过程有着自己的特殊优势。

萃取发酵耦合是典型的反应与分离耦合过程，是用于减少产物抑制的有效技术。例如，对于有机酸的萃取发酵过程，采用提取产物-有机酸的方式包括中空纤维膜萃取及反应萃取等。研究结果表明，通过过程耦合的方式用溶剂萃取实现产物的连续移出，缓解产物的抑制作用，维持较高的微生物生长率，对于提高转化率和产率是非常有利的。

按照“场”“流”分析的观点，发酵过程至少涉及一个“流”，即反应物料的液相流，涉及一个化学位“场”，反映着组分的化学亲和力。萃取过程涉及反应物料的液相和萃取相，共两个“流”，同样涉及一个化学位“场”，决定产物在反应物料的液相和萃取相之间的分配。萃取发酵耦合过程则涉及两个“流”、两个“场”。

作为耦合过程，有机酸萃取发酵过程的实施关键在于，在 $pH>pK_a$ 条件下、极性有机物稀溶液环境中，寻求萃取剂较强的萃取能力、萃取剂再生的经济性和合适的生物相容性的结合，从而提高过程的总体效率。十分明显，利用膜萃取过程与发酵反应过程的耦合，包含着两方面的强化作用。一方面，利用膜作为分隔介质，改变萃取溶剂与菌株的接触方式，削弱萃取剂毒性对发酵过程的影响。另一方面则可以在萃取分离中引入络合萃取剂，利用化学因素强化萃取过程的推动力。

(3) 调控“流”和“场”的作用可以实现过程强化

按照“场”“流”分析的观点，调控“流”和“场”的作用。例如，调控多“流”之间的相对运动、利用化学作用或施加外场等因素调控“场”的相对强度，都可以强化过程。

前已述及，一般的液液萃取过程包括料液相及萃取相两个液相“流”和一个化学位

“场”，化学位的差异决定待分离溶质在料液相和萃取相之间分配的差异，实现分离。按照“场”“流”分析的观点，对于一个均一的主体相，“流”的存在并不能使均一的主体相中的各个组分产生相对运动，不能直接产生组分间的分离作用。然而，在液液萃取过程中，两相间必定存在明显的界面，相界面的特性和作用对萃取过程有特别的意义。改变两个“流”之间的相对运动状况，可以促进或抑制相界面的湍动，影响各主体相内的运动及混合，从而调控过程的传质速率。例如，调控两个“流”之间的相对运动，可以使液滴内分传质系数出现相当大的变化。

液液萃取过程可以按照过程中萃取剂和待分离物质之间是否发生化学反应来分类，即萃取分离可以分为物理萃取和化学萃取两大类。

物理萃取是基本上不涉及化学反应的物质传递过程。它利用溶质在两种互不相溶的液相中不同的分配关系将其分离开来。依据“相似相溶”规则，在不形成化合物的条件下，两种物质的分子大小与组成结构越相似，它们之间的相互溶解度就越大。分析物理萃取的机理，其“场”的作用主要是范德瓦耳斯力的作用范围。

许多液液萃取体系，其过程伴有化学反应，即存在溶质与萃取剂之间的化学作用。这类伴有化学反应的传质过程，一般称作化学萃取。化学萃取的“场”的作用是氢键力、离子缔合、离子交换等，作用能的大小比范德瓦耳斯力大很多，其化学键能的范围在10～60kJ/mol。化学作用的引入，强化了萃取过程。例如，基于可逆络合反应的萃取分离方法（简称络合萃取法）对于极性有机物稀溶液的分离具有高效性和高选择性。在这类工艺过程中，首先稀溶液中待分离溶质与含有络合剂的萃取溶剂相接触，络合剂与待分离溶质反应形成络合物，并使其转移至萃取相内。第二步则是进行逆向反应使溶质得以回收，萃取溶剂循环使用。络合萃取过程中，溶质与萃取剂之间的化学作用主要包括氢键缔合、离子对缔合和离子交换等。

用施加外场来调控“场”的相对强度，也可以达到强化过程的效果。例如，在液液萃取过程中最早利用的外场是离心力场。离心萃取设备是借助于离心机产生的离心力场实现液液两相的接触传质和相分离的，两相接触传质在很短的时间内完成。这一强化技术已经广泛应用。又如，利用外加静电场、交变电场和直流电场可以提高萃取过程中的扩散速率，强化两相分散及澄清过程，达到提高分离效率的目的。再如，将超声场加入到萃取或浸取体系中，利用超声场的“超声空化”等特殊性质也可以达到传质强化的效果。

（4）多种“流”和多种“场”的组合可以产生新的过程

按照“场”“流”分析的观点，优化设计多种“场”和多种“流”的叠加和耦合，可以产生新的强化过程。

同级萃取反萃取耦合过程是多种“场”和多种“流”耦合的一个典型的例子。液液萃取过程包括料液相及萃取相两个“流”，存在一个化学位“场”；反萃取过程则是由反萃相及萃取相两个“流”和一个化学位“场”构成的。如果把萃取过程和反萃取过程“耦合”成为一个过程，这就是同级萃取反萃取过程。同级萃取反萃取过程是由三个“流”、两个“场”构成的。料液相、萃取相及反萃相分别是三个液相“流”，同级萃取反萃取过程的萃取操作部分存在一个化学位“场”；反萃取过程同样存在一个化学位“场”，化学位的差异决定待分离溶质从料液相向萃取相转移，同时由萃取相向反萃相传递，实现分离。待分离溶质不断地从料液水相进入萃取相，又从萃取相进入反萃水相，并不在萃取相中发生积累。因此，萃取相中溶质浓度总是达不到与料液水相平衡的浓度。由于萃取反萃取同时进行、一步完成，同级萃取反萃取过程一般被认为是具有非平衡特征的传递过程。实际上，同级萃取反萃取过程也应该存在相平衡状态。它体现为料液水相、萃取相和反萃水相之间的溶质的相平衡。

需要提及的是，在设计多“流”的耦合过程时，不同体相的流在过程中必须是可以分隔开的。例如，一个萃取过程的萃取相（油相）与料液相（水相）是可以分隔开的。然而，设计萃取/反萃耦合的多“流”多“场”过程时，就必须同时考虑料液相（水相）、萃取相（油相）、反萃相（水相）之间的分隔。这在一般的操作条件下基本上是不可能做到的，即在通常萃取设备中难以实现同级萃取反萃取过程。

膜技术的出现，使萃取/反萃耦合过程的设计成为可能。由于“膜”可以作为分隔“流”的介质，因此利用膜萃取技术可以实现同级萃取反萃取过程。在同级萃取反萃取的膜过程中，待分离溶质由料液水相首先经膜萃取进入萃取相（油相），在萃取相中经扩散到达萃取相与反萃水相的膜界面，并经膜反萃过程传递到反萃水相中。

乳状液膜分离过程实际上是特殊的萃取反萃耦合过程，其过程中的萃取和反萃取是同时进行、一步完成的。在这一耦合过程中，存在外相、膜相和膜内相三个“流”。一般情况下，外相与膜相呈逆流流动，膜相与膜内相呈并流流动。过程中存在两个“场”，分别决定待分离溶质在外相与膜相之间、膜相与膜内相之间的分配。以煤油作为膜溶剂，液膜分离苯酚初始浓度为700mg/L的水溶液，单级萃取率可以达到99.2%以上，这明显体现出同级萃取反萃取过程的优势。

亲和膜过程是多种“场”和多种“流”耦合的另一个例子。在亲和膜过程中，生物大分子待分离物与膜上固载的亲和配基产生特异性相互作用，被保留在膜上，其他底物、细胞等杂物透过膜被分离；然后，通过洗脱将保留在膜上的目标产物解离下来，达到分离纯化的目的；亲和膜经再生后重复使用。

亲和膜技术是亲和色谱与膜分离技术的有机结合，它不仅利用了生物分子的识别功能，可以分离低浓度的生物制品，而且充分发挥了膜渗透通量大、纯化的同时实现浓缩、设备简单、操作方便等特点。从“场”“流”分析的观点出发，在亲和膜过程中，特异性结合的亲和“场”作用与膜选择性透过的“场”作用有机结合在一起，将生物分子的识别分离、产品富集浓缩集于一体，实现了过程的强化。亲和膜技术是生物工程下游产品回收和纯化的高效方法，它已经用于单抗、多抗、胰蛋白酶抑制剂的分离，以及抗原、抗体、重组蛋白、人血白蛋白、胰蛋白酶、胰凝乳蛋白酶、干扰素等的纯化。

5.7.2 常用分离过程的“场”“流”分析

在通常的单元操作的分析之中，分离过程主要是按照体系的物相进行分类的，如气液分离过程、气固分离过程、液固分离过程、液液分离过程等。从前面的叙述可以看出，从“场”“流”分析的观点出发，剖析各个分离过程，有利于认识过程的本质。另外，“场”“流”分析的观点强调了各体相流动之间、各体相之间相互作用的重要性，对于设计和优化分离过程是十分重要的。

为了方便比较，表5-5和表5-6列举了一些分离过程中“流”和“场”的特征。需要强调的是，在增加了“膜”分隔介质的操作中，除多了一个固定不动的“流”以外，也可能改变了原来的两个液相“流”的流动方式。如膜萃取中，变两相的直接接触为两相在膜两侧的分别流动。

表 5-5　一些分离过程中“流”的特征

过程	“流”的数量			“流”的物相			移动方式		“流”的运动方向			
	单	双	多	固	液	气	分批	连续	逆流	并流	错流	一相不动
蒸馏		√			√	√	√	√	√			
萃取		√			√		√	√	√	√	√	
膜萃取			√	√	√		√	√	√	√		√
液膜分离			√		√		√	√	√	√		
支撑液膜			√	√	√		√	√	√			√
吸收		√			√	√	√	√	√	√	√	
吸附		√		√	√	√	√	√	√			√
离心分离		√		√	√		√	√		√		
色谱分离		√		√	√	√	√					√
泡沫分离			√	√	√	√	√	√		√		
电泳	√				√		√					
酶膜反应器		√		√	√		√	√				√
亲和膜		√		√	√		√	√				√

表 5-6　一些分离过程中“场”的特征

过程	化学位	电场	重力场	离心力场	温度场	压力场	磁场
蒸馏	√						
萃取	√						
吸收	√						
吸附	√						
电泳		√					
过滤						√	
磁选							√
热扩散					√		
旋风分离				√			
沉降			√				
场流分级		√	√				
絮凝沉降	√		√				

5.7.3　耦合技术及过程强化

随着现代过程工业的发展，对分离技术提出了越来越高的要求，大大促进了分离科学和技术的发展，作为“成熟”的分离工程单元操作也面临着新的挑战和机遇。在传统的单元操作的基础上，分离过程与分离过程的耦合、分离过程与反应过程的耦合、利用化学作用或附加外场强化分离过程，已经发展形成了一系列新型分离技术及过程。发展耦合技术，实现过程强化，已经成为分离科学与技术领域研究开发的重要方向。新型分离过程已经展现出广阔的应用前景。

5.7.3.1　过程耦合技术

广义地讲，过程耦合技术是将两个或两个以上的单元操作或单元过程有机结合成一个完整的操作单元，进行联合操作的过程，如反应萃取、加盐萃取精馏、萃取发酵等等。过程耦合不是单元操作或单元过程的简单的先后组合，而是有机结合在同一操作中完成的。合理设计的耦合过程，对于提高过程的效率和经济性，开发环境友好过程都十分有效，而且可能获得单元操作或单元过程简单加和而无法得到的效果。因此，过程耦合技术的研究成为化工分离工程和化学反应工程的最为活跃的应用技术研究热点之一。

分离过程与分离过程的耦合可以形成新的分离过程。新的分离过程可以减少分离能耗，简化分离过程，提高分离效率，降低生产成本。

例如，萃取与反萃取耦合可以形成同级萃取反萃取过程。过程中萃取和反萃取同时进行、一步完成。待分离溶质从料液相向萃取相转移，同时又由萃取相向反萃相传递，它并不在萃取相中发生积累。因此，萃取相中溶质浓度总是达不到与料液水相平衡的浓度，存在一定的推动力，使传质过程持续进行。同级萃取反萃取过程存在的相平衡状态则体现为料液水相、萃取相和反萃水相之间的溶质的相平衡。

又如，精馏分离过程与结晶分离过程的耦合可以形成精馏-结晶耦合过程，利用这一过程分离二氯苯的同分异构体，过程效率明显提高。有报道称，精馏-结晶耦合过程分离二氯苯比精馏法分离二氯苯节约投资近50%，减少塔顶的冷却负荷及降低塔底的能耗均超过50%。

再如，结晶过程与其他分离过程耦合可以出现盐析结晶过程、萃取结晶过程、乳化结晶过程等。溶剂预浸取-超临界流体萃取结晶组合分离过程，是将传统的溶剂预浸取与超临界CO_2梯度结晶技术有机结合，使多组分物质在预置的结晶器上结晶析出并形成梯度分布，在结晶器的不同部位获得相应组成的产物，未能结晶的部分可以在分离釜内利用超临界萃取进行分离。

分离过程与反应过程的耦合可以形成新的过程，这种新过程特别适用于强化各种可逆反应过程及存在产物抑制作用的反应过程等。

分离过程与反应过程的耦合过程的主要特点在于：反应产物不断地移出可以消除化学反应平衡对转化率的限制，最大限度地提高反应转化率；若连串反应的中间反应产物为目标产物时，中间产物的连续移出，避免发生连串反应，可以提高反应的选择性和目标产物的收率；生物反应和产物分离过程的耦合可以实现高底物浓度的发酵或酶转化，消除或减轻产物对生物催化剂的抑制，提高反应速率，延长生产周期；可以部分地或全部地省去产物分离过程及未反应物循环过程，简化工艺流程。

在工程中实现应用的分离-反应耦合过程有催化反应过程与蒸馏过程耦合的催化反应蒸馏过程，生化反应过程与萃取分离过程耦合的萃取发酵过程，反应过程与结晶过程耦合的反应结晶过程，络合反应过程与吸附分离过程耦合的络合吸附过程，在超临界萃取条件下的反应过程等。

过程耦合技术的实施可以使设备简化、流程缩短、能耗降低，同时提高转化率和选择性，它是强化过程的有效途径，是提高生产能力和过程效率的重要措施。

近年来，膜及膜技术的研究进展推动了耦合技术的发展，将膜过程与传统的分离过程或反应过程结合起来，形成新的耦合膜过程，如膜萃取过程、膜蒸馏过程、膜吸收过程、渗透汽化过程、膜生物反应过程，已经成为过程耦合技术的发展方向之一。

膜分离过程与蒸发过程耦合可以形成渗透汽化过程。渗透汽化是利用待分离的液体混合物中的组分在膜内溶解与扩散速率不同来实现分离的过程。过程推动力是膜两侧的组分蒸气压差。在渗透汽化过程中，膜的原料一侧为常压下的液体混合物，在渗透物一侧则需要维持很低的渗透物蒸气压，使渗透物以蒸气形式不断移出。可以采用载气吹扫或抽真空的方法来维持低压。渗透汽化过程中组分透过膜的传质过程主要包括原料侧膜的选择性吸附、透过膜的选择性扩散、渗透物侧脱附到蒸气相等三个步骤。渗透汽化主要用于从液体混合物中分离或去除体系中的少量组分。例如有机液体（如乙醇、异丙醇、乙酸乙酯等有机原料，汽油、苯、己烷等碳氢化合物，氯乙烯等含氯碳氢化合物）中少量水的脱除，水中少量有机物（如醇、酸、酯、酮以及含氯碳氢化合物）的脱除。渗透汽化不受组分间气液平衡关系的限制且有很高的分离系数。当然，与水优先透过膜的研究相比较，有机物优先透过膜的研究起步较晚。可以预见，随着现代材料科学与技术的发展，有机物优先透过渗透汽化膜在水中少量有机物分离和有机物-有机物分离领域具有很大的发展潜力和应用价值。

膜过程与反应过程的耦合可以形成膜反应过程。膜反应过程可以分为两种形式。一种形式是膜介质只具备分离功能，例如亲和膜过滤过程，或者膜装置作为独立的分离单元与反应器联合操作；另一种形式是膜既具备分离功能，同时又作为反应器壁或催化剂载体具备催化功能，如酶膜反应器、亲和膜色谱等。

5.7.3.2 化学作用对分离过程的强化

过程耦合技术是实现过程强化的有效途径，同样，重视化学作用的影响，在分离过程中引入化学作用或利用化学因素调控“场”的相对强度，是分离过程强化的另一个有效途径。引入化学作用或利用化学因素调控“场”的相对强度主要是通过新型分离剂的制备、选择及优化，利用促进剂强化相界面传质等两个方面的工作来实现的。

降低分离过程的能耗，提高分离过程的选择性和设备的效率，最直接的方法就是设法增大过程的分离因子。引入化学作用或利用化学因素调控“场”的相对强度，是增大过程分离因子的有效手段。这方面工作的关键在于制备、选择合适的分离剂，并利用影响分离因子的其他添加组分来优化分离剂的组成。当然，考虑分离过程效率的同时还必须考虑分离剂的回收及循环使用的问题。若引入的化学作用太强，会使待分离组分与分离剂生成较为稳定的共价化合物，这样不仅使分离剂回收的难度加大，而且会使过程的总能耗增加。比较适宜的方法是利用键能较小的可逆络合反应作用。

例如，在石油化工的芳烃抽提工艺中，曾先后选用过二乙二醇醚（二甘醇）、三乙二醇醚（三甘醇）、四乙二醇醚（四甘醇）、二甲亚砜、环丁砜等作为萃取剂（见表5-7）。从表5-7中相比（萃取剂/料液）的数据分析，相比从大到小，说明选用的萃取剂的萃取能力增强。很明显，这一变化是与萃取剂分子与芳烃苯环的大π键的作用能大小密切关联的。相比较而言，环丁砜对芳烃苯环的大π键的作用能较大，其萃取能力也大，故只需要较小的相比即可完成分离操作。相比的大幅度下降不仅减少了溶剂使用的循环量，降低了能耗，而且大大缩小了相同处理量的萃取塔的塔径，减少了设备的投资。有报道称，以环丁砜为基础萃取剂的混合溶剂的使用，可以使芳烃抽提工艺的操作相比（萃取剂/料液）降低到2以下。这又表明，合理利用其他添加组分，优化分离剂的组成，同样可以达到过程强化的目的。

表5-7 芳烃抽提工艺中萃取剂的选用

萃取剂	二甘醇	三甘醇	四甘醇	二甲亚砜	环丁砜
相比(萃取剂/料液)	22	16	10	6～7	3

对于有机物稀溶液的萃取过程，研究和发展新的络合萃取剂，用高效的、高选择性的“络合萃取”取代以“相似相溶”为基础的“物理萃取”，成为稀溶液分离的重要研究方向。这里，选择适当的络合剂、助溶剂和稀释剂，优化络合萃取剂的各组分的配比是络合萃取过

程高效实施的重要环节。

利用促进剂强化相界面传质，是利用化学作用、强化过程传质的另一方面的工作。促进剂类似于非均相反应中的相转移催化剂，促进剂的引入可以实现相界面的促进迁移过程。

例如，在乳状液膜过程中，膜相可以添加流动载体，实现促进迁移，利用化学作用强化过程的传质效率。由于促进迁移的作用，液膜分离过程的传质速率明显提高，甚至可以实现溶质从低浓度向高浓度的传递。液膜分离技术往往使分离过程所需级数明显减少，而且大大节省萃取剂的消耗量，使之成为分离、纯化与浓缩溶质的重要手段。

又如，用酮肟为萃取剂回收废催化剂中的铂时，若加入醇为促进剂，就可以加快过程的传质速率，提高萃取率。

再如用叔胺 R_3N 为萃取剂萃取有机羧酸时，若采用 $CHCl_3$ 为稀释剂，由于 $CHCl_3$ 对萃合物的氢键作用，促进了萃合物在稀释剂中的溶解，其萃取率比采用烷烃为稀释剂时的萃取率高得多。

需要强调的是，调控化学作用的大小，优化分离剂的组成，弄清促进剂的加入对相界面传质速率的影响，对于分离过程的强化是很有理论意义和实用价值的，需要作出进一步的努力。

5.7.3.3 附加外场对分离过程的强化

用附加外场也可以调控“场”的相对强度，强化分离过程。例如，超重力分离器（HIGEE）采用高速旋转的填料床来强化传质过程。实验表明，两相在离心分离因数 $K_c>1000$ 的离心力场中通过填料层时可以大大强化相际的传热和传质，传质系数较常规设备提高10～1000 倍。近年来，超重力分离器已成功地应用于油田的脱气过程，一个约 1m 直径的超重力分离器可以代替常用的 30m 高的真空脱气塔。此外，超重力分离器也成功地用于纳米材料制备等高科技领域，由于微观混合均匀化时间仅为 0.04～0.4s 或更小，从而使成核过程可控，粒度分布窄化。DOW 化学公司利用高速旋转的填料床来生产次氯酸钠，在进气量降低 50％的情况下还能增加 10％的产量。

常用的物理场手段，如超声波、电磁场、激光、微波、（同步）辐射等，对过程的强化常常有较大的影响。例如，超声波由于其声空化作用，空化泡崩溃时造成瞬时的极端物理条件，影响反应过程或分离过程。超声波用于结晶过程，可缩短成核诱导时间，增加成核数量，导致更大的表面积，有利于晶体生长；超声波还能增加成核温度，改善晶习，防止团聚，使粒度分布变窄。又如，利用外加静电场可以强化两相的破乳澄清过程，在液膜分离的实施过程中起到重要作用。

了解附加外场的强化作用，认识极端物理条件下的过程特性，相关的研究工作，特别是机理性的研究工作还有待深入。随着对附加外场条件下和极端物理条件下的过程特性认识的不断积累，逐渐获得更加清晰的规律性的认识，附加外场的强化作用将会得到更好的应用。

5.8 从基本原理出发强化化工过程

过程强化，通常是在分析已有过程的特点及弱点的基础上，从基本原理出发而开展的。过程强化中体现了学习到的基本原理与把握关键、实施强化措施的密切关系，对于理解技术创新的切入过程是有借鉴意义的。这里以非均相混合物分离过程中的过滤过程强化及一般传质过程的强化为例，阐明从基本原理出发强化化工过程的基本思路。

5.8.1 非均相混合物分离-过滤过程的强化

作为典型的非均相混合物分离过程，过滤过程的特点在于：过滤过程需要使用过滤介质；一般过滤过程的过程阻力随时间延长而加大；过滤过程一般为间歇过程，洗涤、卸饼、清理、装合等过程的辅助时间的使用影响了装置生产能力的提高等。因此，过滤过程的强化应该从改善过滤介质、改善过滤速率随时间减缓的状态、改间歇过程为连续过程以及引入外场作用等方面入手。

下面介绍一些非均相混合物分离-过滤过程强化的新技术。

5.8.1.1 改善过滤介质

将过滤过程中的一般过滤介质更换为固体薄膜。膜是原料相和产品相之间的选择性屏障，当原料相与产品相间存在压差推动时，会发生通过膜的选择性传递，原料相中的溶剂透过膜，而大部分溶质或颗粒被截留。根据被截留溶质或颗粒尺寸的大小可将压差推动膜过程分为微滤、超滤、纳滤和反渗透，如图 5-3 所示。从微滤、超滤、纳滤到反渗透，被分离的分子或颗粒的尺寸越来越小，膜的孔径也越来越小。

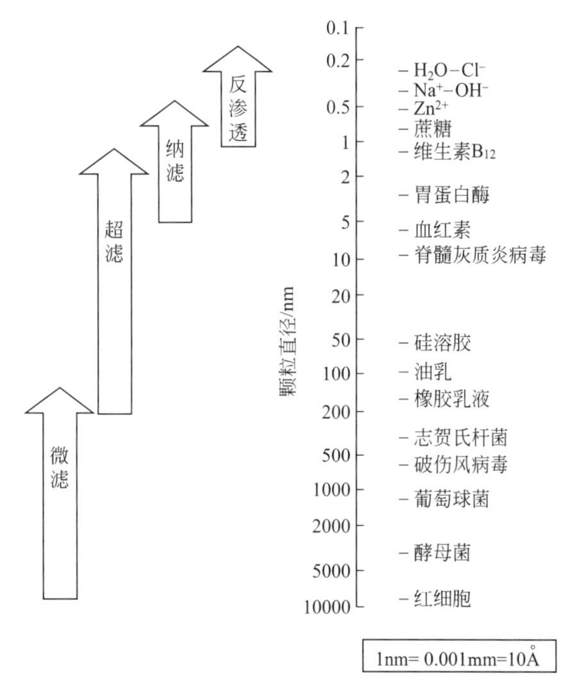

图 5-3 微滤、超滤、纳滤和反渗透过程

(1) 微滤

微滤是与常规的过滤十分相似的膜过滤过程。微滤膜的孔径范围为 0.05～10μm，主要适用于对溶液中微细粒子，诸如细菌等进行截留。微滤广泛用于将大于 0.1μm 粒子从液体中除去的场合。微滤的大规模工业应用之一是食品工业和制药工业中饮料和制药产品的除菌和净化。微滤也可用于超纯水制备中颗粒的去除。在生物技术领域中，微滤特别适用于细胞捕获。在生物医学领域，微滤可将血浆及有价值的产物从血细胞中分离出来。微滤在其他方面如果汁及葡萄酒和啤酒的净化、废水处理、乳液油水分离、胶乳脱水等均有应用范例。

微滤膜可用不同方法制备，所用材料可以是有机的（聚合物）或无机的（陶瓷、金属、玻璃)。无机膜由于具有很好的化学和热稳定性，常用来代替聚合物膜。此外，微滤膜也常用于非水溶液，此时化学稳定性就是头等重要的因素。

(2) 超滤

超滤是介于微滤和纳滤之间的一种膜过程，膜孔径范围为 0.05μm（接近微滤）至几纳米（接近纳滤)。超滤和微滤都是基于筛分原理的类似膜过程。二者主要的差别在于超滤膜的不对称结构，其皮层要致密得多，因此流动阻力也大得多。超滤膜皮层厚度一般小于1μm。超滤的操作压差较微滤大，一般为0.1～0.7MPa。实际上，由于膜被压实等原因，超滤的通量并不与压差成正比。

与微滤类似，实际分离中过程性能并不等于膜的本征性质。这是因为存在着浓差极化和污染。膜截留下的大分子会在膜表面累积形成一定浓度边界层和凝胶层。浓差极化造成边界层阻力增加，继续提高压差并不能提高通量。此外，膜材料选择中，提高耐热性和抗化学腐蚀性及抗污染能力也是非常重要的。超滤主要用于0.1μm以下微粒与大分子的截留，其应用包括食品和乳品工业、制药工业、纺织工业、化学工业、冶金工业、造纸工业和皮革工业等。在食品和乳品工业中的应用包括牛奶浓缩、干酪制造、乳清蛋白回收、土豆淀粉和蛋白的回收、蛋产品的浓缩及果汁和酒精饮料的净化。

商品化的超滤膜多采用聚合物材料由相转化法制备，常用材料包括聚砜/聚醚砜/磺化聚砜、聚偏氟乙烯、聚丙烯腈、纤维素（如醋酸纤维素）、聚酰亚胺/聚醚酰亚胺和聚醚酮等。除了聚合物材料外，无机（陶瓷）材料也可以制成超滤膜，特别是氧化铝（Al_2O_3）和氧化锆（ZrO_2）。

（3）纳滤和反渗透

纳滤和反渗透是将低分子量溶质如无机盐或葡萄糖、蔗糖等小分子有机物从溶剂中分离出来。超滤与纳滤和反渗透的差别在于所用膜孔的大小和所用压差的高低。反渗透使用致密膜。要使用大于渗透压的较高压差。反渗透使用的压差为2～10MPa，纳滤使用的压差为1～2MPa，比超滤过程所需压差要高得多。

图5-4给出了用膜从盐水中分离纯水的示意图，膜可让溶剂（水）通过而不使溶质（盐）通过。为使水通过膜，操作压差必须大于渗透压。从图5-4可以看出，如果操作压差小于渗透压，水会从稀溶液（纯水）流向浓溶液。当操作压差高于渗透压时，水从浓溶液流向稀溶液。

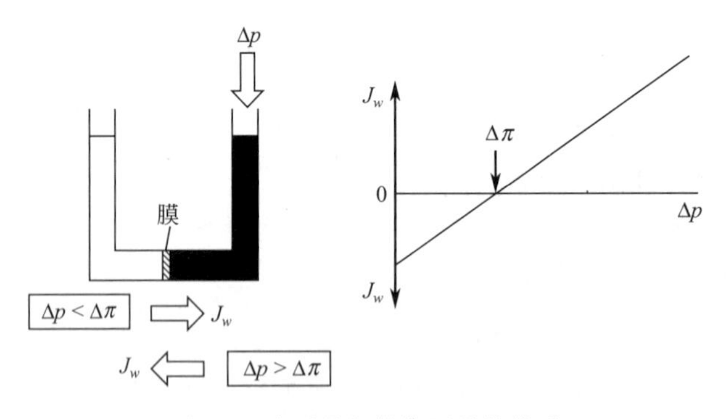

图5-4　水通量与操作压强的关系

纳滤和反渗透的膜材料选择必须考虑膜的本征性质，要求对溶剂亲和力高，对溶质亲和力低。这与微滤膜和超滤膜的选择有明显差异。对于微滤和超滤，膜孔尺寸决定分离性能，而材料的选择主要考虑其化学稳定性和膜的耐污染性。纳滤和反渗透膜通过降低厚度来提高膜的通量。大部分反渗透膜都具有不对称结构，即由一个薄的致密皮层（厚度＜1μm）和多孔支撑层（厚度为50～150μm）组成，传递阻力主要取决于致密皮层。具有不对称结构的膜可以分为一体化的不对称膜和复合膜。

纳滤和反渗透可用于很多领域，分为溶剂纯化（渗透物为产物）和溶质浓缩（原料为产物）两大类。纳滤和反渗透的重要应用是水的纯化，主要是半咸水脱盐，特别是由海水生产饮用水。半咸水中盐的量为1000～5000mg/kg，而海水中盐的浓度为35000mg/kg。另一个重要应用是制备半导体工业用超纯水。反渗透也用于浓缩过程，特别是食品工业（果汁、糖、咖啡的浓缩）、电镀工业（废液浓缩）和奶品工业。

纳滤膜与反渗透膜几乎相同，只是其网络结构更疏松，这意味着对Na^{+}和Cl^{-}等单价离子的截留率很低，但对Ca^{2+}和CO_3^{2-}等二价离子的截留率仍很高。此外，对除草剂、杀虫剂、农药等微污染物或糖等低分子量组分的截留率也很高。当需要对浓度较高的NaCl进行高强度截留时，选择反渗透过程。当需要对低浓度、二价离子和分子量在500到几千的微小溶质进行截留时，选择纳滤过程。使用适当孔径的纳滤可以对低分子有机物进行分级。

5.8.1.2 改善过滤速率随时间减缓的状态

错流过滤 过滤的基本操作方式是终端过滤形式。常规过滤过程中采用终端过滤形式时，滤浆垂直于过滤介质表面流动，即以与压力梯度相同的方向流向过滤介质。当恒压过滤时，被截留的颗粒不断累积并在膜表面上形成一层滤饼，滤饼厚度随过滤时间的延长而增加，通量由于滤饼变厚逐渐下降，过滤速率随时间的延长而减小。在固相为细颗粒时，这种情况尤为严重。设计一种新的过滤工艺——错流过滤。错流过滤时，由于滤浆沿着过滤介质表面切向流过，所以只有一部分被截留的溶质会累积，限制了滤饼的增长，减缓了过滤速率随时间的延长而减小（图5-5）。错流过滤是一个稳态连续过程，常规的过滤流动方式则决定其通常为间歇过程。错流过滤较之常规过滤有以下优点：①过滤速率受颗粒-悬浮介质密度差的影响不显著；②颗粒在过滤器表面的聚积量减少，即有较高的过滤速率；③不需要像絮凝剂这样的添加物；④不需要加助滤剂，这在固体产品不允许夹带其他物质时特别重要。错流过滤的这些优点是以能量，即泵动力为代价的。当然，选择适当的操作方式，通量下降仍无法完全避免，这是过程固有的缺点。所以，膜过滤介质必须定期清洗，选择膜材料时必须考虑耐清洗能力。

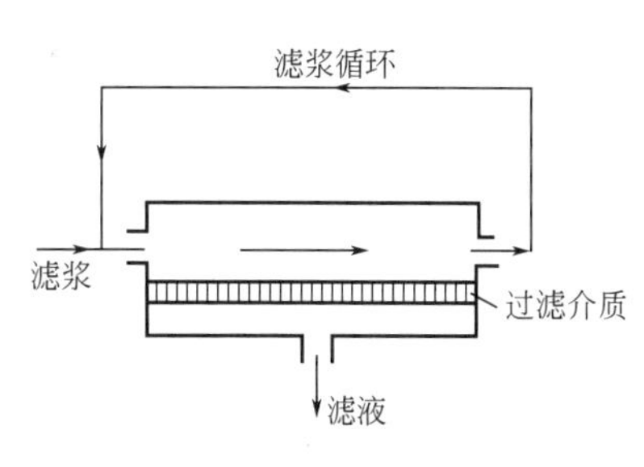

图5-5 错流过滤

5.8.1.3 改间歇过程为连续过程

双功能过滤 双功能过滤是一种能够将其他方法很难处理的微米量级的凝胶物料的悬浮液脱水的固-液分离过程。双功能过滤器应用垂直的可收缩的多根中空纤维膜作为过滤介质，系统实现循环操作（图5-6）。首先，料浆打入过滤器顶部，底部排放阀关闭。加压过滤时，滤液由多孔纤维的管壁流过，滤饼在管内生成，中空纤维膜管因压差产生径向伸胀，固体充满管子以前停止过滤。在预定的时间后，进口阀关闭，同时排放阀打开。由于压力变小过滤膜管复原，滤饼疏松并与未过滤的浆液排出，进入澄清器。滤饼沉淀分离，未过滤的浆液循环。如果

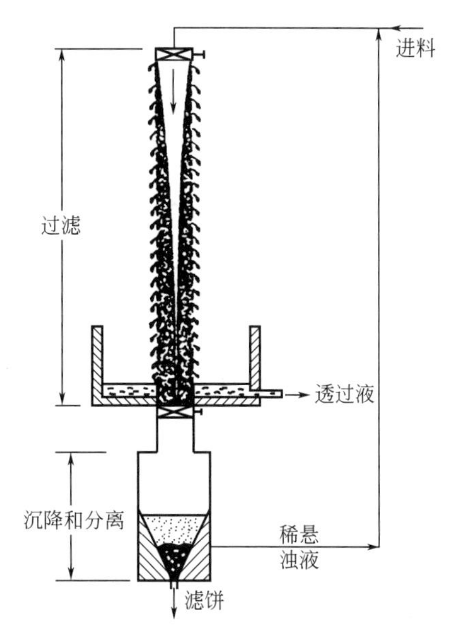

图5-6 双功能过滤示意

循环周期加快，则只有很薄的滤饼生成，结果就有很高的过滤速率。与常规的过滤系统相比，双功能过滤具有下列优点：①由于快循环操作，具有高过滤速率；②由于过滤和沉淀结合，可获高程度的脱水滤渣；③无需机械装置把滤饼从滤管中除去；④无需助滤剂；⑤可用于亚微米颗粒的凝胶悬浮液的过滤且放大相对容易。

5.8.1.4 引入外场作用

(1) 电渗析

电渗析中使用离子交换膜，它是利用离子交换膜只准许电荷不同的离子（反离子）通过的特性使带电离子分离的过程。通常电渗析过程使用两种膜，阳离子交换膜与阴离子交换膜。阴离子交换膜中含有与聚合物相连的带正电荷的基团，如由季铵盐形成的基团。由于这些固定电荷的存在，带正电的离子会被膜排斥。相反，阳离子交换膜中带有带负电荷的基团，主要是磺酸或羧酸基团，此时带负电的离子受到排斥。性能优良的膜应该具备的基本参数是高选择性、适度溶胀和高机械强度。

电渗析过程的原理如图 5-7 所示。在阳极和阴极之间交替安置一系列阳离子交换膜和阴离子交换膜。当离子原料液（如氯化钠溶液）通过两张膜之间的腔室时，如不施加直流电，溶液不会发生任何变化。当施加直流电时，带正电的钠离子会向阴极迁移，带负电的氯离子会向阳极迁移。氯离子不能通过带负电的膜，钠离子不能通过带正电的膜。这意味着，在一个腔室中离子浓度会提高，而在与之相邻的腔室中离子浓度会下降，从而形成交替排列的浓室与淡室，相应得到稀溶液和浓溶液。

电渗析最主要的用途是由咸水生产饮用水，也可反过来生产盐。电渗析还可用于其他溶液（例如果汁、饮料等）的脱盐与除酸以及氨基酸的分离。

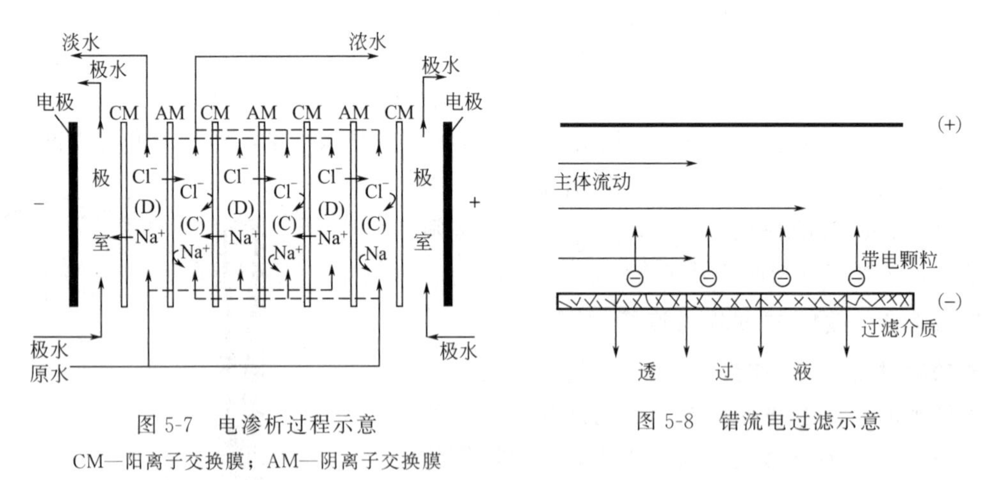

图 5-7 电渗析过程示意

CM—阳离子交换膜；AM—阴离子交换膜

图 5-8 错流电过滤示意

(2) 错流电过滤

错流电过滤过程应用电场作用，并利用了错流过滤的优点，是一种多功能固-液分离过程（图 5-8）。错流电过滤甚至可以完全取消滤饼的生成而进行过滤操作。这个过程可以应用于含有带电颗粒并且连续相的电导相对较低的悬浮液的过滤。低离子强度的水介质和非水悬浮介质满足低电导要求。错流电过滤用于实验中的分析和样品制备工作。

(3) 介电泳和介电过滤

与电泳的含义不同，介电泳（dielectrophoresis，简称 DEP）是指中性可极化物质在电场中的运动。介电过滤就是利用介电泳强化颗粒从流体介质中的过滤分离。介电过滤器与通常的过滤器相比有明显的优点。理想的介质过滤器中，过滤介质的流道尺寸都小于要除去的颗粒直径。介电过滤器则可以去除比过滤介质孔道小得多的颗粒。介电过滤有较小的流动阻力。实际的介电过滤过程已用于液压油、燃料油、润滑油、变压器油、润滑剂和各种炼油物料中微粒的去除。另一种介电过滤过程是用于聚合物净化的。它过滤熔融的或溶解的聚合物以除去有害的催化剂残余物。

介电过滤不仅可以处理液体，也可以用于气体除尘。有文献报道，空气净化操作中引入介电泳作用使得玻璃纤维空气过滤器的效率提高了 10 倍，且只需要很小的电流。介电泳力收集颗粒后，继续对已经沉积在过滤介质上的颗粒起作用，改进黏附，防止颗粒的吹起。

介电泳技术也可以用于各种类型颗粒之间的分离。这种分离是基于粒子极化度的差异来实现的。当重力沉降分离效率很低时，介电泳分离就很具价值。分离的对象有生物物质、矿物质混合物。目前，介电泳分离生物物质、矿物质混合物的技术主要作为分析中的分离方法使用。

(4) 加入第二液相的固-液分离过程

这种固-液分离过程是将第二种不互溶的液相加到一种滤浆中以改进固体的去除，加入第二液相后有三种可能的基于表面的分离过程：①固体分配到第二液相主体中；②固体在液-液相界面上聚集；③固体被加入的液体架桥成块以形成聚团，然后沉淀或过滤。在所有的三种技术中都需要固体被第二液相润湿。为了达到所需要的固体的润湿度，有时需加入表面活性剂。这些分离技术对于含有细颗粒的体系具有特殊的应用。在应用于细颗粒体系时，颗粒在液-液界面上的聚集是一种特别有利的分离过程。

(5) 磁性颗粒聚集分离过程

用小的磁性颗粒来聚集废水杂质已经开发为工业化的固-液分离过程。这个过程的新颖之处是它的循环磁粒的能力。循环能力是通过主体水相的 pH 值的控制实现的。当 pH 值低于它们的等电点时，磁颗粒表现出一个正的表面电荷，这有助于他们收集带负电荷的水中杂质。调节 pH 值到等电位值以上，磁颗粒表面的电荷变成了负值，从而释放出杂质。整个固液分离过程是如下工作的：①未处理的水进行酸化，然后与磁颗粒混合；②加入凝聚剂以帮助磁颗粒收集杂质；③杂质-磁颗粒团聚除去，留下处理过的净水；④含磁颗粒的流体被苛性钠处理，引起聚团的破裂；⑤磁颗粒被洗净，再加到酸化了的未处理的水中。

磁性颗粒聚集分离过程比通常的明矾絮凝过程要简单得多。用这个过程，净水处理的时间从 2～3h 减为 15～20min。初步的经济评价表明，使用磁性颗粒聚集分离过程可节约 20％～40％的成本。

5.8.2 一般传质过程的强化

对于一个传质过程，研究探讨平衡关系和过程速率是分析这一单元操作的两个基本方面。平衡关系说明过程进行的方向和可能达到的程度。过程速率则是指过程进行的快慢。一个过程的传质速率与过程的推动力成正比，而与过程的阻力成反比。例如，在塔式传质设备中，传质速率可以采用数学式表示为

$$\mathrm{d}N = K\,\mathrm{d}A\,\Delta C \tag{5-1}$$

式中，ΔC 为浓差推动力；K 为相际总传质系数；$\mathrm{d}A$ 为某一微分塔高度内的相间传质面积。很明显，从基本原理出发，提高过程的传质速率，强化这一过程，就应该增大传质过程的推

动力，降低过程的阻力。具体地说，对于均相混合物分离过程，就应该通过各种方式和手段提高浓差推动力，增大相际总传质系数，增加相间传质面积。

下面以萃取单元操作为例，分析这一强化过程。

5.8.2.1　提高浓差推动力

(1) 选择分配系数 D 值较大的萃取剂

提高萃取过程的传质推动力，选择分配系数 D 值较大的萃取剂是十分重要的。

对于单级萃取过程，原始料液水相（溶质浓度为 x_f）和萃取溶剂相（溶质浓度为 y_0）以一定的流量加入萃取器，经混合接触、澄清分离，获得达到相平衡的萃取相（溶质浓度为 y_1）和萃余相（溶质浓度为 x_1）。若萃取体系为有机相与水相互不相溶体系，料液水相体积流量为 L，有机萃取相体积流量为 V，萃取溶剂为不含被萃取组分的新鲜溶剂，即 $y_0=0$，分配系数 $D(=y_1/x_1)$ 为常数，则通过单级萃取过程的物料衡算，可得

$$x_1=\frac{x_f}{1+D\dfrac{V}{L}} \tag{5-2}$$

式中，V/L 是有机相与水相的流量比，称为萃取相比或流比，通常用 R 表示。则式(5-2)可写为

$$x_1=\frac{x_f}{1+DR}=\frac{x_f}{1+\varepsilon} \tag{5-3}$$

式中，ε 为萃取因子，即 $\varepsilon=DR=DV/L$，它表示被萃取组分在两相间达到分配平衡时的总量之比。单级萃取过程的萃取率 ρ 为

$$\rho=1-\frac{x_1}{x_f}=1-\frac{1}{1+\varepsilon} \tag{5-4}$$

对于多级错流萃取过程（如图 5-9 所示），图中每一个方块都相当于一个平衡级。x 代表料液水相中被萃取组分的浓度，y 代表萃取相中被萃取组分的浓度，x，y 符号的右下标表示从第几级流出。x_f 为料液水相中被萃取组分的原始浓度，y_0 为新鲜有机相中被萃取组分的浓度。原料液从第一级引入，与新鲜萃取溶剂接触萃取，第一级所得的萃余相引入第二级与新鲜溶剂再次进行接触萃取，由第二级所得的萃余相再引入第三级与新鲜溶剂接触，进行萃取，以此类推，直至最后一级引出的萃残液中所含的溶质浓度符合分离要求。将各级排出的萃取液汇集，成为混合萃取液。在多级错流萃取过程中，由于各级均加入新鲜溶剂，萃取的传质推动力大，因而萃取率高，但是溶剂耗用量大，混合萃取液中含有大量溶剂，溶质浓度低，溶剂回收费用高。

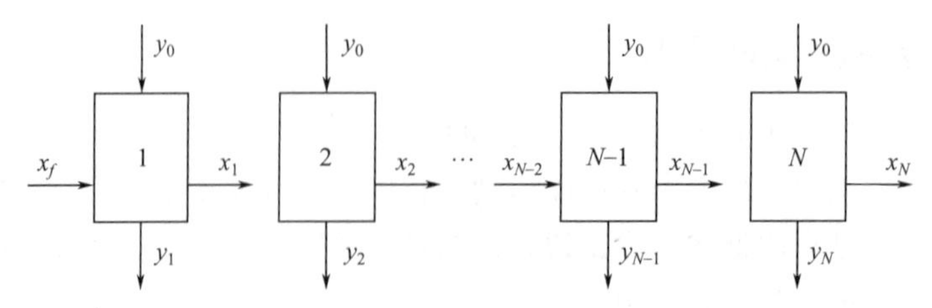

图 5-9　多级错流萃取过程示意

对于萃取相与料液水相为互不相溶的体系，设料液水相体积流量为 L，各级有机相体积流量均为 V，假定各级分配系数 D 为常数，则各级的萃取因子 ε 也是常数。若萃取溶剂为

无被萃取组分的新鲜溶剂，即 $y_0=0$，则可以获得经 N 级错流萃取过程的萃残液浓度 x_N 的表达式为

$$x_N=\frac{x_f}{(1+\varepsilon)^N} \tag{5-5}$$

经 N 级错流萃取的萃取率 ρ 为

$$\rho=1-\frac{x_N}{x_f}=1-\frac{1}{(1+\varepsilon)^N} \tag{5-6}$$

对于多级逆流萃取过程（如图 5-10 所示），图中每一个方块都相当于一个平衡级。x 代表料液水相中被萃取组分的浓度，y 代表萃取相中被萃取组分的浓度，x，y 符号的右下标表示从第几级流出。x_f 为料液水相中被萃取组分的原始浓度，y_0 为新鲜有机相中被萃取组分的浓度。原始料液进入第 1 级，经与有机相充分接触传质达到萃取平衡，完全分相后，依次向第 2、3、…级流动，从第 N 级流出的水相为萃残液，其中被萃取组分的浓度为 x_N。新鲜有机相由第 N 级进入萃取设备，与水相逆流流动，从第 1 级流出的有机相为萃取液，其中被萃取组分的浓度为 y_1。总之，两相的组成在各级之间呈阶梯式变化，水相中被萃取组分的浓度从第 1 级到第 N 级逐级降低，而有机相中被萃取组分浓度则从第 N 级到第 1 级逐级升高。和多级错流萃取过程相比较，多级逆流萃取过程中萃取溶剂的用量大大减少，萃取溶剂中的溶质浓度有明显提高。对于萃取相与料液水相互不相溶的体系，设料液水相体积流量为 L，萃取相体积流量为 V，假定各级分配系数 D 为常数，则各级的萃取因子 ε 也是常数。萃取溶剂为无被萃取组分的新鲜溶剂，即 $y_0=0$，交替地使用萃取过程的物料衡算关系式和平衡关系，可以导出经 N 级逆流萃取过程的萃残液浓度 x_N 的表达式为

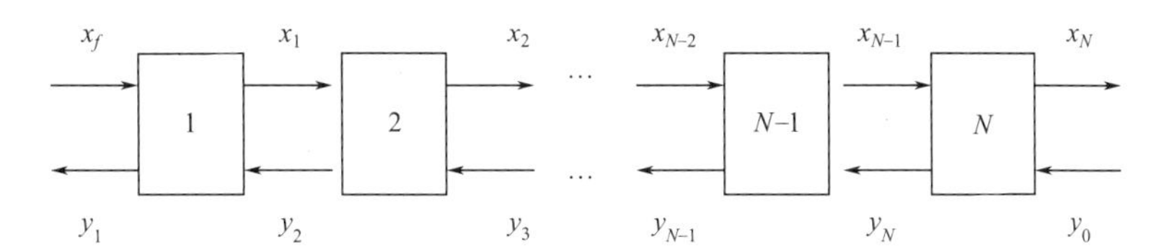

图 5-10　多级逆流萃取过程示意

$$x_N=\frac{x_f}{(1+\varepsilon+\varepsilon^2+\cdots+\varepsilon^N)}=\frac{\varepsilon-1}{\varepsilon^{N+1}-1}x_f \tag{5-7}$$

经 N 级逆流萃取的萃取率 ρ 为

$$\rho=1-\frac{x_N}{x_f}=1-\frac{1}{1+\varepsilon+\varepsilon^2+\cdots+\varepsilon^N} \tag{5-8}$$

从式(5-4)、式(5-6) 和式(5-8) 可以看出，分配系数 D 越大，萃取率就越高。萃取剂的相对用量多，即流比 R 越大，萃取率也越高。为了达到一定的分离效果，一般要求萃取因子 $\varepsilon>1$，对于分配系数较小的萃取体系，就需要选择大的流比，这样，对于相同的处理量，大流比操作条件下的设备尺寸就要明显增大。因此，选择分配系数 D 值较大的萃取剂，提高萃取过程的传质推动力，十分重要。

前已述及，石油加工过程的芳烃抽提工艺中的萃取溶剂选择是一个明显的例证。催化重整产出的生成油通过芳烃抽提工序，用选择性很强的溶剂使芳烃和非芳烃分离。由于环丁砜提供的分配系数 D 值较高，传质推动力较大，完成分离任务需要的操作流比就明显减小，过程效率显著提高。

(2) 引入化学作用，实现可逆络合反应萃取

一般物理萃取过程是按照“相似相溶”原则选择萃取溶剂的。在不形成化合物的条件下，两种物质的分子大小与组成结构越相似，它们之间的相互溶解度就越大。然而，如果待分离物质具有一定极性的话，同样溶液中的水组分也具有极性。要求对极性物质具有较高的分配系数，则该物理溶剂在水相中的溶解度也大。另外，物理溶剂对于极性物质所提供的相平衡分配系数 D 值一般是随溶质浓度的大小而变化的，平衡时的溶质在有机相的浓度 y 对其在水相的浓度 x 作图，构成的萃取平衡线大多属于下弯线，即水相平衡浓度越高，分配系数 D 值越大，水相平衡浓度越低，分配系数 D 值越小。这一特点对稀溶液体系的分离，如生物制品分离、环境污水治理等，显然是十分不利的。引入化学作用，实现可逆络合反应萃取则是十分有效的强化途径。

可逆络合反应萃取分离是一种典型的化学萃取过程。络合萃取法对于极性有机物稀溶液的分离具有高效性和高选择性。络合萃取剂一般是由络合剂、助溶剂及稀释剂组成的。选择适当的络合剂、助溶剂和稀释剂，优化络合萃取剂的各组分的配比是络合萃取法得以实施的重要环节。

络合萃取的分离对象一般是带有 Lewis 酸或 Lewis 碱官能团的极性有机物，络合剂则应具有相应的官能团，参与和待萃取物质的反应，且与待分离溶质的化学作用键能应具有一定大小，一般在 10～60kJ/mol，便于形成萃合物，实现相转移；但是，络合剂与待萃取物质间的化学作用键能也不能过高，过高的键能虽能使萃合物容易生成，但在完成第二步逆向反应、再生络合萃取剂时就往往会发生困难。中性含磷类萃取剂、叔胺类萃取剂经常选作带有 Lewis 酸性官能团极性有机物的络合剂。酸性含磷类萃取剂则经常选作带有 Lewis 碱性官能团极性有机物的络合剂。

在络合萃取过程中，助溶剂和稀释剂的作用是十分重要的。常用的助溶剂有辛醇、甲基异丁基酮、乙酸丁酯、二异丙醚、氯仿等。常用的稀释剂有脂肪烃类（如正己烷、煤油等）、芳烃类（如苯、甲苯、二甲苯等）。

特别需要指出的是，如果假设络合剂与待萃取溶质形成的络合物的萃合比是 1∶1，而且未参与络合反应的溶质在料液水相与萃取溶剂相之间的分配符合线性分配关系，则典型的总的萃取平衡线是上弯线，即水相平衡浓度越低，分配系数 D 值越大。十分明显，利用通常的萃取平衡分配系数为参数进行比较，络合萃取法在低溶质平衡浓度条件下可以提供非常高的分配系数值。当待萃取溶质浓度越高时，络合剂就越接近化学计量饱和。因此，络合萃取法可以实现极性物质在低浓区的完全分离，是十分有效的方法。

(3) 萃取反萃交替过程

为了从物料中提取某种有用组分或去除某种杂质组分，经常采用多级逆流萃取过程。在多级逆流萃取过程中，由于两相逆流流动，在每一平衡级均能保持一定的传质推动力 ΔC，然而，由于两相所处的状态，其传质推动力是有限的。在保持多级逆流萃取的前提下，把萃取级和反萃级交替排列起来（可以隔级交替排列，也可以若干级为一组交替排列），有可能取得增大传质推动力的效果，从而提高传质效率。图 5-11 绘出了逆流萃取并流反萃交替过程的示意图。

为了简便起见，逐级接触平衡级模型的计算及讨论中做出如下假设：①萃取或反萃体系的两相完全不互溶，在萃取或反萃取过程中，各相体积流量的变化可以忽略，料液水相、萃取相和反萃水相的体积流量分别为 L_f、L_e 和 L_s；②萃取或反萃体系的相平衡关系为线性，

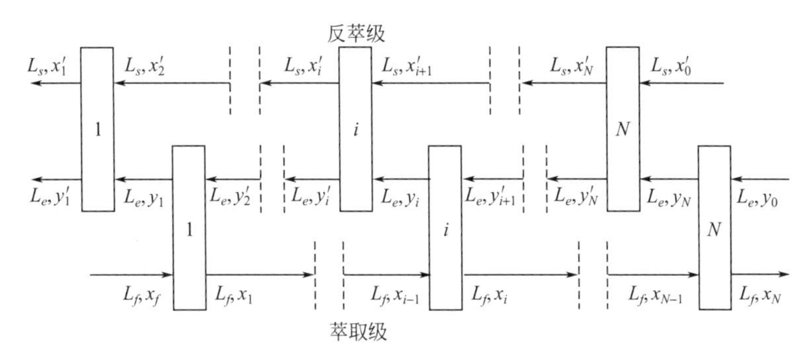

图 5-11　逆流萃取并流反萃交替过程示意

即 $y_i = D_f x_i$，$x'_i = D_s y_i$，各接触级的分配系数都相等。

定义萃取因子 $\varepsilon_f = \dfrac{L_e D_f}{L_f}$，定义反萃因子 $\varepsilon_s = \dfrac{L_s D_s}{L_e}$，且萃取溶剂及反萃液入口处不含待分离溶质（即 $y_0 = 0$，$x'_0 = 0$）。那么，对萃取体系和反萃取体系分别使用物料平衡关系式和相平衡关系，可以导出其逐级浓度分布的衡算式。

前已述及，一般的多级逆流萃取过程的萃取率可由式(5-8) 求得。逆流萃取并流反萃交替过程能够取得增大传质推动力的效果，对于分配系数较小的多级逆流萃取过程，其效果则更为显著。例如，当反萃级的反萃率均达到 100%时，逆流萃取并流反萃交替过程的萃取率可以等同于多级错流萃取过程的萃取率，用式(5-6) 表示，大于相同条件下多级逆流萃取过程的萃取率［式(5-8) 的计算结果］，而且萃取溶剂的使用量与多级逆流萃取过程的使用量相同。

比较式(5-6) 和式(5-8) 可以明显看出，当萃取级数相同时，逆流萃取并流反萃交替过程的萃残液浓度（x_N）必然小于一般的多级逆流萃取过程的相应值，当分配系数 D_f 较小或萃取因子 ε_f 较小时，这种差异会更大。这表明，使用逆流萃取并流反萃交替过程，其萃取效果要优于一般的多级逆流萃取过程。

有文献报道，使用二丁基亚砜（DBSO）萃取磷酸，其中，$D_f = 0.364$，$D_s = 1.072$，$y_0 = 0$，$x'_0 = 0$，$L_f = 1.0$L/h，$L_e = 1.5$L/h，$L_s = 1.5$L/h，$x_f = 240(P_2O_5)$g/L。分离要求为将浓度为 240(P_2O_5)g/L 的料液经多级萃取达到萃残液为 110(P_2O_5)g/L。那么，采用一般的多级逆流萃取过程需要 6 级萃取，而采用逆流萃取并流反萃交替过程只需 2 级萃取就可以基本满足分离要求（见表 5-8）。显而易见，在这种情况下，逆流萃取并流反萃过程的优势是十分明显的。

表 5-8　两种过程的逐级浓度比较（DBSO 萃取磷酸工艺）

过　程	逐级溶质(P_2O_5)浓度(g/L)					
	x_1	x_2	x_3	x_4	x_5	x_6
一般的多级逆流萃取过程	237.1	231.7	221.9	203.9	170.9	110.6
逆流萃取并流反萃交替过程	174.3	112.8				

(4) 同级萃取反萃过程

把萃取级和反萃级交替排列起来，实现萃取反萃交替过程，可以取得增大传质推动力、提高传质效率的效果。按照这一思路，若实现同级萃取反萃过程，即料液水相与萃取溶剂相逆流萃取，萃取溶剂相与反萃水相并流反萃，萃取与反萃在同一接触级内实现，可能会大大增加过程的传质推动力，获得更加明显的效果。

液膜分离过程是特殊的萃取反萃耦合过程。正是因为液膜分离过程中的萃取反萃同时进行、一步完成的特点，通常认为，该过程是一类具有非平衡特征的传递过程，很少讨论其达到相平衡时的情况。实际上，同级萃取反萃过程也应该存在相平衡状态。例如，按一定相比配制油包水（W/O）型乳状液，将其分散到含有待分离溶质的连续水相中，采用间歇操作的方式，可以获得连续水相中待分离溶质浓度随时间的变化曲线。这一浓度曲线随时间的延长呈下降趋势，并趋于一个浓度的恒定值（可能是一个很低的浓度恒定值）。这表明，像液膜分离这样的同级萃取反萃过程，同样存在平衡性质的讨论问题。换句话说，液膜分离过程同样存在传质推动力的讨论问题。

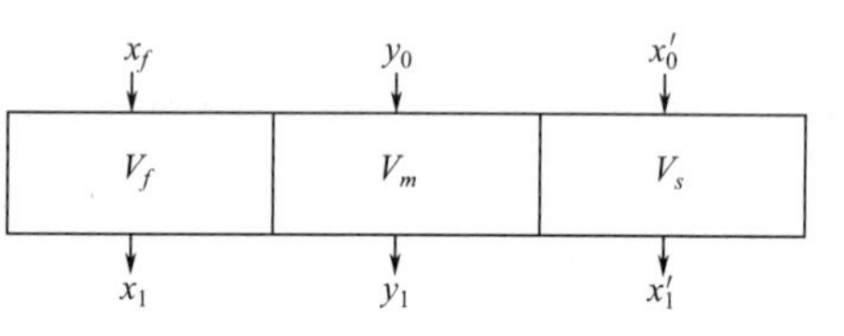

图 5-12 同级萃取反萃过程的单级模型

以乳状液膜分离的单级间歇操作过程为例，可以简化绘出同级萃取反萃过程的单级接触模型（如图 5-12 所示）。假设，左侧相为料液水相，体积为 V_f L，待分离溶质的初始浓度为 x_f mol/L，平衡条件下待分离溶质浓度为 x_1 mol/L；中间相为膜相，体积为 V_m L，待分离溶质的初始浓度为 $y_0(=0)$ mol/L，平衡条件下待分离溶质浓度为 y_1 mol/L；右侧相为膜内相，体积为 V_s L，待分离溶质的初始浓度为 $x_0'(=0)$ mol/L，平衡条件下待分离溶质浓度为 x_1' mol/L。

以乳状液膜脱除溶液中的苯酚为例，讨论膜相无迁移载体的液膜分离体系的平衡关系。一般而言，这一体系的膜相是由惰性溶剂（如加氢煤油）和表面活性剂构成的。苯酚在加氢煤油和水之间的萃取平衡分配系数值 D' 为 0.11。从萃取机理分析可以知道，加氢煤油仅仅萃取分子形态的苯酚，而对于解离后的苯酚负离子没有溶解能力。如果考虑苯酚的解离平衡，苯酚在两相的分配系数 D 表示为

$$D=\frac{[\overline{\mathrm{PhOH}}]}{[\mathrm{PhOH}]+[\mathrm{PhO^-}]}=\frac{D'}{1+10^{\mathrm{pH}-\mathrm{p}K_a}} \tag{5-9}$$

式中，PhOH 为分子形态的苯酚，$\mathrm{PhO^-}$ 为离解后的苯酚负离子，$\mathrm{p}K_a$ 为苯酚解离平衡常数的负常用对数值，上划线代表有机相中的形态。

从式(5-9) 中可以看出，加氢煤油萃取苯酚有明显的 pH 摆动效应，当 pH 值接近或大于 $\mathrm{p}K_a$ 时，萃取平衡分配系数 D 值明显下降，这就是利用碱反萃苯酚的依据。

按照上述分析，在乳状液膜脱除苯酚的同级萃取反萃过程的单级接触模型中，萃取平衡分配系数 D_f 可表示为

$$D_f=\frac{[\overline{\mathrm{PhOH}}]_{(m)}}{[\mathrm{PhOH}]_{(f)}+[\mathrm{PhO^-}]_{(f)}}=\frac{y_1}{x_1}=\frac{D'}{1+10^{\mathrm{pH}_f-\mathrm{p}K_a}} \tag{5-10}$$

式中，$[\mathrm{PhOH}]_{(f)}$、$[\mathrm{PhO^-}]_{(f)}$ 和 $[\overline{\mathrm{PhOH}}]_{(m)}$ 分别为平衡水相中分子形态的苯酚浓度、苯酚负离子浓度和膜相苯酚浓度，pH_f 为平衡水相中 $[\mathrm{H^+}]$ 的负常用对数值。反萃平衡分配系数为 D_s 可表示为

$$D_s=\frac{[\mathrm{PhOH}]_{(s)}+[\mathrm{PhO^-}]_{(s)}}{[\mathrm{PhOH}]_{(m)}}=\frac{x_1'}{y_1}=\frac{1+10^{\mathrm{pH}_s-\mathrm{p}K_a}}{D'} \tag{5-11}$$

式中，$[\mathrm{PhOH}]_{(s)}$、$[\mathrm{PhO^-}]_{(s)}$ 和 $[\mathrm{PhOH}]_{(m)}$ 分别为平衡条件下膜内相中分子形态的苯酚浓度、苯酚负离子浓度和膜相苯酚浓度，pH_s 为平衡条件下膜内相中 $[\mathrm{H^+}]$ 的负常用对数值。

对同级萃取反萃过程的单级接触模型进行物料衡算

$$V_f x_f = V_f x_1 + V_m y_1 + V_s x_1' \tag{5-12}$$

或

$$X_f = x_1 + \frac{V_m D_f}{V_f} x_1 + \frac{V_m D_f}{V_f} \frac{V_s D_s}{V_m} x_1 \tag{5-13}$$

定义萃取因子 $\varepsilon_f = \frac{V_m D_f}{V_f}$，定义反萃因子 $\varepsilon_s = \frac{V_s D_s}{V_m}$，则式(5-13) 可改写为

$$\frac{x_1}{x_f} = \frac{1}{1+\varepsilon_f+\varepsilon_f\varepsilon_s} \tag{5-14}$$

可以看出，与一般的单级萃取的计算式(5-3) 相比，表达式右侧分母上多了一项 $\varepsilon_f\varepsilon_s$，其单级萃取后的残液浓度肯定比一般的单级萃取时的残液浓度低。对于通常的多级逆流萃取过程，若 ε_f 很小，则萃取分离难以实现。但对于同级萃取反萃过程，若 ε_f 很小而 ε_s 较大时（如液膜脱酚过程），$\varepsilon_f+\varepsilon_f\varepsilon_s$ 则可能达到某个相当大的值而使提取率大大提高。以一个实验研究的实例进行计算，其中，料液水相苯酚初始浓度为 0.00745mol/L(700mg/L)，膜相苯酚初始浓度为 0，膜内相苯酚初始浓度亦为 0，膜内相 NaOH 初始浓度为 0.25mol/L，乳水比 $(V_m+V_s)/V_f$ 为 0.2，膜内比 V_m/V_s 为 1.5。由于平衡水相的 $pH<7$，明显小于苯酚的 pK_a 值 ($pK_a=9.99$)，因此根据式 (5-10) 可以估算，$D_f \approx D'=0.11$。另外，平衡条件下膜内相的 pH_s 可以用下式估算

$$[OH^-]_{(s)} = [OH^-]^0_{(s)} - x_1' \approx [OH^-]^0_{(s)} - \frac{V_f}{V_s} x_f \tag{5-15}$$

$$pH_s = 14 + \lg[OH^-]_{(s)} \tag{5-16}$$

式(5-15) 及式(5-16) 中，$[OH^-]^0_{(s)}$ 为膜内相中 $[OH^-]$ 的初始浓度，$[OH^-]_{(s)}$ 为平衡条件下膜内相中 $[OH^-]$ 的浓度。

按式(5-15) 及式(5-16)，可以估算平衡条件下膜内相中 $[OH^-]$ 的浓度为 0.157mol/L，pH 值约为 13.2。根据式(5-11)、式(5-14) 可以计算出反萃平衡分配系数 D_s 为 1.475×10^4，平衡条件下料液水相苯酚浓度 x_1 为 5.69×10^{-5}mol/L(5.35mg/L)。这一结果与实验研究的分离残液的苯酚浓度数据 (5mg/L) 基本相符。十分明显，苯酚在加氢煤油和水之间的萃取平衡分配系数仅为 0.11，但以煤油作为膜溶剂，液膜分离的单级萃取率可以达到 99.2%以上。这一结果充分说明了实现同级萃取反萃过程对于增大传质推动力，提高传质效率的明显效果。

值得提及的是，保持膜内相中足够量的 NaOH，即维持平衡条件下膜内相的 $pH_s \gg pK_a$ 是液膜分离达到高效率的必要条件。例如，在其他的操作条件不变的情况下，料液水相苯酚初始浓度升高至 0.0197mol/L(1850mg/L)，则平衡条件下膜内相中 $[OH^-]$ 的浓度为 0.004mol/L，pH 值约为 11.6，反萃平衡分配系数 D_s 为 379.4，平衡条件下料液水相苯酚浓度 x_1 为 4.46×10^{-3}mol/L(418.6mg/L)，液膜分离的单级萃取率仅为 77%。若要提高单级萃取率，则需要提高膜内相 NaOH 的初始浓度。

同级萃取反萃过程是一种很有潜力的过程。当然，这一过程在设备中如何加以实现，是需要继续研究的课题，近年来，固定膜界面萃取技术的出现和研究对此展示出希望的前景。

5.8.2.2 增大相际总传质系数

在液-液萃取过程中，待分离溶质在两相中的化学位不同，发生由一相向另一相的物质传递。复杂的相际传质过程主要包括三个步骤：①待分离溶质从料液相的主体传递到该相的

边界；②溶质穿过两相界面，从料液相进入萃取相；③待分离溶质从萃取相边界传递到该相的主体。

萃取过程中，待分离溶质在两相间传递，界面两侧的边界层流动状况对传质产生明显影响。当边界层中流体的流动完全处于层流状态时，只能通过分子扩散传质，传质速率很慢；当边界层中流体的流动处于湍流状态时，在湍流区内主要依靠涡流扩散传质，而在边界层的层流底层仍依靠分子扩散传质。

液液界面的传质是十分复杂的。工程计算中一般利用简化的模型来描述。最典型的模型就是基于双膜理论的模型。这种模型的基本假设是：①两相接触时存在一个稳定的相界面，在界面两侧存在两个稳定的滞流膜层；②在两相界面上，传递的组分达到平衡，界面上无传质阻力；③传质过程是由待分离溶质在滞流膜层内的分子扩散控制，整个过程的传质阻力存在于两层滞流膜内；④传质过程是稳定的。

根据这些假设，两相的传质过程是独立进行的，所以传质阻力具有加和性。双膜模型是一种简单、直观的传质模型，计算方法简便。因此，双膜模型在工程计算中得到了广泛的应用。鉴于相际传质过程的复杂性，人们通常在工程设计中采用阻力叠加的方法进行计算。对于待分离溶质从水相主体到有机相主体的总传质速率 N_A 也可以表示为总传质系数、总传质面积和传质推动力的乘积形式，总传质系数则由两相分传质系数求出：

$$N=K_w A(x-x^*)-K_w aSL(x-x^*) \tag{5-17}$$

$$\frac{1}{K_w}=\frac{1}{k_w}+\frac{1}{mk_o} \tag{5-18}$$

或

$$N=K_o A(y^*-y)=K_o aSL(y^*-y) \tag{5-19}$$

$$\frac{1}{k_o}=\frac{1}{k_o}+\frac{m}{k_w} \tag{5-20}$$

式中，N 为总传质速率，mol/s；A 为两相接触面积，m^2；a 为两相传质比表面积，m^2/m^3；S 为萃取塔横截面面积，m^2；L 为萃取塔的有效高度，m。K_w 和 K_o 分别表示用水相溶质浓度和用有机相溶质浓度表示传质推动力时的总传质系数（m/s）；k_w 和 k_o 分别为水相和有机相的分传质系数（m/s）；x 和 y 分别为水相和有机相的主体浓度（mol/m^3）；x^* 和 y^* 分别为水相和有机相的平衡浓度（mol/m^3）；m 为萃取平衡分配系数。

在萃取过程中，为了强化传质，总是使一相分散成液滴和另一相接触。例如，有机相（轻相）在水相（重相）中分散，形成大量液滴，在密度差作用下上升，在萃取塔顶部聚集、分相，澄清后的轻相从塔顶部排出。十分明显，决定萃取传质速率的总传质系数 K 和传质比表面积 a 与液滴群的行为是密切相关的，液滴群的行为又与系统的特性及操作条件有关。提高总传质系数 K 值，降低相际传质阻力可以用适当增加流速或增加外界输入能量等方法提高两相流的湍动程度，从而提高两相的分传质系数。

例如对不同的液滴内分传质系数（分散相分传质系数）都有计算公式。

当液滴直径很小时，液滴自由降落（或上升）的速度很低，液滴内部处于停滞状态，可以作为刚性球处理。液滴内的传质依靠分子扩散，传质速率较慢。停滞液滴内分传质系数的近似表达式为

$$k_d=\frac{2\pi^2 D_d}{3d_p} \tag{5-21}$$

式中，d_p 为液滴直径，m；D_d 为分散相内溶质的分子扩散系数，m^2/s。

液滴受连续相黏性剪应力的作用而在液滴内出现循环流动。滞流内循环液滴的传质是分子运动和流体混合两者造成的。滞流内循环液滴分传质系数的表达式为

$$k_d = 17.9\frac{D_d}{d_p} \tag{5-22}$$

与式(5-21) 相比较，滞流内循环液滴分传质系数大约是刚性球液滴分传质系数的 2.7 倍。

当液滴呈湍流内循环时，液滴的传质速率更为增大。湍流内循环液滴分传质系数的计算公式为

$$k_d = \frac{0.00375u_t}{1+\mu_d/\mu_c} \tag{5-23}$$

引进修正的 Peclct 准数

$$Pe = \frac{d_p u_t}{D_d}\left(\frac{1}{1+\mu_d/\mu_c}\right) \tag{5-24}$$

式(5-23) 改写为

$$\frac{k_d d_p}{D_d} = Sh = 0.00375Pe \tag{5-25}$$

式中，u_t 为液滴的终端速度，m/s；μ_c 和 μ_d 分别为连续相和分散相的黏度，Pa·s。与式(5-21) 比较可知，湍流内循环液滴的传质系数约为刚性球的 0.00057Pe 倍。

在填料萃取塔、筛板萃取塔、混合澄清槽及离心萃取器等实际萃取设备中，相际传质过程是比较复杂的。两相流体流经萃取器内部构件时会引起两相的分散聚结和强烈的湍动，传质过程和简单的分子扩散差别很大。在工程设计计算中，要将分布器设计及操作流速进行优化，使液滴运动状态处于湍流内循环液滴状态就可以提高分散相分传质系数，进而提高总传质系数 K 值。

K 值与体系的物理化学性质、设备结构和操作条件等因素有关。对于给定的体系和设备，提高总传质系数 K 值通常可以用适当增加流速或增加外界输入能量等方法提高两相流的湍动程度，从而提高两相的分传质系数。此外，如果分散相液滴是水相，则适当加入脉冲电场，使分散相和连续相的界面上发生周期性的湍动，同样可以提高传质速率。

5.8.2.3 增加相间传质面积

在萃取操作中，采用搅拌、脉冲等外界输入能量使一相在另一相中分散成微小液滴，可以增加两相接触表面积，对于一般的萃取分离体系，两相接触的比表面积可以达到 500m^2/m^3。但是，过细的液滴又容易造成夹带，使溶剂流失或影响分离效果。

膜萃取又称固定膜界面萃取。它是膜过程和液液萃取过程相结合的新的分离技术。与通常的液液萃取过程不同，膜萃取的传质过程是在分隔料液相和溶剂相的微孔膜表面进行的。例如，由于疏水微孔膜本身的亲油性，萃取剂浸满疏水膜的微孔，渗至微孔膜的另一侧。这样，萃取剂和料液在膜表面接触发生传质。从膜萃取的传质过程可以看出，该过程不存在通常萃取过程中的液滴的分散和聚合现象。过程的传质表面积主要由膜器提供的膜表面积决定。商用的中空纤维膜器可以提供 $10^3 \sim 10^4$ m^2/m^3 数量级的传质比表面积，大大超过了一般萃取过程的两相接触比表面积值。

液膜分离技术是一种快速、高效和节能的新型分离方法。十分明显，液膜分离技术和溶剂萃取过程具有很多的相似之处。液膜分离技术与溶剂萃取一样，其传质都是由萃取和反萃取两个步骤构成的。溶剂萃取中的萃取与反萃取是分步进行的，但是，在液膜分离过程中，萃取与反萃取是同时进行、一步完成的。液膜分离技术中经常使用的类型是乳状液膜。乳状液膜实际上可以看成一种“水-油-水”型（W/O/W）或“油-水-油”型（O/W/O）的双重乳状液高分散体系。乳状液膜体系包括三个部分，膜相、内包相和连续相，通常内包相和连

续相是互溶的，而它们与膜相则互不相溶。乳状液膜是一个高分散体系，提供了很大的传质比表面积。待分离物质由连续相（外相）经膜相向内包相传递。大量细小的乳状液液滴与连续相之间巨大的传质表面积促进了液膜分离过程。更为细小的内相微滴使反萃过程的界面面积比萃取的界面面积高 2～3 个数量级，这是通常的液液萃取过程无法达到的。

然而，液膜分离过程往往把互相矛盾的条件交织在一起，例如，传质过程中需要的巨大传质表面积与液膜分离体系的泄漏和溶胀的矛盾、液膜分离体系的稳定性与传质过程结束时的静电破乳的矛盾等，因此，实现稳定操作比较困难。

针对乳状液膜分离过程的弱点，20 世纪 90 年代初出现了将乳状液膜技术延伸发展为微乳液膜技术。微乳液膜技术比乳状液膜技术有明显的优点。

微乳液（microemulsions）是由水（或者盐水）、油、表面活性剂和助表面活性剂在适当的比例下自发形成的透明或半透明、低黏度和各向同性的稳定体系。微乳液的粒径更小，表面积更大，具有更快的传质速率。同时，微乳液是热力学稳定体系，因此能形成稳定的微乳液膜，不会因颗粒聚结而导致相分离。微乳液体系的形成和破乳比较容易，例如，只要调节温度就可以使微乳立刻形成或破坏。当然，微乳液膜技术的实现也需要一定的要求。如果料液相是水溶液，则微乳液必须是油包水（W/O）型的。

研究者比较了用乳状液膜技术和微乳液膜技术从含 Cu^{2+} 的水溶液中分离铜离子的效果。结果表明，用微乳液膜时，铜的分离在 2min 内基本完成，并在 60min 内不发生泄漏现象；用乳状液膜时，同样的分离要求需要 10min 才能达到。这一结果说明了微乳液体系的微乳液滴的粒径更小，传质表面积更大，确实具有更快的传质速率。

第 6 章

化学工程师

随着我国国民经济的高速增长和经济结构的战略性调整，对科技人才和管理人才的需求不断增长，与此同时，也给科技人才和管理人才，特别是高层次人才提供了施展才华的良好机遇。“发展是第一要务，人才是第一资源，创新是第一动力”。化学工业的蓬勃发展，化工科技的不断进步，关键是要建设一支以化工管理人才和化工专业技术人才为主体，规模宏大、结构合理、素质较高的人才队伍。这支队伍的重要组成部分包括高级公共管理人才、高级专业技术人才、高级经营管理人才、高层次高技能人才等。一句话，这支队伍的骨干应该是一批具有现代科学技术与工程知识、有经济管理理念、有自主意识和精神、勇于开拓、善于创新的高素质的化学工程师。

正确认识化学工程师的特点、职责和要求，正确认识化学工程师的人才规格，无论对培养人才的教育工作者、管理工作者，还是对立志成为化学工程师的受教育者都是十分重要的。在发展化工事业的全过程当中，要真正做到尊重知识，鼓励创新；要真正做到多层次、多渠道、大规模开展人才培养；要真正做到实行公平竞争，完善激励制度，执行人才工作的创新机制，实现“培养人才、集聚人才、吸引人才、用好人才”，真正形成优秀人才脱颖而出和人尽其才的良好环境，这样才能为推进化工事业的技术创新和经济发展提供强大的人才保证和智力支持。

6.1 化学工程师的产生

化学工程是工程学的一个分支，化学工程师是工程师的一部分。

工程与科学之间、工程师与科学家之间关系密切而又相互区别。科学，特别是自然科学，主要是对自然现象及其原理、规律的系统阐述和认知。科学家的职责和任务是发现和认知自然现象，对自然规律及其相关理论的探索。工程则是以有益于人类的专门技术为核心，把科学知识、规律和理论有效地应用于实际，为人类提供有用的产品或工艺，为人类创造财富，实现最大的利益。换言之，科学家使经过验证和系统化了的关于物质世界的知识更加丰富，工程师则运用这种知识来解决实际问题。

一般认为，现代意义上的工程和工程师始于 18 世纪。最早出现的工程是土木工程。当时，由于修筑要塞工事以及道路桥梁的需要，在军事学校中讲授工程原理，进行技术训练，称作军事工程。后来，将这些原理用于非军事的房屋、道路、桥梁的建设时，则称为民用工程。这就最先出现了土木工程和土木工程师。土木工程的英文名称为 Civil Engineering（民用工程），这一词汇是 1750 年出现的。

机械工程师的前身是最早的水车设计人、建造水磨和蒸汽机时代以前的其他装置的木匠和铁匠。在 19 世纪初，在物理学、数学的学科发展的基础上，以蒸汽机的发明为起点，诞生了机械工程这一工程专业和机械工程师。

与土木工程和机械工程不同，电机或电力工程的诞生明显地起源于科学发现。正是富兰克林、伏特、法拉第等人对电与磁的关系的研究，特别是发现在强磁场中旋转线圈，可使其中产生电流，或让电流通过线圈可使线圈旋转的实验，为发电机和电动机的发明奠定了理论基础，同时也创造了现代文明发展的新的需求。正因为这样，在发明电以后，才开始为电寻找市场。

为电开辟市场，在北美机会较多。1880 年，爱迪生发明了电灯，为电找到了新的用途。电力照明迅速发展，这又促进了发电、输电、用电，特别是促进了电动机和发电机的广泛应用。可以说，电机工程的出现，只有在电有效用于实际以后才有可能。选择“电有效用于实际”这类活动作为专业的工程师，即电机工程师也应运而生。

土木工程、机械工程、电机工程等三种工程与科学的关系主要表现在物理学和数学在实际中的应用。

和其他工程专业学科和专业工程师的产生相类似，化学工程和化学工程师的产生也是与化学加工生产活动的经验积累及化学加工工业的发展、其他生产部门提出的化工问题的解决需求，以及化学、物理学和数学等基础学科的发展密不可分的。

在人类的发展史中，所有生活和生产活动无不涉及化学反应和物理加工。在化学工程学科形成之前，在这些活动中只是不自觉地利用化学反应、传热和分离的规律，并在实践中积累了经验，形成了知识。因此，在工业革命开始后，各个化学加工工业部门和行业便陆续形成，但“化学工程”及“化学工程师”的诞生却晚得多。

从 18 世纪到 19 世纪中叶，由于力学和机械学的发展，机械化取代了人力和畜力，生产力产生了飞跃，以煤为能源的蒸汽动力机的发明、钢铁材料的广泛采用，推动了纺织、钢铁和煤炭三大工业的兴起，也促进了化学加工工业中的炼焦工业、染料工业、酸碱工业的发展，生产的焦炭、染料、酸、碱，保证和促进了这三大工业的发展。蒸汽机是在英国发明的，但由于德国很重视化学加工工业，炼焦工业发展很快，以煤焦油为原料建立的染料和制药等化学加工工业的发展速度比英国更快。到了 19 世纪中叶，德国的工业总产值便超过了英国的工业总产值，化学加工工业对当时生产力发展起到了极其重要的作用。

从 19 世纪中期以后，电磁和电动机的发现以及电磁理论和近代物理学理论的建立，使生产力发生了又一次飞跃，开始进入了电气化时代。另一方面，内燃机、汽车、飞机的发明和应用，使石油逐渐成为能源的主体。在这一发展阶段，使用的材料除了更多品种的钢铁和其他金属外，还包括了大量的水泥、以铜为主的导电材料、以酚醛塑料为主的绝缘材料。所有这些材料都是通过各类化学加工工业生产的。整个工业的前进和发展大大促进了炼焦工业、水泥工业、陶瓷玻璃工业和“三酸”（硫酸、硝酸、盐酸）、“二碱”（烧碱、纯碱）等化学加工工业的发展。与此同时，还发展了矿石和煤的破碎、精选等配套工程；为解决固体物料的反应，发展了炼焦炉、水泥烧结窑炉、玻璃熔化炉等，推动了化学工程对处理固体的高温窑炉的研究和开发；为适应选煤和选矿的需要，发展了浮选法，建立了利用重力或表面张力的场作用下的机械分离方法。此外，物理，化学、数学等基础理论的研究已相当深入，物理化学和有机化学也开始形成了系统的理论体系。由于基础理论的发展和认知的深化，在解决化学加工工业的技术问题的过程中，已开始逐步认识了其中的一些共同规律，化学工程学科开始形成。

总之，随着土木工程、机械工程、电机工程的进步和工业革命的不断进展，人们对物质及材料提出了更新更高和更多的要求。燃料、炸药、绝缘材料、合金材料、水泥、陶瓷、橡胶、塑料、油漆、涂料、染料、润滑剂、漂白剂、硫酸和烧碱等化学品的大量需求，不仅要求化学家合成新的化学物质，发现新的化学反应，测定物质的化学结构，研究新的机理、规律和理论，更好地把握物质的性质和变化，制备需要的化学品，而且还需要解决化学工业生产中的化学工程问题，在工业规模上生产出这些产品。这些要求开始是由一些对生产化学品感兴趣的化学家即工业化学家承担的。当时生产规模较小，操作与实验室工作相似，部分制备器具用金属器皿代替玻璃器皿。后来，特别是在德国，随着化工生产规模的扩大和条件（高温、高压等）的严格苛刻，工业化学家开始求助于机械工程师的合作。这种“化学（家）＋机械（工程师）”的方式在当时是一种卓有成效的合作，因而出现了化学工程师。这种工业化学家与机械工程师合作的传统，至今在德国仍有所保留。但在美国却有所不同，发展化学工业时，化学家人数较少，机械工程师的化学训练也很少。因此，美国发展化学工业时则在一开始就出现了化学工程专业和化学工程师。

总而言之，化学工程师是在化学加工工业的建立和发展过程中应运而生的。

6.2 化学工程师的特点

一般认为，尽管现在的工程专业分工更细，许多新的工程专业，如自动化工程、电子工程、计算机工程、环境工程、生物工程等等不断出现，但按其共同性质分类，仍然从属于土木工程、机械工程、电气工程和化学工程这样的四大工程学科的范围。

化学工程师与其他工程师具有共同点，他们都是利用自然界资源和社会资源，运用科学技术成果和专业技术知识，经济有效地为人类提供有用的产品或工艺，为人类创造财富，实现最大的利益。

然而，与其他工程师相比较，化学工程师也有着自己的明显特点，主要反映在知识结构与能力训练、社会贡献和工作任务等三个方面。

（1）化学工程师的知识结构与能力训练

化学工程师的知识结构中除了有数学和物理学基本理论知识的扎实基础之外，应该具有较强的化学化工基础理论知识及化工专业知识。化学化工的基础理论知识和化工专业知识主要包括无机化学、分析化学、有机化学、物理化学、化工原理、仪器分析、化工热力学、传递过程原理、分离工程、化学反应工程、过程系统工程、化工过程控制、化工技术经济和化工过程安全等。化学工程师的能力训练则需要接受良好的化学化工实验的培训，具备很强的实验设计能力和动手能力。

（2）化学工程师的社会贡献

其他工程师的社会贡献主要是研制、建造或生产器物，如桥梁、道路、房屋、车辆、机械装备、电子电气、仪器仪表等等。化学工程师的社会贡献则主要是研制和生产化学物质和材料。一般地说，化学工程师利用化学工程的技术和地球上的资源和能源，形成和发展化学加工工业，生产其他工业和农、林、牧、副、渔业所需的产品，构造人类赖以生存的经济基础，满足人类生活的需要，并保护人类的生存环境。

(3) 化学工程师的工作任务

化学工程师的工作任务主要是以化学、物理、数学为基础，结合其他工程技术来研究化工生产过程中的共同规律。尤其特殊的是，化学工程师是以地球上的资源或半制成品为原料，通过物质的化学变化过程和物理加工过程，改变原料的性质和组成，获取人类所需的各种物质和产品。化学加工过程有许多共同的工程问题，如热量和质量的传递、物料的混合和分离、原料的转化和反应等。化学工程师通过分析综合工业过程中的问题，解决有关生产流程的组合、设备结构设计和放大、过程操作的控制和优化等实施关键，从中归纳出共同的原理、理论基础以及设备设计放大的共同规律，既保证高效、节能、经济和安全地生产，又维持可持续发展的良好的生态环境。

6.3 化学工程师的任务

化学工程师的典型任务是根据人们和社会对物质和产品的需求，将化学家手中的改变物质性质和组成的实验室发明成果，发展放大成为工业规模的化工过程，并经济、安全地运转，提供更多更好的化工产品，提高人们的物质生活水平和精神生活水平。按分工不同，化学工程师通常从事下述的工作或活动。

(1) 研究（Research）

化学工程师从事的研究工作，一般由基础研究或应用基础研究及应用研究组成。

化学工程师的研究工作从最初的创意或设想开始，经过基础研究或应用基础研究，弄清物质的性质和组成的变化规律，发现新的现象，达到对新理论、新规律或新知识的深化认识。在此基础上，开展应用研究，在实验室寻找将基础研究成果应用于实际的途径，其结果往往表现为合成新型化合物，创制新产品，实现新工艺，形成新技术和新方法。

化学工程师的研究工作内容主要涵盖三个方面，一是产品，二是工艺，三是应用。产品的研究和工艺的研究包括为变化了的市场需求及时地提供相应的新产品及其工艺，从新的、价廉易得的原料出发制备有广泛用途的新产品及其工艺，为现有产品的生产工艺进行有效的更新改造，提高效率，节能降耗等。以应用为目的的研究主要是为化工产品寻找新的用途或新的应用工艺，通过为用户提供技术服务扩大产品的市场和应用领域，延长产品的寿命。此外，化学工程师还要研究发明新的化工过程技术和设备，如新的反应器、分离设备与技术，以及设备的模拟放大方法等。化学工程师从事的化学工程研究，既可以是应用性的，又可以是应用基础性的。

值得提及的是，基础研究和应用基础研究是十分重要的。如果对基础研究和应用基础研究重视不够，技术基础薄弱，势必对提高自主创新能力形成较大的障碍。要自主研究开发新产品、新工艺，而又没有扎实的基础研究做先导，研究开发工作就犹如无源之水，无本之木。所谓的技术开发，其实仅属于“仿制”性质，只能跟在别人后面爬行。而且，在实施知识产权保护以后，仿制已是不再可能的了。例如，一种新药的问世，往往要从上千个化合物中进行分析筛选，涉及有机合成化学、生物学、生理学、病理学、药理学等一系列基础理论，很难想象，没有深入广泛的基础研究，就能创制出全新的药品来。因此，那种认为基础研究或应用基础研究与企业发展和经济建设的关系不大，或者“远水解不了近渴”等说法是不正确的。

（2）开发（Development）

开发是从实验室走向工业生产的中间步骤。化学工程师的开发工作包括试验室开发、中间试验、工业性试验以及模拟和放大等。

如前所述，无论是基础研究或应用基础研究，还是应用研究，其研究工作的成果一般都表现为对客观世界的规律的认知和发现，对新产物及其制备方法的发明。研究工作完成时，可能在试验室中搭建了实验装置，制备了少量的实验样品。但总的来说，此时既没有完整的工艺操作过程，也没有规模化的产品生产。对大多数化工企业来说，生产和出售的并不是发明专利，而是产品，因此，必须在研究工作的基础上进行开发工作。

化学工程师的试验开发工作是紧接在基础研究和应用研究后进行的。试验开发工作的主要内容是搭建扩大的实验装置，批量进行样品制备并进行改进，认真确定产品工艺及其影响因素，进行完整的过程开发及应用开发。

由于试验开发阶段和产业化阶段存在着诸多方面的差异，开发工作往往需要经历中间试验阶段，才能将技术创新成果转移到工业生产上去。中间试验的目的就是在中试装置上检验和校正实验室的数据，为工程设计、施工和生产提供数据和要点。化学工程师在中间试验过程中的主要工作是：①掌握化学反应特性、设备特性及材料腐蚀情况，了解杂质含量及其影响，确定排放物料的处理和回收方法；②研究过程的传质和传热，确定检测和调控方法，完善装置设计，提高自动化水平；③提出原料、燃料、辅助材料、半成品和残渣等的运输条件和要求；④提出安全操作措施。

（3）放大（Scale up）

“放大”是化工研究与生产应用的连接点，也是化工的工程性特点。解决工程放大问题，要求化学工程师全面认识影响放大效应的因素，研究其中的规律，解决设备放大中的关键问题和工程放大中的匹配问题。有时，为了解决放大问题还需要进行工业性试验。

（4）设计（Design）

化学工程师在研究开发的基础上，就可以进行工业规模化工生产过程的设计。首先，根据中间试验或工业性试验的结果，确定产品的规格和质量、生产工艺流程、过程控制方法等，并结合市场调查的结果确定工厂规模，在此基础上做出初步设计。此后，则进行各类的施工图设计。设计成果是一个系列的文件图纸，包括设备制造和采购所需资料和施工说明书。计算机辅助设计（CAD）的利用，使得化学工程师的设计工作更完善、更规范、更快捷。

在整个化工厂设计工作中，化学工程师一般都处于核心地位，他们的任务是确定整个工艺流程、各类物质流和能量流的流量和条件、设备选型和尺寸、仪表控制和安全系统、工厂平立面布置和设备布置、环保及其他问题。在化学工程师决策的基础上，其他专业的工程师才能分别进行自己承担的工作，如机械工程师进行设备的机械设计，电气和仪表工程师进行电气、仪表及自动控制系统的设计，土建工程师进行厂房和其他构筑物的设计等。

（5）建设（Construction）

化学工程师承担的建设任务就是按照设计要求把厂房建筑起来，把设备安装起来，构筑一个完整的化工厂。

在化工厂建设项目的全过程中，需要经历规划、项目建议书（预可行性研究）、可行性研究、设计（初步设计、施工图设计等）、施工建设和竣工验收交付生产使用等阶段。其中，厂房建设、设备安装、电机和自控等分别由土木工程师、机械工程师及电气仪表工程师负责完成。然而，化学工程师还要进行监督检查和协调工作。最后，在竣工验收交付生产使用阶段，化学工程师要负责调整、试运转，直至交付生产使用。总之，无论是设计还是建设，化学工程师作为工艺负责人，肩负重要责任，组织完成化工厂的建设任务。

（6）制造（Manufacturing）

化工厂建成投入生产以后，化学工程师的日常工作就是制造，或称操作（Operation）、生产（Production）。化学工程师的主要任务是按计划维持正常、安全、有效的生产，同时还要不断对生产操作进行改进，包括节能降耗、降低成本、提高产品质量等等。在现代大规模、自动化、连续性化工生产过程中，工艺参数的控制及稳定生产的维持是由仪器仪表和计算机自动监控完成的，化学工程师的主要任务是认真掌握工艺手册，熟知工艺控制点，正确把握开停车过程，果断处理突发性事故。

（7）销售和技术服务（Sales and Technical Service）

在市场经济条件下，销售化学品，为客户提供技术服务，是化学工程师的重要任务。

市场需求是企业产品生产的出发点和落脚点。化学工程师必须学会开拓市场，扩大经营范围，甚至创造新的市场需求。一是对市场需求要做到“心中有数”，开展市场调查和预测，把握显性的、有形的市场需求的数量、品种、价格，预测长期的、潜在的、无形的市场新需求的出现时机、所需的技术含量及可能的价格匹配；二是要以全新的技术服务理念对产品进行营销、服务和推广工作，从而最大限度地实现产品的真正价值。

实际上，化工产品的销售活动中的确包含着深刻的技术内容。例如，通过技术服务教会用户正确地使用产品，提高产品的信誉度；加强产品售后服务，消除用户对产品质量的疑虑，巩固老用户，发展新用户；结合用户的新需求，由专门技术人员加强产品的再开发，开辟新用途；了解用户的特殊要求，指导工厂改进生产和开发新产品。

（8）经营管理（Management and Administration）

化学工程师的另一项重要任务是经营管理。化工企业制备大量的化工产品，并且实现其应有的价值，它的全过程是由研究开发、工程化、生产、销售等环节构成的连续动态过程，同时伴有大量资源的投入。绝大多数企业的创新资源是有限的，要想使有限的投入得到最大的产出，就必须“集中资源，突破重点”。为了保证资源合理配置，在可行决策的基础上，还必须强化对各个环节工作的管理，从计划、组织、协调、控制和监督等诸方面付出更大的努力，才可能获得更大的效益。

实际上，化学工程师很少只单纯从事技术工作。熟知工程技术的工程师，进而掌握经营管理知识，成长为企业经理人，这是企业的宝贵财富。这样的企业经理人不仅可以进行技术方面的指导，而且具有经营管理才能、人际关系艺术和其他的领导素质。

（9）教育（Education）

既有坚实基础理论和专业知识，又有丰富实践经验的化学工程师又是大学、中专和成人继续教育的化工及其相关专业的教师队伍的组成部分。

（10）咨询顾问（Consultant）

既有理论和专业知识，又有研究及实践经历的化学工程师对企业的生产经营及技术创新可以提出指导意见和咨询建议，并能对化工项目进行正确的可行性研究和技术经济评价。化学工程师担负咨询顾问的任务，需要经常深入化工生产实际，密切跟踪世界化工新技术的发展动向，及时了解市场需求及相关行业的需要，这样才能做出比较完整和正确的判断，为企业提供有益的意见和建议。

(11) 其他工作

事实上，化学工程师的工作范围是很宽阔的。尤其在高新技术飞速发展的今天，化学工程师的工作已不局限于化学工业和石油化学工业部门。在跨学科、跨行业的工业生产部门，如微电子产业部门，化学工程师也开始逐渐增多，发挥着应有的作用。

6.4 化学工程师的人才规格

从社会发展的宏观形势分析，当今社会已经进入信息时代，人们对工程技术的理解和认识发生了很大的变化。工程师不仅应具有扎实的基础知识和良好的主动获取知识的能力及分析解决问题的能力，而且应该具备很好的综合和集成能力及创新意识。由于人与环境、人与社会的关系越来越密切，工程师的知识结构也不应局限于科学与技术本身，必须在解决具体工程问题的同时，全面考虑和综合资源、环境、经济、市场、政治等多方面的因素。

从化学工程学科的发展、行业的需求及中国现实状况出发，化工人才规格的目标定位应当是高层次、高质量的“化学工程师”。尽管化学工程已有一百三十余年的历史，化学工程师所依赖的科学基础有了长足的发展，服务对象不断扩展，解决工程问题的方法和工具不断更新，但化学工程师所面临的任务并未发生本质的改变。面对社会的不断进步、学科的持续发展和相关行业的人才需求，化学工程师必须从知识、能力和素质等三个方面着手，在培养内涵上“高点定位”，调整和更新知识结构和能力训练。总的来说，知识方面包括自然科学基础知识、化工专业技术及相关工程知识、人文和社会科学知识；能力方面包括主动获取知识能力、发现和解决问题能力、创新能力和组织协调能力；素质方面包括思想素质、职业素质、文化素质和生理心理素质。学校系统教育、工作实践锻炼和业余技术进修，都是为了从知识、能力、素质这三方面得到提高。值得重视的是，面对 21 世纪新技术革命的挑战和未来社会的需求，应该从社会进步、学科发展、行业需求等方面正确认识化学工程师的知识结构、能力培养和素质品格，真正造就和发展一支高层次、高质量的化学工程师队伍。

6.4.1 化学工程师的知识结构

扎实的基础和宽阔的视野是高质量化工人才所应具备的基础条件。这不仅是化学工程师自身发展和为社会服务的基础，也是培养化学工程师的创新能力的出发点。实现高质量化工人才培养的关键是知识结构的确定、内容的组织和传授水平的提高，同时正确处理好扎实的基础知识、宽阔的视野与教学环节中的积极引导方式的相互关系。作为化学工程师，必须掌握自然科学基础知识、化工专业技术知识及相关工程知识以及人文和社会科学知识。

6.4.1.1 自然科学基础知识

数学、物理学和化学是最重要的自然科学基础知识，也是化学工程师的基础知识，必须十分重视。

数学 化学工程师要学习、掌握必要的数学知识，一般应包括微积分、线性代数，有条件的还应选修数理方程、概率论及数理统计、复变函数等。

化学工程师要运用学到的数学知识解决化工中的工程实际问题。数学知识在化工中应用的典型方法是数学模型方法。概括地说，数学模型方法就是将一个真实的化工过程简化为一个物理过程，建立数学模型描述这一物理过程，从而把所研究化工过程演变成为数学模拟问题，然后求解数学模型，并进行实验检验和参数估值。对模型的正确性进行必要的检验后，数学模型就可能具有一定的预测功能。对于比较简单的数字模型，运用通常的数学方法如微积分、微分方程等就可能得出解析解。对于复杂的数学模型，就需要运用数值求解方法，利用计算机来求解。

数学对化学工程师是一种强有力的工具。时至今日，化学工程已从经验走向科学，对化工中出现的各种问题可以定量地给出理论的和实验的解析结果，这需要掌握和运用复杂精深的数学知识。化学工程师如果没有较高的数学水平，就很难把实际的工程问题变成可以解算的数学命题。那种以为化学工程师不必掌握太深奥的数学的观点是不正确的。

物理学 物理学是所有工程科学的基础，掌握物理学知识的重要性是众所周知的。大学物理的基础打好了，对于学习掌握后续的工程力学、流体力学、电工电子学、计算机、仪器仪表及自动化等知识，都具有十分重要的作用。

化学 化学工程师的特点之一是具有较强的化学知识背景。作为化学工程师需要学习的“化学知识”一般包括无机化学、分析化学、有机化学和物理化学，即所谓“四大化学”。在大学时学习的化学知识要比中学时学过的化学知识细致得多、深入得多、系统得多。化学知识不是“死记硬背”的东西，它的理论性很强，逻辑推理、抽象思维、系统分析都是很深入的。学习掌握化学知识，必须深入探讨理论，进行定量分析，了解掌握其内在的规律，这样才能学得扎实，举一反三。

“四大化学”中，物理化学是一门抽象概念多，理论性较强的知识，一般作为化工人才培养的专业基础课程，是许多后续课程学习的基础。

在科学技术迅速发展的今天，基础理论知识不仅对于后续课程的学习具有重要意义，扎实的理论基础也是适应未来新领域、新需求的保证。在面临新技术革命挑战的形势下，特别需要夯实基础。其他相关的基础知识也可以进行选修学习：

仪器分析 仪器分析可以单独学习，也可以在分析化学课程中加进近代仪器分析的内容。

分子生物学 越来越多的化学工程师会涉足生物工程领域的工作，要求大学生学习分子生物学或生物工程导论等相关的课程。

材料科学导论 这一导论课程应着重物质结构对材料的物理化学性能，特别是光、磁、电性能的影响，材料类型应覆盖陶瓷材料、高分子材料、半导体材料、金属材料和复合材料等。

计算机科学 化学工程师应能熟练使用计算机，特别是要学会使用应用软件。

6.4.1.2 化工专业技术知识及相关工程知识

化学工程师需要掌握化工专业技术知识及相关工程知识。化工专业技术知识主要包括以下这些方面。

化工原理 化工原理是化工专业及其他化学加工过程专业的一门重要的技术基础课程，其内容是讲授化工单元操作的基本理论，典型设备的结构原理、操作性能和设计计算等。主要包括流体流动、流体输送机械、非均相物系分离、传热、蒸发、吸收、精馏、萃取、干燥、吸附、膜分离等内容。化工原理课程学习过程中应遵循“掌握基本原理、突出过程强化、激发交叉兴趣、增强创新能力”的思维逻辑，课堂讲授与案例讨论相结合，既强调基本理论，又重视联系实际，丰富工程实践内容，从而启发创新思维和意识，培养学习和实践的能力。

化工热力学 化工热力学是化学工程和其他分支、能源工程、材料工程的理论基础，它研究化工过程中各种状态变化和各种形式的能量之间相互转化的规律，为传递过程、分离过程及反应过程指明过程可能达到的最大限度，为有效利用能量和改进实际过程提供理论指导，为化学工业的研究开发、设计及优化提供基础数据。

传递过程原理 传递过程是动量传递、热量传递和质量传递过程的总称。在化工过程中经常涉及这三种传递，传递过程原理是各种单元操作的理论基础。以传递过程原理为指导，借助数学、物理学工具，研究和阐明化学工程中有关问题的实质，这有利于深刻理解单元操作的规律，为优化和改进设备结构及性能提供依据。单相及多相流的流动机理和规律、非牛顿流体传递过程与流变性能、高效传热设备及传热规律、多组分工质相变传热及传质以及多孔介质的传热及传质等都是其重要的内容。

分离工程 分离工程是将一种或多种组分的混合物分离成至少两种具有不同组成的产品的过程。这一过程使物质从无序状态转变为比较有序的状态，是不能自发进行的。分离过程需要在内场或外加场的作用下才能实现。分离过程根据其采用方法的不同性质，可以分为物理分离和化学分离。分离过程能耗、产品回收率和分离精度是评价分离过程性能的重要指标。分离工程课程系统阐述了不同分离操作的特性及分离对象、影响因素、过程原理及设备放大规律，同时归纳出选择分离过程的依据。

化学反应工程 化学反应工程是以反应技术的开发、反应过程的优化和反应器的设计为主要目的的。它的主要内容包括化学反应规律的研究，建立反应动力学模型；反应器中传递规律的研究，建立反应器传递模型，包括反应器内部和催化剂内部传质、传热、动量传递的规律以及与反应过程间的相互关系；新的反应过程和新的反应器的开发及放大设计。除此以外，化学反应过程动态操作特性以及发生温度失控等定态多重性和稳定性问题也是化学反应工程的内容。随着新技术产业的涌现，化学反应工程的分支，如催化剂工程、聚合反应工程、电化学反应工程、生化反应工程的出现和进展，丰富了化学反应工程的内涵。

化工过程系统工程 化工过程系统工程是将系统工程、运筹学、化学工程、过程控制及计算机技术的理论和方法密切结合，应用于化工过程领域。它从系统的整体目标出发，按照整体协调的需要，应用现代系统论及控制论的成果，根据各组成部分的特性及其相互关系，确定化工系统在规划、设计、控制和管理等方面的最优策略，达到最优设计、最优控制和最优管理的目标。学习化工过程系统工程，树立系统的观点和方法，进行系统的分析与综合，确定最优的实施方案。

化工设计 化工设计包括化工过程设计、化工设备设计和化工厂设计。化工设计涉及化工过程设计、化工设备设计和化工厂整体设计的基本原理、程序和方法，是化学工程师必不可少的技术基础知识。

化工技术经济 技术经济是研究技术和经济的相互关系，对技术路线、技术政策、技术方案和技术措施进行分析论证，对它们的经济效益进行评价和评估，寻求技术与经济的最佳结合。化工技术经济是结合化工过程生产技术上的特点，研究由这些特点决定的共同的技术经济规律，探讨如何提高化工过程的设备、资源和能源的利用率，提高企业和部门的整体经济效益。

化工过程控制和仪表自动化 化工过程控制主要讨论控制理论在化工生产过程中的应用。化工过程控制的重要特点是动态和反馈。实际化工过程总是偏离稳态而处于动态变化之中，必须通过信息反馈加以控制，使被控变量回复到稳态，这是化工厂提高产量和质量、节约能源和资源的重要手段。化学工程师必须掌握过程控制的基本原理，学会制定控制要求和控制方案，并与控制专业人员相互交流配合。

化工过程安全 化工过程安全是预防和管控重大化工事故的理论基础、实践总结和关键手段。化工过程安全介绍化工过程安全的基础理论、技术知识和相关概念，系统论述化工生产过程及其典型工艺的安全技术及工程问题。化工过程安全遵循系统工程的思维逻辑，以风险辨识、风险分析与评价、风险管控为主线，阐述化工过程安全风险管控技术、事故发生的可能性估算及事故应急等相关策略。化工过程安全从全过程生命周期分析出发，突出体现以事故预防为主的化工过程风险管理和控制的思想，阐述本质安全化工过程的设计理念、设计原理、设计流程和评价指标方法。化工过程安全课程强调理论的系统性、基础性，注重理论联系实际，通过学习，学生不仅掌握化工过程安全的基础理论和技术知识，培养工程实践能力，而且能够增强自学能力和提高创造性思维，提高化工安全技术与工程的综合素质。

其他必修和选修的工程技术知识还有工程画、机械制图、理论力学、材料力学、金属工艺学、电子电工学等等。

化工专业从早期的“工业化学”到后来的“单元操作”，再到 20 世纪 60、70 年代的“三传一反”，化学工程师的知识结构经历了一系列的变化。1988 年美国麻省理工学院化工系在纪念“化工原理”课程问世一百周年之际，宣布用新的“集成化工”课程取代以往的“单元操作”课程。20 世纪 90 年代，美国麻省理工学院又提出了“回归工程”的战略思想，推进了化学工程师的知识结构的调整和改革。

相对而言，我国化学工程师教育培养系统的体系和内容的变化幅度较小。近年来，逐步补充和拓展了一些新的内容。但在总体优化方面，在更新内容和传统内容的衔接和联系方面有待进一步的调整。

从化学工业及化学工程学科的发展来看，一方面，化学工程师面对的事物及现象的复杂性不断增大，对化工过程所涉及的各种现象需要有更为深入的认识；另一方面，化学工程师面向的服务领域不断拓展，从传统的化工逐渐辐射到生物、环境、材料、医药、轻工、食品等许多领域。这样，化学工程师的专业技术知识将拓展到相关工程知识领域，如半导体工程、医药工程、生物工程、材料工程、能源工程、环境工程领域等。然而，化学工程师的知识不可能随认识层次的加深和服务对象的扩展而无限制扩展，保证最基本的、最核心的知识结构，并使这些内容随学科的发展和行业需求的变化做出相应的调整，是十分关键的。

6.4.1.3 人文和社会科学知识

随着现代社会的不断发展，工程的概念也发生了变化。工程与社会的关系日趋密切，工程师所面临的已不再是单纯的工程技术问题。培养化学工程师人才，应该加强经济、环境、生态、管理及法律等方面的教育。培养现代工程师，树立现代工程意识，增加人文和社会科学知识，适应社会发展的需求，已经逐渐为人们接受，形成共识。

随着中国特色社会主义建设事业的发展，以经济发展为中心环节，以提高经济效益为中心内容，促进了人才培养中的经济学，如微观经济学和宏观经济学的学习，促进了与工程技术紧密结合的技术经济学、经济法和专利法的学习，促进了企业管理工程、经济管理导论、人际关系学等课程的学习。与此同时，在化学工程师的人才培养历程中，政治、历史、文学、艺术等课程的学习都应作适当安排。

6.4.2 化学工程师的能力培养

所谓能力，通常指完成一定任务或一定作为的本领及技巧。传统的教育存在偏重知识传授而忽略能力培养的倾向。近年来，对能力的培养十分重视。应该看到，知识是提高能力的前提，能力不能离开知识而凭空产生；同时，能力又是取得、掌握、运用和进一步拓展知识的条件，没有必要的能力，知识就难以掌握，学到的知识也很难充分应用。

化学工程师的能力主要包括主动获取知识能力、发现和解决问题能力、创新能力和组织协调能力等。

6.4.2.1 主动获取知识能力

科学知识的发展和更新很快，学校教育不可能一劳永逸。现代教育的发展趋势正在由传统的知识和技能的传授转向能力的培养和方法的借鉴，教育也从阶段教育发展成为终身教育。因此，重视培养主动获取知识的能力是很重要的。

在“教”和“学”的过程中，应该强调正确认识“干粮”和“猎枪”的辩证关系，这是十分关键的。教师在进行知识传授的过程中，既要认真讲述知识，给学生以足够的“干粮”，又必须传授获取知识的途径，使学生掌握“捕猎方法”；学生在学习接受知识的过程中，既要获得和掌握所传授的知识，贮存一定量的“干粮”，又必须培养主动获取知识的习惯和能力，掌握“猎枪”的使用方法。有了“干粮”，就有了“生存”的基础条件，正确使用“猎枪”，就可能为“学习”“创新”提供不懈的动力。

知识来源于实践，许多知识要从书本外得到，观察能力就很重要。化学和化学工程是实验科学，主要是在实验和实践中观察现象，探索规律。只有具有敏锐的观察力，才能从偶然出现的异常现象中有所发现，学到知识。

获取知识能力可以包括阅读能力、听讲能力、理解能力、记忆能力等，都是十分重要的。这里的关键是“主动”，即主动地、能动地获取知识。

兴趣是人们对事物的特殊的认识倾向。对事物没有浓厚的兴趣，绝不可能产生成功的获取。对事物、对知识充满兴趣，往往带着满意的情绪和向往的心情，主动积极地去认识事物、获取知识。“热衷于一切我所认为有趣的事物，并且以了解任何问题与事件为极大满足”，达尔文对“兴趣”的体会是异常深刻的。当然，兴趣不是一朝一夕生成的，而是逐渐形成、发展来的。获取知识的主动性同样需要平时加以培养。

另外，“主动”地获取知识，也代表着对知识和有用信息的分辨能力和迅速反应能力。

需要十分注意的是，人类在长期社会发展实践中积累的知识，特别是一些基本规律、基础知识，是人类的共同财富，绝大部分不会很快过时的，其发展也是在原有基础上的发展。当然，知识必须不断更新，也必然不断更新。化学工程师在将来的工作中要不断地自我学习、自我完善，跟上发展的步伐，立于不败之地。

6.4.2.2 发现和解决问题能力

获取知识不是目的，工程师的目的和任务是运用已有的知识发现和解决问题，有所发现、有所发明、有所创造、有所前进。

“提问是生活的老师”。提出问题或发现问题，往往意味着解决问题的希望所在。学会提出问题或发现问题，首先要有知识与经验的积累。只有以知识与经验作为支撑，才会善于发现问题。学会提出问题或发现问题，必须认真观察分析，尽量不放过蛛丝马迹，尤其是从他人熟视无睹的事物、问题中发现新的、不寻常的问题。爱因斯坦指出，提出一个问题往往比解决一个问题更重要。巴尔扎克也认为，打开科学的钥匙毫无例外的都是问号。不善于利用积累起来的知识和经验对事物进行认真观察和分析，不善于提出问题或发现问题，那么，解决问题、实现创新就很难提到议事日程上来。

解决问题首先需要缜密的思考。没有思考，即使有了提问，进行了观察，也仍旧停留在思维的浅表层次，难以触及问题的实质。深入细致、周到缜密的思考，就是对既有事物、既成事实的反省与怀疑。对于问题，尤其是对于新问题，应当敞开思路，从多个角度、多个层面设想种种不同的可能性，从中梳理出对应的解决方法来。勤于思考是提出问题、认真观察的后续阶段。只有三方面协同一体，解决问题、实现创新的道路才可能真正地展现出来。

解决问题需要拥有深入系统的知识，善于运用前人或他人的研究成果，善于举一反三，运用突破性的方法攻克难关，推断新的结论，提出新的见解。

“兴趣广泛”是拥有深入系统的知识，善于运用前人或他人的研究成果解决问题的人的重要特征。人们通常所讲的“通才”是相对“专才”而言的。“通才”的特点就是不仅仅局限于专业方面，在经常性的学习和实践过程中，积淀了丰富的知识和经验，培养了宽阔的视野和思维方式。兴趣广泛贵在博，广泛的兴趣有益于高度的知识综合，培养解决问题的能力需要培养多方面的兴趣。然而，兴趣中心贵在专。许多通才式的创新者在某个领域则是卓有建树的专才。另外，兴趣仅停留在期望、等待的状态，而无实际行动，那么，这种兴趣只是纸上谈兵，对解决问题不起任何作用，唯有付诸实施，坚持不懈，积极奋斗，才有望成功。这就是兴趣的效能问题。既要有广泛的兴趣，又要有中心兴趣，并能善于发挥兴趣的效能，这些就是解决问题、成功创新的良好基础。

多样性的思维方式是解决问题的重要依据。多样性思维方式就是从多角度、多层次、多侧面去寻找问题的解决方法和答案，强调灵活多变地思索，绝不停留在或局限在某种单一的解决方案或实现结果上，从而达到灵活自如、从容不迫、成竹在胸地解决问题的目的。多样性的思维方式一般包括相似联想思维、发散思维、逆向思维和侧向思维等。

相似联想思维　事物之间存在着不同的属性，然而，不同事物中可能存在着某种属性的相似或相同，可能通过联想在它们之间建立联系，做到“异中求同”。这样，有助于从不同事物中受到启发，解决问题，做出创新成果来。相似联想实际上是对头脑中已有的各种表象的一种重组，其实，只要善于动脑筋，碰到一些现象或意外情况，不要轻易放过它，灵活地变换思考角度，运用相似联想发现不同事物的相似点，就可能得到有益的启示，甚至“柳暗花明，转入佳境”。

发散思维　相似联想是“异中求同”，发散思维则反其道而行之，重在求异。发散思维是一种从不同角度、不同途径去设想，探求多种答案，最后使问题获得圆满解决的思维方法。发散思维是多方面、多角度、多层次的思维过程，其鲜明的特征在于大胆创新，不受固有观念的束缚。发散思维并非高深莫测，但常常不遵循通常的思维定式，哥伦布的“打碎蛋壳将鸡蛋竖起来”的典故就是典型的“求异”。

逆向思维　从本质上看，逆向思维归属于发散思维。逆向思维的特性之一也是突破常规。但是，逆向思维不是从多个角度、多种层面，而是从相反的角度、对立的层面去思考问题、解决问题。一切事物都是一分为二的。从相反的角度去考虑问题，有时真是别有洞天，效果奇妙。运用逆向思维，"唱唱反调"，有时需要自我否定，有时也会遭来责难，因此，运用逆向思维更需要诚实、毅力和勇气。

侧向思维 人们形容花费专门精力求之不得而在其他方面获得意外成功时，常用"有心栽花花不开，无心插柳柳成荫"来描述。其实，这里面包含着侧向思维的含义。所谓侧向思维就是把注意力转向外部因素，从而找到在问题限定条件下的常规方法之外的新思路。实际上，侧向思维也归属于发散思维。

要攻克需要解决的难题，人们不能满足于使用现有的工具和方法，而要努力探求新的工具和新的方法。事实上，任何一个重大问题的解决，任何一项重大成果的出现，都是思维方式从最初较为单一而后来演变成多样性、多层次的结果，都是解决方法从现有的、较为单一的方法演变为借助多种方法的结果。善于运用多种方法，而不是只用单一的方法，使复杂问题简单化，最终求得难题的正确答案，是解决问题的经常性途径。借助法、归纳法、演绎法则是其中常用的方法。

借助法 解数学方程时，经常使用"换元""配方"，目的在于借助新的"元""方"，消除方程中过多的未知量，得到确切的等式，从而达到解方程的目的。这就是借助法的概念。"他山之石，可以攻玉"。面对复杂多变的问题，需要换上有助于解决问题的"元""方"。只要借助法运用得当，加上适当的应变能力，就会带来更多的解决问题的方法。此外，在当今信息时代，可以借助互联网，在短时间内浏览世界范围内的多种资料，占有大量的信息，"借助"的资源是广阔的。

归纳法和演绎法 归纳法是指由大量的个别现象推出一般性结论；演绎法正好相反，是从一般性的原理、定理等出发推导出个别性的结论来。善于使用这两种方法，有助于启发创新性思维、解决问题、开辟新路。

6.4.2.3 创新能力

创新是科学技术和社会经济发展的原动力。工程师不能墨守成规，必须有所发明，有所创造。因此，创新能力对工程师十分重要。创新能力可以细分为创新性思维能力、好奇心和想象力以及创新实践能力等等。

创新，并不仅仅是人的实践活动。当然，没有实践活动，创新只能是空中楼阁、画饼充饥。但是，如果没有创新思维作为行动的先导，那么创新行为就会既无目标，又无途径。创新思维是创新活动的智慧源泉。创新性的思维能力是对事物进行分析比较、抽象和概括，找出事物发展的规律和本质，从而形成新的概念、设想和创意的能力。

人们的大脑，是指挥人行动的大本营、司令部。从苦思冥想到灵感的显现，从灵感的显现到思路清晰，有一个承前启后的过程，这就是创新思维的形成过程。

我国著名科学家钱学森将思维形式分为三种，即逻辑思维、形象思维与灵感思维。逻辑思维是运用概念、判断、推理去反映事物本质；形象思维是以图形、音响、模型等材料作为主要思维手段，其特点在于直观性、生动性；灵感思维又称直觉思维、顿悟思维，是思想中突如其来的、使问题得到澄清的、明朗化的灵机妙算。灵感思维有时出现在自觉的思考之中，但更多的是由潜意识在紧张思考之余显现的。高斯曾指出："我在两天前终于成功了，但并非由于我的艰苦努力，而是像闪电一样，谜团一下解开了。我自己也说不清楚是什么导线把我原先的知识和我的成功连接起来"。高斯说的正是灵感思维。

灵感思维具有突发性、随机性、模糊性等特征。它是大脑显态的、自觉的形象思维和逻辑思维转化为潜态的、不自觉的下意识思维之后，与脑内潜存的信息在散漫状态下相互作用、相互联系产生的。它是思维中的突变与跃迁，是最难得、最宝贵的创新思维形式。爱因斯坦说得好："就获取新思想而言，不存在逻辑方法或对过程的逻辑重建，任何重大发现都含有非理性的因素或创造性直觉"。培养创新能力需要开发大脑的思维能力，培养灵感思维。灵感思维是三维立体式的思维，没有突跃式的灵感思维，创新就会变得十分困难。

灵感，看似神秘，许多人苦苦追求，终无所得。但是，灵感又不神秘，有时甚至伸手可及。首先，灵感不会轻易降临，它只垂青于有准备的头脑。不经过艰苦努力的思索，是不可能使头脑有准备的。其次，灵感存在于潜意识思维之中，而且就存在于我们身边。潜意识思维常常跨越了或省略了常规的分析过程，直接地获得最终答案。所谓"茅塞顿开""豁然开朗"，就是这个意思。第三，直觉和灵感这类非逻辑思维是有局限性的，它可能正确，也可能错误，更多情况下是粗糙的。由于灵感常常与异想天开混在一起，在灵感闪光之后，必须继之以严格的逻辑推理和实验检验。依靠逻辑思维去伪存真，才能导致成功的发现和科学的成果。不然，所谓的灵感火花依然呈现零散、片段状态，不可能形成条理清晰的体系，也没有论证能力和说服力量。

培养创新能力既要培养灵感思维的能力，也要有逻辑思维的训练。由于灵感思维在突破传统观点、开拓新思想方面更富有活力，在研究工作中重视逻辑推理的同时，又不局限于归纳推理，需要兼用形象或直觉思维，包括借助于灵感或顿悟。

创新能力离不开丰富的好奇心和想象力。"好奇心和活跃的想象力是科学家的宝贵财富"。没有好奇心和想象力就没有创意，就不能实现创新。

好奇心显然是创新所不可缺少的心理动力，好奇心使创新者提出问题、思索问题，启动他的创造性思维与想象。如果没有好奇心，创新也就无从谈起。爱因斯坦有句名言："我并没有什么特殊的才能，我只不过是喜欢寻根问底地追究问题罢了"。成功的创新者不仅具有强烈的好奇心，而且永不满足。有了好奇心，才可能对问题问个为什么，进而产生某些联想，试图突破现有的规矩，获得新的认识。

人的好奇心并非皆因天性，而是重在培养。要培养好奇心，平时做个有心人，善于从平凡中看到不平凡。对于人们习以为常的现象多问几个为什么，在怀疑之中，展开联想的翅膀。科学的发展史证实，正是一些非同一般的好奇和提问，推动了科学技术的发展。

想象是运用形象的构思在头脑中产生某种新的见解或想法，它往往是引导人们抓住机遇、实现创新的重要因素。表面上的偶然性，其实往往受内部隐藏着的规律所支配，由于不在预料之中，很容易为人们所忽视。只有富有观察力和想象力的研究者才能透过偶然的现象，抓住线索，构思出新的发明。爱因斯坦说："想象力比知识更重要，因为知识是有限的，而想象力概括着世界上的一切，并且是知识进化的源泉"。想象力既是激励人们创新的动力，也是引导人们创新的萌芽。大多数科学家都是从科学假设搞出发明的，而科学假设又开始于想象。任何创新的第一步，都是借助想象力而开始的。很难想象，一个没有想象力的人，能在工作上取得创新。

总之，培养好奇心和想象力，善于提问，善于联想，加上脚踏实地、不遗余力的实践，就可能在工作中不断发展、不断创新。

创新能力也离不开实践能力的培养。只有经常用自己的行动实践自己的设想的人，才能培养出能动的创新习惯，才能在实践中不断检验自己思维的正确性，发挥创新能力。实践能力的培养可以从刻意求新的模仿、善于对照比较的过程中完成，一句话，实践能力的培养要在实践中实现。

模仿是创新实践的一项主要内容。在创新实践中，少不了模仿，尤其是刻意求新的模仿。一切先进和成功的做法，都可为我所用。要促进创新实践，需要善于模仿，这往往是第一步。模仿的前提条件是对被模仿对象要有非常全面和细致的了解，切实掌握被模仿对象的特点和优点。从模仿的类型上看，可以分成理念模仿、制度模仿、方法技巧模仿。

理念模仿或称精神模仿，它指的是创新者对于将要被创新出的对象，在根本思路、重大策略上借鉴已有的他人的思想。这种模仿要求创新者具备较为高超的知识涵养和模仿技能，包括哲学、政治、社会等方面的修养。制度模仿或称管理模仿，它把他人经实践证明、行之有效的管理制度为己所用。方法技巧模仿或称技术性模仿，这种模仿强调对技术的引进，也包括外观方面的借鉴。它要求创新者注意技术引进的同时，能够善于发现细微之处的某种共性或差异性，进行分析、仿制，在此基础上消化所引进的技术，实现再创新。如果模仿仅停留在他人已有的基础上，不求发展与创新，那就是墨守成规，模仿的东西永远也成不了自己的东西。创新实践是在善于模仿的基础上，刻意求新、求深。如果说模仿是创新实践的起步，那么，深刻的模仿本身就是创新，是创新实践的新的出发点。

作为开拓创新的实践，必须学会比较。这就要求创新者掌握比较的技巧和方法。找到可比性是进行比较的前提。可比性的寻找关键在于准确，需要敏锐的眼光和丰富的知识。注意差异性是进行鲜明比较的一条捷径。事物之间既有联系，彼此之间也存在差异。发现差异性，能够找到创新实践的窍门。注意差异性不仅仅是发现不同，而是在差异的基础上进行弥合、修正，使创新对象更趋完善。差异性一般又可分为显性的差异和隐性的差异两种。显性的差异是通过人们观念中反差强烈的印象为创新找到新奇的思路；隐性的差异则通过不直接引人注目的印象表现出来，但经过仔细分析，其差异性还是足以令人关注的。对于多个性质不同的产品、多项不同创意的策划方案、多件不同的技术、多种不同的管理制度，区分彼此的差别，其目的在于对它们做出取舍或补充的抉择。

除了善于比较，还需要善于对照。“不登高山，不知天之高也，不临深渊，不知地之厚也”，从事物的性质、状态、结构、成因、功效等各个方面进行适度的对照，也能够形成创新的实践。

6.4.2.4 组织协调能力

在知识经济时代，信息瞬息间万变，现代工业和工程是集体劳动，工程师不可能闭门单干，创新实践活动绝非单打一的“个体户”式的行为。任何一项重大创新实践的成功，都需要相互协作、相互配合、密切联系的团队行动，都凝聚着一大批创新者的心血和汗水。化学工程师必须具备集体主义情感、组织协调能力和团队精神。离开团队精神，忽视组织协调能力的培养，就意味着放弃创新实践中的整体协同及推进。组织协调能力包括表达交流、人际关系、与人团结协作、指挥协调等能力。

实践证明，大学生在校期间承担一定的社会工作，对于组织协调能力的培养是大有好处的。我国教育家蒋南翔曾经说过，大学生做一些社会工作是“大有出息的负担”。所谓“大有出息”，指的就是社会工作的实践可以训练提高学生的能力，包括组织协调能力。所谓“负担”，指的是社会工作相对于学生的学习而言，确实是个负担，应该有良好的素质和心态，处理好学习和社会工作的关系，做工作时要“拿得起”、积极投入，工作告一段落时，又能“放得下”、专心学习。

6.4.3 化学工程师的素质品格

素质品格是一个人的思想修养、道德水平、价值观念、文化素养、性格特征乃至待人处事的综合体观。素质品格是一个比较模糊、难于量化的概念。然而，素质品格的确是影响一个人的成长、发展和成就的重要因素。“智力比知识重要，素质比智力重要”，反映的就是素质品格的重要性。试想，一个不讲公共道德、自私自利、性情任意、作风粗俗的人，不管他业务能力多强，恐怕也很难在工作中获得应有的成绩。影响素质品格的因素很多，有先天的，但主要还是受后天环境，包括家庭教育、社会教育、个人经历等因素的影响。通过自身有意识的修养和锻炼可以提高和完善自己的素质品格。素质品格可以涵盖思想素质、职业素质、文化素质和生理心理素质等。

6.4.3.1 思想素质

“有志者事竟成”。坚定的意志和信念是事业发展、创新成功的先决条件，对创新实践有着重要的激励和指导作用。凡是成就突出的科学家、工程师都有着远大的志向和信念。爱迪生说：“我的人生哲学就是工作，我要解开大自然的奥秘，并以此为人类造福。在短暂的一生中，我不知道还有什么比这种服务更伟大的了”。当然，事业要发展，创新要成功，必须把坚定的意志、信念和脚踏实地的行动紧密结合起来。

以理想信念教育为核心，树立正确的世界观、人生观、价值观是思想素质培养的中心环节。理想信念，是治国理政的旗帜，是奋力前行的向导，也是有志者奋发向上的动力。培养良好的思想素质必须紧紧抓住理想信念教育这个核心，切实促进人们树立正确的世界观、人生观、价值观。要坚持不懈地用马克思列宁主义、毛泽东思想、邓小平理论、“三个代表”重要思想、科学发展观、习近平新时代中国特色社会主义思想武装头脑，为坚定理想信念提供正确理论指导和强大精神支柱。要深入开展党的基本理论、基本路线、基本纲领、基本经验教育，开展中国革命、建设、改革史教育，开展基本国情和形势政策教育，开展科学发展观教育，使受教育者正确认识社会发展规律，正确认识国家的前途命运，正确认识自己的社会责任，确立在中国共产党领导下走中国特色社会主义道路、为实现中华民族伟大复兴而奋斗的共同理想和坚定信念。同时，要积极引导受人们追求更高的目标，使他们中的先进分子树立共产主义的远大理想，确立马克思主义的坚定信念。

培养良好的思想素质，要树立远大的理想和坚定信念，自觉把自己的人生追求同祖国的前途命运联系起来，树立为祖国繁荣富强贡献青春力量的志向；要珍惜年华，刻苦学习，努力用人类创造的一切优秀文明成果武装自己，掌握为祖国、为人民服务的真才实学；要深入群众、投身实践，切身感受时代脉搏，虚心向人民学习，克服自己的弱点和不足，更快更好地成长和成熟起来；要磨炼意志、砥砺品格，树立用诚实劳动创造美好生活的思想和精神，从小事做起，从一点一滴做起，时刻准备着担当历史重任，在为实现中华民族伟大复兴的奋斗中谱写壮美的青春之歌！

一个合格的工程师，必然是一位具有崇高爱国情操的爱国者。爱国情感既是工程师进行创新活动的心理激励，也是工程师开展竞争活动的心理推动力。爱国主义情感促使创新者自觉地把祖国的创新目标变成自己的创新目标，把个人的创新目标融化在祖国建设的目标之中。

牢固树立爱国主义思想，是各类人才能够坚定不移、百折不挠地为祖国、为人民贡献智慧和力量的重要思想基础。工程师作为中国特色社会主义事业的建设者和接班人，必须具有强烈的爱国主义思想。要大力弘扬以爱国主义为核心的团结统一、爱好和平、勤劳勇敢、自强不息的伟大民族精神，倡导一切有利于民族团结、祖国统一、人心凝聚、社会和谐的思想和精神，倡导一切有利于国家富强、人民幸福的思想和精神。要把中华民族优良传统教育同中国革命传统教育有机结合起来，同弘扬以改革创新为核心的时代精神有机结合起来，增强民族自尊心、自信心、自豪感。

6.4.3.2 职业素质

作为工程师的另一种素质是职业素质和道德，职业素质和道德是人们在工作生活中的思想、作风和行为是否符合职业的或社会的道德准则而产生的情感体验。它属于一种高级情感，高尚的职业素质和道德是推动人们在工作生活中的道德行动的强大内驱力，也是激励人们努力创新的内驱力。职业素质和道德一般包括事业心、责任感、自信心、诚实信誉和集体情感等内容，它们共同构成职业素质和道德的殿堂。

事业心和责任感，前者表现为对自己的工作及创新活动充满痴情和热爱，后者则是对他人、集体和社会所承担的道德责任的情感，也是对自己的工作和创新活动所承担的道德责任。强烈的事业心能够充分调动人们的智力因素，促使人们专心致志，增强人们的创新敏感性和创新意识。强烈的事业心促使创新者对创新充满热情，激发他们勇于克服各种困难，以顽强的意志，为实现创新目标而奋斗。责任心强，有助于提高工作的水平与质量。因此，在注意培养人才的智力及能力的同时，应当注重对他们的事业心和责任感的培养。

具有自信心，是工程师处于良好的创新状态的理智的条件。自信心使工程师努力工作，而且对成功充满希望。自信心有助于创新者坚持真理，坚持正确的意见，自信心绝不是自以为是，更不是毫无依据的狂妄情绪，它是建立在对事物客观规律的深刻认识与把握的基础之上的。

诚信就是诚实、诚恳、信用、信任。诚实待人，才会取得信任；恪守信用，才会赢得信誉。诚信是做人的基本准则，做人，首先要诚信，诚实守信是为人处事的基本原则。所谓“说老实话、办老实事、做老实人”，就是这个意思。诚信是一种习惯、一种价值观、一种修养、一种文明程度的体现。诚信是和谐社会发展的道德基础，是个人与社会、个人与个人之间相互关系的基础性道德规范。缺乏诚信，社会生活就会失去基本支撑，缺乏诚信，社会进步就会缺乏前进动力。

诚信作为职业道德，是兴业的切实保障，在事业发展的各个环节都将存在，诚信的重要性是与事业的发展紧密关联的。作为职业道德，诚信也是市场经济的游戏规则，它规定着市场主体之间、经营者与消费者之间承担的责任，履行的义务和享受的权利。

形成良好的职业素质和道德修养，能够自觉遵守职业道德规范，进行道德自律，是一名合格工程师必须具备的基本素质。越是高层次的人才，越应该具备道德自律能力。大学教育时期是人生形成自觉道德意识的重要阶段，在这个时期形成的思想道德观念对大学生一生的影响很大。应该把帮助和促进大学生形成良好的道德情操和道德修养摆在重要位置。要认真开展社会公德、职业道德和家庭美德教育，积极开展道德实践活动，把道德实践活动融入大学生学习生活之中，引导大学生自觉遵守爱国守法、明礼诚信、团结友善、勤俭自强、敬业奉献的基本道德规范，养成良好的道德品质和文明行为。要加强法制教育和诚信教育，增强大学生的法律意识和守信意识，使大学生提高守法的自觉性，认识诚实守信的品德是立身之本、做人之道，树立守信为荣、失信可耻的道德观念，讲诚信、讲道德，言必信、行必果。要通过多种方式，把道德素质教育搞得丰富多彩、生动活泼、扎实有效。

必须强调指出的是，所谓工程是人们为了社会经济发展，综合运用科学理论和技术手段进行的各类改造或创造的实践活动。作为工程活动主体的工程师，其社会责任意识、伦理判断及决策能力格外重要，直接关系到工程师的价值取向。工程师在工程实践中经常面临经济利益与社会利益、企业利益与公众利益、个人利益与集体利益的冲突。工程实践中的伦理问题显得越来越突出。工程师对于工程活动，除了科学技术及经济方面的评价外，更应该将公众的安全、健康和福利置于至高无上的地位，实现持续发展、社会和谐，主动承担起节约资源、保护生态环境的责任。

作为工程师，工程伦理与道德是必须具备的职业素质。然而，工程伦理并非是与生俱来的。要提高工程师的工程伦理意识和社会责任感，就必须开展工程伦理教育。加强工程伦理教育，提高工程师的工程伦理意识和社会责任，以及伦理判断及决策能力格外重要，这是工程师全面成长的必然要求。工程伦理教育在工程人才培养实践中具有非常重要的作用，工程伦理教育水平已经成为国际工程教育水平的重要标志之一。

工程伦理教育就是要培养未来工程师的工程伦理价值观，形成和树立工程伦理意识；工程伦理教育就是要培养未来工程师的伦理规范素质，掌握和理解工程伦理的理论依据、判断标准和指导原则；工程伦理教育就是要培养未来工程师的科学、理性的伦理决策素质和工程伦理决策能力。工程伦理问题是一个关乎工程本身、社会、人类和自然的复杂问题。作为未来工程师的在校大学生应该自觉、主动地重视和研学工程伦理，提高工程伦理意识，增强遵循伦理规范的自觉性，提升应对工程伦理问题的处理能力与决策水平，使工程更好地造福人类社会。

随着工程对社会、自然的影响日益深化，随着“一带一路”“中国制造 2025”的国家战略的不断推进，工程实践中的伦理问题将越来越突出。这就要求我国高校工程伦理教育必须在实践中创新，在充分借鉴国外经验的同时，立足中国工程实践的特点，以培养未来工程师的社会责任为目标，实现思想政治、工程伦理、职业道德、工程实践相结合的综合教育引导，促进在校学生提升工程伦理意识及伦理规范素质，增强自身的工程伦理决策能力和解决问题能力。

6.4.3.3 文化素质

一个工程师，一个成功的创新者，具有良好的文化素质，激发丰富的美感是不可或缺的。

美感是一种愉悦的情感体验，也是一种倾向性的情感体验。美感能够在一定程度上触发人们的灵感。在审美过程中，移情作用是触发灵感的重要心理机制。移情作用是联想过程，特别是类比联想过程，触景生情，情景交融，进而推动新的思维的诞生。

工程师需要了解一点文学、了解一点音乐、了解一点艺术。总的来说，除了工程科学、经济管理科学以外，兴趣还要广泛一点，当然并非样样精通。文化素质和美感对陶冶工程师、创新者的情操是很有作用的。居里夫人指出：“科学的探索研究本身就含有至美”。文化素质和美感可以使创新者的情绪稳定而又愉快，心情舒畅、心胸开阔；文化素质和美感还能激发人们向往美的境界，有助于开拓人的思维、活跃思路。文化素质和美感也有助于人们提高鉴赏力，激发求知欲和好奇心，有助于新鲜事物的发现和创新工作的开展。

6.4.3.4 生理心理素质

情绪状态是人们的生理心理素质的重要组成部分。情绪指的是人们在实践中对客观事物所持的一定的态度。从心理学上讲，情绪分为肯定性情绪与否定性情绪、积极性情绪与消极性情绪两大类。就情绪的内涵而言，情绪状态、理智等都包括在其中。积极性的情绪和情感会带来积极的行为结果，消极性的情绪和情感则有碍于行为目的的实现。

一般说来，人在积极的情绪与情感状态中，会增强观察的积极性、主动性，提高观察准确性，减少错误；能够提高记忆力，易于记住事物的特性，精力充沛，联想丰富；能够充分发挥想象力，思维活跃，激发人的想象，有助于创新。一言以蔽之，人的积极性情绪与情感能够促进智力因素的提高，能够促进观察力的发挥，从而促进工作的进展，提高创新的水平。

心境、激情和热情是情绪状态的三种不同的外部表现。积极的心境，使人在一段时间内心情愉快，对周围所见所闻充满兴趣，情绪高涨，精神抖擞，思维敏捷。积极性激情则为开展工作和实现创新提供了非常重要的契机。对于消极性激情，只要善于控制与调理，也是可能减轻乃至克服的。对于勤于工作、努力创新的人而言，热情是不可缺少的推动力量，也是成功创新的基本心理条件。

胆识也是人们的生理心理素质的组成部分。胆识其实就是敢于坚持真理。当工作处于条件不利的情况时，胆识就显得尤为重要。敢于坚持真理的性格，能够充分调动人们的智力水平，想象力也可能十分活跃。坚持真理的性格，还能促进人们排除万难，执着地实现创新目标。

同样，自我批评的性格品质，能够促进、提高人们思维的批判性和思维的精确性，及时纠正思维中不符合事实的情况。它能使人们头脑清醒，正确地评价自己，激发永不满足的创新欲望与上进心，不停顿地开展工作。很多有贡献的人物，越是做出重要贡献，越是追求新的创造，就越会清醒地看到自身的不足，越会保持谦虚谨慎。伟大的科学家牛顿在辞世前不久曾这样地评价自己：“在我自己看来，我就像一个在沙滩玩耍的男孩，一会儿找到一颗特别光滑的卵石，一会儿发现一只异常美丽的贝壳，就这样使自己娱乐消遣，然而，真理的汪洋大海在我眼前还未被完全认识”，其虚怀若谷的品格可见一斑。

应该说，在良好的生理心理素质的培养中，人的世界观、价值观起着决定作用，健康的世界观、向上的价值观直接有利于良好的生理心理素质的形成。另外，人们还应注意在工作中，劳逸结合，加强锻炼，健全身心，以培养心情舒畅的健康的生理心理素质。

大学阶段和初入社会时期，是青年人从可塑性转变为成熟定型的关键时期，应当在学习业务技术的同时，引导大学生树立“天下兴亡，匹夫有责”的理想抱负，培育“苟利国家生死以，岂因祸福避趋之”的爱国情操，树立“先天下之忧而忧，后天下之乐而乐”的崇高志向，养成“富贵不能淫，贫贱不能移，威武不能屈”的浩然正气，打开厚德载物、达济天下的广阔胸襟，积蕴舍生取义、见义勇为的英雄气概，实践公正无私、戒奢节俭、防微杜渐的修身之道等。

必须坚持以人为本，以大学生全面发展为目标，引导大学生既要学会做事，又要学会做人；既要打开视野、丰富知识，又要增长创新精神和创新能力；既要发展记忆力、注意力、观察力、思维力等智力因素，又要发展动机、兴趣、情感、意志和性格等人格因素；既要增添学识才干，又要增进身心健康。要加强社会主义民主法制教育，加强人文素质和科学精神教育，加强集体主义和团结合作精神教育，促进大学生思想道德素质、科学文化素质和健康素质协调发展，引导大学生在增长科学文化知识的过程中提升思想政治素养，知行合一，德才并进。

实现全面建设小康社会的宏伟目标，建设中国特色社会主义，既是伟大而光荣的任务，又是艰巨而长期的事业，需要一代又一代中华儿女为之不懈奋斗。为此，我们必须始终把培养造就中国特色社会主义事业的建设者和接班人作为一项关系全局的战略任务抓紧抓好。培养德才兼备的大学生则是这项战略任务的重要组成部分。大学生是国家宝贵的人才资源，是民族的希望、祖国的未来。他们是未来建设中国特色社会主义的中坚力量，在他们身上寄托着全面建设小康社会、实现中华民族伟大复兴的历史重任。大学生的思想政治状况、道德品质、科学文化素质和健康素质如何，不仅直接关系现阶段中华民族的素质，而且直接关系未来中华民族的素质。要使大学生成长为中国特色社会主义事业的合格建设者和可靠接班人，不仅要大力提高他们的科学文化素质，更要大力提高他们的思想政治素质，培养良好道德修养，使大学生们能够与时代同步伐、与祖国共命运、与人民齐奋斗，这对于确保全面实施科教兴国战略和人才强国战略，确保中国在激烈的国际竞争中始终立于不败之地，确保实现全面建设小康社会、进而实现现代化的宏伟目标，确保实现中华民族的伟大复兴，具有重大而深远的战略意义。

第7章 现代化工的发展前景

近代化学工业从18世纪40年代硫酸生产出现算起，到现在已经有270多年历史了。真正意义的现代大规模化工产业是从20世纪初哈勃法制氨开始，到现在也有110多年了。百余年来，世界的化学工业得到了空前未有的发展。化学工程作为学科，从1888年美国麻省理工学院化工系的“化工原理”课程问世、化学工程学科诞生至今，也已经历了132年。这一百多年的经历，使化学工程从经验到科学，得到了迅速的发展，形成了一个结构体系完整、研究内容丰富、研究方法先进的十分活跃的工程技术学科。在21世纪，化学工程学科会更加焕发青春，化工工艺与化学工业的技术创新和进步会不断推进，化学工业和高新技术的紧密结合、相互渗透，不仅会推动学科进步、技术发展、生态环境以及生命健康的改善，而且会使化学工业形成可持续发展的崭新局面，给人类创造更多的物质财富，对人类文明发展做出更大的贡献。

7.1 高技术与化工

7.1.1 高技术与化工的密切关系

在人类社会的发展过程中，“高技术”从来都是推动社会生产力发展的“火车头”。历史上生产力发展的几次重要飞跃，都与当时出现的新能源、新材料和新技术，即当时的“高技术”密切相关。另一方面，各个历史时期的“高技术”的出现，往往与化学反应、传热、原料及产品的分离和纯化有关，离不开化学加工产业和化学工程与技术的帮助和推动，同时，各个历史时期的“高技术”也大大推动了化学加工产业的发展，使化学工程与技术积累了许多经验、凝练出许多知识，成为工程科学核心基础之一。

20世纪40年代以来，几个方面的重要科技成果对生产力的发展产生了巨大的影响。核物理的发展为人类提供了核能这一新能源；半导体物理的发展推动了新型半导体材料产生和发展；高分子化学的发展促进了种类繁多的高分子聚合新材料的出现；有机化学和催化理论的新进展，提供了许多新的有机合成方法和性质优良的催化剂，促使大规模石油化学工业的形成和发展；电子学、计算机理论及控制论的创立，带动所有传统的生产方式和技术发生了根本性的变革，使社会生产力的发展提高到一个新阶段。二次世界大战后到 20 世纪 60 年代，这些“新技术”的发展更加成熟。保证安全的大型的轻水慢化大型核电站的建立，使核能被普遍利用。计算机从电子管发展到晶体管，直到集成电路芯片和大规模集成电路芯片，计算速度随着年代成指数函数上升。20 世纪 60 年代初，激光技术、光电信息技术、生物基因工程和细胞工程、空间技术都有重大突破，生产力的增长速度达到了空前的高度。同样，这些新技术的发展，离不开化学加工工业和化学工程与技术的帮助，也给化学加工工业和化学工程与技术的发展注入了巨大的活力。发展核能，从铀矿的选矿、冶炼、同位素的分离和浓缩、核燃料的制备、反应堆的设计和开发、核辐射的防护、核废物处理以及裂变后的核废料后处理等，都是由从事物理和化学、化工的科研及工程技术人员发展和完善的，也由此发展了化学工程的一个新的分支学科——核化工。半导体工业的发展需要大量的半导体材料(硅、锗、砷化镓等)，要通过复杂的化工过程生产出来。总之，“高技术”的出现向化学加工工业和化学工程与技术提出了许多要求并推动其向前发展，而化学加工工业和化学工程与技术也开发出许多新过程和新方法，帮助“高技术”解决了许多技术难题，在推动社会生产力发展中发挥了重要的作用。

20 世纪 70 年代以来，一场以新一代“高技术”为中心的新技术革命在世界兴起。新一代“高技术”并没有严格的科学定义，也没有确切的范畴，一般理解为当代科学技术和工程的最前沿的领域，对社会经济的发展有重要作用。公认的领域包括信息和微电子技术、生物技术、新材料技术、新能源技术、环境保护技术、航空和航天技术、海洋开发技术等，其中前三个领域起着带头和关键的作用，是高技术的代表领域。

新一代“高技术”的形成对生产力发展的推进，比任何一个时期的“高技术”更为强劲，而且新一代“高技术”同样需要许多学科、许多产业的配合。十分明显，新一代“高技术”的发展离不开化学加工工业和化学工程与技术的帮助，新一代“高技术”的进展同样对化学加工工业和化学工程与技术起到了巨大的推动作用。

7.1.2 信息和微电子技术与化工

信息技术是依靠电子学和微电子学技术发展的，包括信息的获取、传输、存储、显示和处理等环节。这些主要环节的发展在很大程度上依靠材料和元器件的发展。换句话说，为了满足大规模和超大规模集成电路制备和声光记录、转换、传输的需要，要求化工产业提供特殊的尖端的高纯高性能产品、材料及相关技术。可以说，信息和微电子技术的物质基础是由化工产业提供的。

(1) 微电子材料和器件

随着微电子工业和计算机产业的迅速发展，对世界工业革命产生了巨大影响。众所周知，集成电路已经广泛应用于国民经济的许多领域，与人们的工作及生活密切相关。从卫星、导弹的控制系统，到汽车、船舶的电子装置，乃至人们使用的电视、音响、电脑、手机，其核心部件都需要采用集成电路。可以说，集成电路已经成为信息产业及高新技术的“心脏”，是未来经济发展的重要基石。

通常认为，集成电路制造是电子工程师和物理学家的领域。然而，从硅晶圆片或化合物半导体晶片转化为各式各样的复杂的集成电路，其转化过程需要经过几十个不同的物理化学过程，涉及一系列复杂程度不同的化学反应。一块块微小的芯片，几十万个晶体管或其他部件都可以光刻加工在 2～3mm 见方的硅片上，光刻的细度可小至 0.1μm 以下。半导体集成电路制造工业离不开有机化学、光化学、界表面化学、高分子化学和化学工程与技术的支持。

微电子器件的生产需要大量的特殊材料和化学品。半导体器件的更新和发展，在很大程度上也要依靠材料和化学品的更新和发展。集成电路制造工艺对超纯化学品的需求急剧上升，要求化学化工产业提供特殊的尖端产品、材料及相关技术。这些需求使200多种或者更多的化学品用于半导体晶片的加工工艺中。人们通常把这类化学品称为“电子化学品”。

集成电路芯片的制造过程中，通常需要经过几十个工艺步骤，似乎极为复杂。然而，无论是简单的PN结二极管，还是复杂的存储器或微处理器，其制造过程都是通过几种关键工艺技术的不同组合，实现核心步骤而完成的。以硅集成电路制造工艺为例，集成电路芯片制造过程中的核心任务主要包括：在硅片内部的指定区域形成指定形状的掺杂区；在已形成的掺杂区内再次形成指定形状的掺杂区；在薄氧化硅层上形成多晶硅栅；在硅晶片上方形成能连接器件各节点的金属连线及金属压焊块；需要多层金属布线时，在指定的区域连通上下金属层等。特别需要指出的是集成电路芯片制造过程中需要多次确定掺杂窗口、接触孔窗口或通孔窗口，多次确定金属内连图形和多晶硅的图形；需要多次进行薄膜制备、掺杂、光刻、刻蚀等操作；同样也需要多次经过化学清洗、表面化学机械抛光等工序，加上后期的封装和测试工作，才能最终完成集成电路芯片的制造任务。

十分明显，发展集成电路产业不仅需要发展集成电路的设计技术、制造技术、封装技术、检测技术及应用技术，同时也必须发展“清洁”“环境友好”的材料及化学品的制备技术。集成电路芯片的制造需要电子化学品。电子化学品的制造技术在一定程度上代表了一个国家高端化学品的制造水平。

例如，大规模集成电路都需要有高纯度的半导体，特别是大直径、高纯度、高均匀度、无缺陷的单晶硅和半导体材料。这一需求促进了固体超纯化技术的发展。区域熔融工艺的发展满足了大规模生产半导体材料的需要。区域熔融方法是在一个变动的温度场下，使固体经历很多次的熔融和再结晶，除去杂质，得出纯度非常高的晶体。这一固体超纯化技术已很成熟并能进行大批量生产，满足了大规模生产半导体材料的需要。

又如，集成电路制造过程中需要采用薄膜技术。镀膜技术中使用的化学气相淀积（CVD）技术，是化工技术在微电子行业应用的典型。实现化学气相淀积薄膜过程不仅需要提供气相淀积加入的超纯化学品组分、超纯载气等，同时也需要发展相应的高效设备，特别是开发新型CVD反应器。开发新型CVD反应器，进行过程的热力学、动力学、传递过程、流体力学与反应模型等研究，是化学工程学科的延展性的研究内容。研究固体表面的现象和特征，包括界面微观结构，在20～500nm超分子区内的电荷分布、表面钝化和催化现象、新表面的形成和破坏的条件、化学气相淀积加入的组分对改变材料表面功能团和改变电子与空穴的表面复合速率的影响、表面和界面的光稳定性等研究则是化工、材料及微电子的交叉领域的前沿。此外，发展相应的高效设备，实现准确的表面分子数量级的镀膜，通过严密的掺杂方法进行适宜的掺杂与控制，同样涉及精密的化工过程和固体中的扩散现象等。

再如，集成电路制备过程中离不开化学蚀刻技术。先在1000～1200℃下氧化生成几百纳米厚的SiO_2层，然后附上一层光敏聚合材料（光刻胶），曝光进行刻线（进行化学反应），用溶液除去不需要部分后进行化学蚀刻，把蚀刻后的硅片放入扩散炉中掺杂（如掺磷、硼等），生成新的氧化层，这样重复多次操作，可生成多层导体、半导体和绝缘层结构。十分明显，化学蚀刻需要使用化学品。制备微电子器件的另一个关键材料——光刻胶也是化学品。光刻胶要求去胶容易、图像清晰、分辨率高。为此，研制了高级感光树脂，包括普通光刻胶、紫外正负胶、远紫外光刻胶、电子束胶、软X射线胶等。

除了要制备高纯的固体材料及功能性光刻胶以外，制备大规模集成线路芯片的所有过程都需要在超净条件下进行，需要超净的贮藏和运输，需要使用大量的超净介质，如超净气体、超净水和超净溶剂等，都要求化工发展出超纯的净化技术，如膜分离技术、亲和吸附、亲和膜分离或高选择性化学反应纯化方法等。电子工业用超纯水和超纯试剂，纯度要求极高，其杂质含量达到ppb级，仅为十亿分之几。数十种超纯气体的纯度要求达99.9999%以上，除常见气体外，还需制备硼烷、三氯硅烷、四氯化碳等自然界不存在的气体。

此外，半导体器件和大规模集成电路元件用的封装材料和基板材料，如三维集成电路制作中用的聚酰亚胺树脂等，也都需要化学工业提供。

值得指出的是，除提供相应的材料及介质、采用化学加工技术及设备外，为了实现亚微米级精度下的集成电路元件的有效性，微电子工业中还采用了其他化学化工技术，大功率元件的高效散热等技术就是典型的例子。

近年来，科学家们提出了在有机分子的分子尺寸范围实现对电子运动的控制，从而使分子聚合体构成有特殊功能的器件。开发分子器件的目标是利用有机导电聚合物、电荷转移复合物、有机金属和其他分子材料，研制信息和微电子的新型元件。它的研究内容主要包括分子导线、分子开关、分子整流器、分子储存器以及分子计算机等，这些研究工作均与高纯化学品密切相关。

(2) 信息存储及传输材料

信息存储材料包括磁性和磁光性存储材料、有机光信息存储材料、高密度光信息存储材料等，具体的实物形式为磁带、磁盘、光盘等。制备磁性和磁光性存储材料时采用了很多化工技术，如晶体生长、晶体取向附生、扩散、蚀刻以及广泛应用的电镀、化学镀方法等。以光盘（CD）为代表的有机光信息存储材料及其制备与化学化工密切关联。光盘的制备采用感光有机材料，其原理是通过某种方法影响材料的结构变化来记录信息，然后借助于放送设备输出信号。为适应高密度光信息存储材料的要求，近年来对近红外敏感染料的研究进展很快，主要有次甲基染料、酞菁染料、特殊的稠环芳烃及金属络合物等。

作为信息传输材料，光导纤维和光纤专用化学品的制备与化工同样密切相关。例如制造光纤，芯部是由具有高折射率的材料构成，外部有一层低折射率的包覆层。芯材是掺杂有磷、锗或铝的氧化硅，包覆层则是纯硅或掺杂有氟、硼的氧化硅。各种材料可以采用改进的化学气相淀积技术（MCVD）或等离子化学气相淀积技术（PCVD）制备。近年来还有新的光纤材料出现，如ZrF_4、LaF_4和BaF_2三元混合体的氟玻璃，其性能优于二氧化硅，光损失更小，光信号传输通过上万米光纤，不需要任何中继站。

(3) 信息显示技术

从传统的阴极射线管到现在的液晶显示技术、场致放射显示技术、等离子体显示技术、发光二极管显示技术等，显示技术的发展一直与化工技术密切相关。例如，液晶是有别于液态和晶态的一个独立的中间物质形态，即具有液体一样的流动性和延展性，又具有晶体一样的各向异性。液晶显示具有功耗低、工作电压低、体积小易于携带且易于彩色化的优点。液晶技术属于超分子化学领域，一直是近代化学化工科学家研究的热点。另外，有机电致发光显示器件具有超轻、超薄、温度特性好、视角宽、可实现软屏弯曲甚至折叠显示等优点。目前，对有机电致发光显示材料和器件的研究工作已十分系统，这种显示器件已经面世，应用领域逐步拓宽，并将逐步取代目前广泛使用的液晶显示器（LCD）、真空荧光管（VFD）以及发光二极管（LED）等显示器件的部分市场。

信息及微电子技术对化工也有巨大的促进作用，计算机在化工中广泛得到应用。例如，CAD（计算机辅助设计）用于化工过程设计和工程设计，提高了设计效率和质量；CAM（计算机辅助制造）用于化工生产过程控制、调优，大大提高了企业的管理水平和经济效益；CAR（计算机辅助科研）用于分子设计、反应设计、传递过程和模拟放大研究等。近年来，由于高技术的引入，新的测试技术、计算机数值处理方法、机器人等都发展很快，及时把这些研究成果引入化工，可以大大促进化工过程研究，如化工过程模拟、多态问题、多目标的优化、非线性模型求解等的工作进展。例如，过程模拟迅速发展，分子模拟技术和分子动力学模拟方法可以直接提供某些聚合物、有机溶剂的物化性质和使用性能。

以新兴的微电子学、计算机技术、控制论以及智能学为基础的自动化技术是一门综合的技术。把自动化技术广泛深入地应用，实现工厂自动化、办公自动化，可以使化学加工工业的发展在科研设计、过程运行、生产调度、计划优化、供应链优化、经营决策等方面取得重要进展。例如，先进的过程控制（APC）和计算机网络技术在石油化工企业投入运行，可以实时地传送整个化工厂的数据及图像；仿真模拟技术的突破，能够更准确地描述工艺过程，实现全厂优化。企业资源管理系统（ERMS）、企业资源优化管理系统（ERP）把各部门自动化变为全面集成的解决方案，将财务、人事等各个环节连接起来，帮助企业收集和分析营销、生产等各类信息，理顺企业资源与客户需求之间的关系，提高客户满意度等。

7.1.3 生物技术与化工

生物技术与工程是另一个重要的高科技领域。到目前为止，无论在合成物质的种类方面还是在分子结构的复杂性方面，人类利用化学反应能够合成的化合物与生物工程所能制备的化合物相比，相差很远。大量利用生物学在基因工程、细胞工程中取得的成就，通过工程方法大规模利用微生物或生物酶、利用动植物细胞的培养，生产药品、食品、饲料、化学品以及提供能源，确实是十分重要的。当然，首先应利用生物技术生产未能合成或合成成本很高的药品、营养品、食品和饲料，或利用动植物细胞培养技术等更快、更经济地生产有用的物质。先进的生物技术结合近代化工技术形成的生物化工前沿学科发展迅速。根据近年来的情况分析，有人估计，在21世纪利用生化技术生产的产品会有很大的发展，不仅数量和品种不断增加，而且其发展速度会特别迅速。

首先，利用生物技术可以获得化学方法较难合成或目前用化学方法尚无法合成的产品，特别是结构非常复杂的酸、有生物活性的激素等多肽或蛋白质，包括疫苗（乙型肝炎、狂犬病、小儿麻痹症等），激素（生长素、促肾上腺素、胰岛素等），淋巴因子（干扰素、白细胞介质等），纤维蛋白溶酶原激活剂（尿激酶、蚓激酶等），还有红细胞生长素、肿瘤坏死因子、单克隆抗体、克隆刺激因子、粒细胞刺激因子、上皮生长因子、过氧化歧化酶等，它们可以用于诊断和治疗病毒、癌、心血管病、血液病、内分泌病、贫血等。

第二次世界大战前后抗生素药物的发现和使用，拯救了千百万人们的生命，青霉素深层发酵技术的出现和大规模生产使抗生素的价格降低了千百倍，至今为广大公众所普遍赞誉和广泛采用。与此同时，抗生素也用于家禽、家畜和农作物疾病的治疗，为大规模畜牧业的发展提供保障。

动植物细胞的培养，可生产色素、香精、生物碱、维生素、甜味剂、醇和药品及特殊蛋白质，还用以快速改良品种。紫草细胞发酵生产紫草宁的生产量，比从种植紫草中提取紫草宁的传统方法的产量增加800多倍。用类似方法生产的天然产物已多达百余种。

其次，利用生物技术可以部分取代传统化工工艺生产有机化工产品。传统有机化工产品的生产工艺一般存在工艺流程长、反应步骤多、副产物复杂、产品收率低的缺点，有时还需要高温高压的反应条件。例如，维生素C（1-抗坏血酸）的化学合成，从葡萄糖出发，要经过氢化、氧化、丙酮化、氧化、内酯化、烯醇化等多个步骤，以及山梨醇、山梨糖、α-酮-1-古龙糖酸、二丙酮-α-酮-1-古龙糖酸等多个中间产物，最后才能制得1-抗坏血酸。我国开发的生物发酵技术，从山梨酸经假单细胞菌氧化转变成抗坏血酸，只需要两步微生物发酵，大大简化了工艺过程。又如高级脂肪醇的生产，利用齐格勒催化剂的化学合成方法，从石蜡烃出发，经氧化、羰基化或羧基化制备高级脂肪醇，能耗比较大。如果采用酶为催化剂的生物技术，能耗和设备占地面积仅为化学合成方法的几十分之一。

面对能源危机的挑战，使用发酵方法生产一些产品，如乙醇、丙酮、醋酸等，又重新受到关注。由于生物技术的发展，新的发酵工艺不断出现，逐步代替传统的酵母菌发酵法，例如，乙醇的发酵原料已开始从淀粉发酵转向以纤维资源为原料的发酵；又如，利用先进的生物技术，将淀粉酶基因克隆加到酵母菌中去，直接将淀粉发酵，以缩短发酵时间，节省能耗等。此外，由烷烃生产高碳二元酸、高碳二元醇，由碳水化合物生产2,3-丁二醇，用酶促合成法从乙烯制备环氧乙烷或从丙烯制备环氧丙烷，也都是利用生物技术部分取代传统化工工艺的例子。

利用酶作为催化剂时，常温下的催化活性比一般化学催化剂高$10^6 \sim 10^9$倍，而且选择性好，可能在温和条件下利用酶催化生产各种化学品，既可获得较高的收率，又降低能耗。例如，传统采用丙烯腈水合来制备的丙烯酰胺，投资大、消耗高，而且污染环境；改用酶催化水合工艺，丙烯腈原料反应完全，能耗降低40%，投资和成本也可显著减少。

另外，微生物细胞生长速度快，其倍增时间（体重增加一倍的时间）从几分钟到几十分钟不等，比动植物细胞的增长速度快几十倍到几千倍。微生物细胞对阳光的利用效率高，例如，一般高等植物的光能利用率小于2%，而小球藻的生长速率却数倍于高等植物，光能利用率达30%以上，而且这些菌体含蛋白质50%～80%，可作为食品或饲料蛋白的重要来源。

由于细菌的倍增率比鸡、猪的倍增率高一千到近万倍，可以充分利用各种废料进行单细胞蛋白质（single cell protein，SCP）的生产，例如，利用亚硫酸纸浆废液、糖蜜、木材糖化液、农作物废料（如玉米秆、豆饼、纤维素与半纤维素）、酿酒业的酒糟等生产食用蛋白质或饲料蛋白。利用各种废料生产SCP，既充分利用资源，又杜绝环境污染，是一举两得的方法。

生物技术在生物肥料制备（如生物固氮）中的研究不断深入。生物肥料的应用对提高土壤肥力、增加作物产量、代替部分化学肥料有着重要的意义。生物技术在生物农药（如农用抗生素、微生物杀虫剂）制备方面的应用前景也十分广阔。与一般化学合成农药相比，抗生素农药活性高、用量少、选择性好、残留少、毒副作用小；微生物杀虫剂则具有防治对象专一、选择性好、药效稳定、减少对环境的危害等优点。

值得重视的是，生物技术要真正形成产业，必须解决中间试验和大规模产业化中的工程问题，包括各种生物反应器的开发设计，各种生物制品的分离纯化技术和设备的研制，生物化工过程的模型化和模拟以及过程的优化和控制等，这正是化工之所长。生物技术与化学工业相结合，产生了一个新的产业。生物技术与化学工程相结合产生了生物化学工程这一新的学科。运用生物化学工程理论设计新型高效生物反应器，开发固定化生物催化技术、新型生物分离技术，实现生物过程的数学模型和控制技术等，都将对生物技术的发展有重大促进作用。

生物化学工程是生物、化学和化学工程学科交叉渗透产生的学科，生物化工的研究开发工作中明显体现生物工程的特点。例如，利用微生物生产人们所需的初级和次级代谢产物，需要研究这类过程的生长动力学、产物生成的动力学、最优控制方法、相应的高效反应器、高效分离技术等；单细胞蛋白质（SCP）的生产需要研究细菌生长动力学以及大型反应器的开发、大量蛋白质的分离与精制等；动植物细胞的培养需要研究动植物细胞生长动力学、反应器内细胞间和细胞内部的传质动力学（特别是氧和营养物的传递和吸收机理）、高效低剪切力反应器、培养过程和控制的参数优化等。又如，酶工程中酶的高效利用和重复利用（包括酶的固定化、酶和辅酶的维持与补充、多种复合酶、细胞的固定化等）及酶反应过程动力学，高效、节能的酶反应器，酶的分离纯化，酶分子修饰等都需要开展大量的基础研究工作和开发工作。

生物化学工程是生物、化学和化学工程学科交叉渗透产生的新的边缘学科，生物化工的研究开发工作中必然体现化学工程的优势支撑。例如，生物化学工程需要着重研究和建立生化反应的动力学模型；研制和设计对温度、传热、通气等有特殊的要求，处理有生物活性物质的各种生化反应器；开发新型、高效的分离提纯技术，如超滤、双水相萃取、反胶团萃取、亲和色谱等，满足生物产品成分复杂、浓度低、易失活、对温度和其他操作条件敏感等特殊要求；开发比常规检测器件体积小、速度快、灵敏度高的传感器，以满足生物化工过程控制的要求等。

7.1.4 新材料与化工

材料是科学技术的支柱之一，是技术进步的突破口，各个历史时期的技术进步都与新材料的出现息息相关。可以说，材料在人类社会发展的舞台上扮演着基石的角色。随着现代科学技术的发展，新材料更加显示出在各行各业中的重要性。一种新材料的出现和使用可能导致许多产业面貌焕然一新；而缺乏新的材料，许多技术设想就不能实现。随着高技术的发展，对材料提出了更高的要求，要求化学加工工业提供大量具有特殊性能的新型材料。材料包括金属材料、陶瓷材料、高分子材料和复合材料四大家族。按其性能划分则包括结构材料和功能材料等。

(1) 新型结构材料

高技术对结构材料的要求是低相对密度、高比强度、高抗腐蚀性和高耐温性。与金属材料相比，高分子材料的优点是高模量、高比强、高韧性，其中主要有工程塑料和复合材料。

过去，钢铁是主要的结构材料，其主要原因是其他材料的强度和综合性能不如钢铁。20世纪后半叶以来，高强度高分子材料的工业化生产使其逐步替代金属而成为结构材料。例如，聚对苯二甲酰对苯二胺的比强度已略高于钢铁，其强度-质量比为钢铁的6倍。可以预料，聚合物结构材料将逐步替代钢铁用于各种场合，用聚合物替代钢铁作为结构材料已经成为世界发展趋势。

高分子工程材料还包括高性能工程塑料（含高性能树脂、聚合烯烃工程塑料）、复合材料等。所谓复合材料是两种或两种以上材料结合使用，取长补短，利用不同材料各自的优点，从而提高整体材料的性能。一般可以工程塑料、金属、陶瓷作为基体材料，用纤维、晶须、颗粒状物质作增强材料。第一代复合材料是玻璃纤维与环氧树脂复合，俗称玻璃钢。第二代是碳纤维与树脂复合，比强度和比刚度提高，工作温度可达到200～350℃。第三代则是正在发展中的金属基、陶瓷基及碳/碳复合材料。金属基复合材料以铝、钛、铜等作基材，用金属丝、陶瓷纤维或碳纤维增强，所得复合材料的密度小、耐高温、导热性好、刚度高。陶瓷复合材料是在高温下长期工作的理想材料。高模量、高强度的碳纤维和芳纶增强的复合材料，具有优越的抗灼蚀和耐高温性能。

例如，航空航天机身用材是飞行器用材的关键部分。专家们预计，航空航天机身材料发展的方向为铝合金、高强钢、高强钛合金和聚合物复合材料等。其中，代表航空航天技术开发水平的一个重要标志是聚合物复合材料的使用数量。聚合物复合材料在比强度和比刚度方面具有非常明显的优越性，兼备良好的结构性能和特殊性能。目前，广泛研究和使用的机身聚合物复合材料有以碳纤维增强塑料为基的聚合物复合材料、有机塑料和使用预浸胶工艺制造的玻璃纤维增强塑料和碳纤维增强塑料。

此外，大批量生产的聚合物材料品种有ABS、聚酯（如PET）、聚碳酸酯、聚甲醛及耐高温和有优异电性能的聚合物如聚苯醚、聚砜、聚酰胺等。

(2) 新型功能材料

各种新型功能材料的研制和应用已经成为推动高新技术发展的动力之一。

近年来，高分子功能材料的研究发展十分迅速。开展的研究工作包括医用功能材料（医疗材料、药物缓释材料）、电子聚合物（导电、发光、非线性光学材料）、磁性高分子、高分子液晶、智能高分子凝胶、功能分离膜、吸附分离功能树脂、高分子催化剂材料、相变储能材料、可降解材料（聚乳酸及其共聚物、聚羟基丁酸酯、全淀粉塑料、纤维素材料）、有机-无机分子杂化材料、天然高分子改性黏料（绿色黏胶纤维）、农用高分子材料（喷灌用材料、土壤保水材料）以及橡胶、纤维、胶黏剂、涂料、建筑用高分子材料（地基加固材料、水泥减水剂材料）等。这些新材料的合成或改性都离不开化工技术。

例如，功能高分子材料中的智能高分子凝胶、功能分离膜、吸附分离功能树脂、高分子催化剂材料等广泛应用于化工分离过程和反应过程。高吸水高分子材料用于化工及生物化工中的脱水过程，特别用于发酵产物脱水，分离酶和其他蛋白质等；高分子功能分离膜，特别是具有特殊基团或化合物的亲和膜或复合膜，可用于液相共沸物或沸点相近的混合物分离、水处理、海水淡化和不同体系的气体分离；发展纤维状的离子交换树脂用于分离过程，制备纯净水，从废水中回收贵金属及重金属等；具有催化作用的功能膜或分子筛膜，发展新型的膜反应器。

又如，航天技术需要有高效含能材料、高强度复合材料和保温涂层材料。航天上所用的推进剂分为液体和固体两种。先进的液体火箭发动机是人类技术进步的一项重要成果。以液氢液氧作推进剂的美国航天飞机主发动机SSME和以液氧煤油作推进剂的俄罗斯能源号火箭的RD-170发动机是现代先进液体火箭发动机的代表。目前，推进剂的研究主要致力于高能化、高燃速、少烟和无烟化等方面，即开发低成本、高性能、高可靠性和洁净的含能材料品种，如采用高铝粉和高固体含量的丁羧推进剂、丁炔推进剂等。20世纪90年代以来，各种含能材料，尤其是高能量密度材料（HEDM）的研究开发工作十分活跃。新型燃料二硝酸胺基铵［ammonium dinitramide，$NH_4N(NO_2)_2$，ADN］在最具希望广泛用于航天和军事领域的新型高能燃料名单上位居前茅。另外，一些无机销蚀涂层、芳纶和碳纤维复合材料，大大降低了航天器的重量，增大其推动力。

新型陶瓷材料的目标是解决陶瓷的脆性，并使其成为燃气发动机的理想材料。这对汽车工业、航空和航天工业和电力工业将会引发一次重大革新。

随着生命科学研究的不断深入和开拓，模拟和合成与人体生物相容性强的医用材料高速发展。替代骨骼和牙齿并能被人体所接受的新材料在临床使用。研究制备替代皮肤的聚氨酯材料、替代血管的高弹性抗凝血新材料、人造人体器官用的合成材料等是新功能材料中的前沿领域。十分明显，制造人体器官如心脏、血管、骨骼、人工肾等的聚合物，除不同用途要有特殊性能，如心脏瓣膜要求耐疲劳强度特别好，人工肾要求有特殊的选择渗透机能等，其共同的要求是安全无毒副作用，对人体有良好的生物相容性、适应性。

(3) 纳米材料

纳米材料和纳米结构是新材料领域中最富影响的研究对象，也是纳米科技中最接近应用的组成部分。人们对于物质性质的认识，是从宏观现象的观测开始的。其后又深入到原子、分子的层次，用原子结构、晶体结构和化学键理论来阐明物质的性质与结构之间的关系。近年来，纳米科技的发展使人们开始了解到，材料的性质并不是直接由原子和分子决定的。在宏观物质和微观原子分子之间还存在一些介观层次，即纳米材料层次，这些层次对材料的物性起着决定性的作用。

纳米材料是有限分子组装起来的聚集体（assemble），它所表现出来的物性和宏观的材料迥然不同，具有奇特的光、电、磁、热、力学和化学等性质。一般所谓纳米材料是指尺度为 1～100nm 的超细颗粒经压制、烧结或溅射而成的凝聚态固体。纳米材料可划分为两个层次，一是纳米微粒，二是纳米固体（包括薄膜）。纳米材料的界面结构和表面结构能够影响材料的性质，同时，对材料的界面结构与表面结构适当改性，也能有效地改变材料的化学性质和性能。

纳米颗粒是指颗粒尺寸为纳米量级的超细颗粒。当微小颗粒尺寸进入纳米量级 1～100nm 时，其本身具有表面效应、小尺寸效应、量子尺寸效应和宏观量子隧道效应，因而展现出许多特有的性质，在催化、滤光、光吸收、医药、磁介质及新材料等方面有广阔的应用前景。

表面效应　材料科学已经指出，处于固体材料表面上的原子状态与处于内部的原子状态有明显不同。内部原子被其他原子所包围，而表面原子只是在它的一边存在着内部原子，而其他边为真空或其他物质的原子。表面原子的键合状态是不完整的，它们处于较高的能量状态，因此具有较大的化学活性、较高的与异类原子化学结合的能力和较强的吸附能力。表面原子的特性对材料的总体性能会产生一定的影响。然而，对于大块材料而言，其表面原子数相对于总原子数的比例太小，这种影响作用可以忽略。随着颗粒尺寸的减小，表面积增大，导致位于表面的原子占有相当大的比例。这些表面原子遇见其他原子会很快结合，使其稳定化，这是纳米微粒活化、体系的表面能明显增大的根本原因。随着颗粒尺寸的减小，界面原子数增多，因而无序度增加，同时晶体的对称性变差，其部分能带破坏，因而出现了界面效应。这种表、界面原子表现出的活性就是表面效应。

小尺寸效应　当超细颗粒的尺寸小到纳米尺度，并与某些物理特征尺寸，如传导电子德布罗意波长、电子自由程、磁畴、超导态相干波长等尺寸相接近或更小时，由于周期性的边界条件破坏，非晶态纳米微粒表面层附近原子密度减小，使原来的大块材料所具有的某些性能发生重大改变，导致光吸收、磁性、内压、热阻、化学活性、催化活性及熔点等均与普通大块材料不同，这种某些物理性能随尺寸减小可能发生突变的效应称作小尺寸效应。

量子尺寸效应 已经证明，很难从小于10nm的金属颗粒中取去或注入电子。纳米颗粒具有保持电学中性的趋势，这一特性对材料的比热容、磁化、超导电性都有重要影响。例如，超细颗粒的比热容、磁化率明显与大块材料有差异。在纳米颗粒中处于分立的量子化能级中的电子的波动性带来了纳米颗粒的一系列特性，如光学非线性特征和特异的催化或光催化性质等。

宏观量子隧道效应 纳米颗粒具有贯穿势垒的能力称为隧道效应。近年来，人们发现了一些宏观量，如微粒的磁化强度、量子相干器中的磁通量以及电荷等，可以穿越宏观系统的势垒而产生变化，故称为宏观量子隧道效应。宏观量子隧道效应与量子尺寸效应一起，确定了微电子器件进一步微型化的极限，也限定了采用磁带磁盘进行信息储存的最短时间。

表面效应、小尺寸效应、量子尺寸效应及宏观量子隧道效应，统称为纳米效应，它们是纳米颗粒与纳米固体的基本特性。它使纳米颗粒和纳米固体呈现许多奇异的物理、化学性质，出现一些“反常现象”。例如，金属为导体，但纳米金属颗粒在低温下由于量子尺寸效应会呈现电绝缘性，在一定条件下某些导电材料变为半导体或绝缘体。当粒径为十几纳米的氮化硅微粒组成纳米陶瓷时，已不具有典型共价键特征，界面结构出现部分极性，共价键的非导体变为导体，在交流电下电阻很小。又如，金属由于光反射显现出各种美丽的特征颜色。而纳米金属颗粒的反射能力显著下降，反光性$<3\%$，光泽消失、变为黑色；纳米颗粒的催化能力、吸附能力、化学性能大大提高，化学惰性的金属铂制造成纳米颗粒（铂黑）后却成为活性极好的催化剂。再如，金属纳米颗粒可使其熔点大大降低，如大块金和银熔点分别是1063℃和960℃，而2nm的金和银颗粒的熔点分别降至330℃和100℃；活泼金属纳米铝粉在空气中可自燃；12nm的TiO_2在室温下就已熔合；纳米颗粒烧结温度大大降低，这一特性为粉末冶金工业新工艺的开发提供了基础。纳米磁性金属的磁化率是普通金属的20倍，而饱和磁矩是普通金属的1/2。一般$PbTiO_3$、$BaTiO_3$和$SrTiO_3$等是典型铁电体，但当其尺寸进入纳米数量级就会变成顺电体；单畴结构的铁磁性物质（几十纳米）的矫顽力增大1000倍，几纳米的铁磁性物质会显示极强的顺磁效应。

此外，不但纳米微粒具有许多独特的性质，由它构成的二维薄膜以及三维固体也表现出不同于常规块状材料和薄膜的性质。例如，由纳米颗粒构成的纳米陶瓷在低温下仍然呈现良好的延展性，纳米TiO_2和纳米CaF_2块体都表现出良好的塑性。总之，纳米材料呈现出诸如高强度和高韧性、高热膨胀系数、高比热和低熔点、奇特的磁性、极强的吸波性和高扩散性等特殊的宏观物理性能。纳米效应是纳米材料产生新特性的本质原因，也是纳米材料付诸应用的基础。

纳米液滴是一个比只含几个或几十个液体分子的团簇大得多而又比普通宏观液滴（直径$>1\mu m$）小得多的介观体系，其中所含的分子为$10^4\sim10^7$个。纳米液滴和纳米固体颗粒相似，同属于介观层次物质，因此，纳米液滴同样具有介观物质的普遍特性，例如，表面效应、小尺寸效应、量子尺寸效应等。同时，纳米液滴又是液体，它又具有介观层次液体的一些特性。例如，纳米液滴表面效应表现为纳米液滴作为特殊的液体存在时，其饱和蒸气压、对应的存在温度、表面吉氏函数等物理化学性质将会发生很大变化。纳米液滴的尺寸相当于光波波长时，光的吸收和反射将会发生变化。液滴尺寸减小时，重力的影响可以忽略不计，纳米液滴始终保持球形。由于表面及其附近液体分子密度的减小，引起纳米液滴在光、电、磁和热力学等特性上产生小尺寸效应。量子尺寸效应也适用于纳米液滴，纳米液滴具有光学非线性的特征。

纳米液滴的各种性质使纳米液滴具有广泛的应用前景。首先，纳米液滴的各种特殊性质将促进其在材料合成和改性方面的运用。其次，纳米液滴作为微型反应器将促进对化学反应微观机理的研究，对反应过程中物质的能量和结构变化有更深入的了解。由于纳米液滴具有界面层，液滴与环境之间都可能存在能量和物质的交换，因此，纳米液滴对于研究生物体细胞的结构和功能也有重要意义。

纳米颗粒的制备方法可以分为两大类：物理方法和化学方法。常用物理方法有粉碎法、机械合金法和蒸发冷凝法。粉碎法是通过机械粉碎、电火花手段获得纳米颗粒。机械合金法是利用高能球磨，使元素、合金或复合材料粉碎。粉碎法、机械合金法虽操作简单、成本低、但制品质量低、粒度分布宽、均匀性差。蒸发冷凝法是在真空条件下通过加热，或使用激光或电弧高频感应等手段使原料气化或形成等离子体，然后骤冷使之凝结的方法制备纳米颗粒。此法可得高品质的纳米颗粒，且粒度可控，但其工艺技术的要求很高。化学制备方法包括均相反应法和多相反应法两大类。均相反应法有沉淀法和溶剂蒸发法。均相沉淀法能够精确控制颗粒的化学组成，添加微量成分可制得多种成分均一的高纯复合化合物。但在均相沉淀法的制备过程中控制因素过多，易混入杂质，颗粒尺寸也难以控制。多相反应法有溶胶-凝胶法、气溶胶法和微乳液法等。溶胶-凝胶法能获得高品质的纳米颗粒，比较适用于制备某些易于相变的纳米材料。微乳液法（或称 W/O 反胶团法）制备纳米颗粒是近十几年发展起来的新方法。在一定条件下，微乳液滴具有保持稳定小尺寸的特性，即使破裂也能重新组合，类似于生物细胞的自组织特性、自复制特性。稳定的微乳液滴的纳米级微环境，为制备颗粒大小和形状均能精确控制的纳米颗粒和材料提供了新的途径。近年来，结合微乳液的物理和化学特性的研究，制备具有各种特定性能的有机、无机以及复合材料的研究日趋活跃，并取得了明显进展。用微乳液制备纳米颗粒和材料是一个新的有巨大潜力的应用研究领域。

总之，新材料的研究促进了化工技术的发展，扩大了化工学科研究的范围，新材料与化工相辅相成，共同发展。

高技术的发展对化工提出了更新和更高的要求，同时也促进了化工向高技术方向进步，反过来，化工提供的物质技术基础，又为高技术的发展创造了条件。化工和高技术就是这样有着相互依存，相互促进，密不可分的关系。

7.2 注重创新，迎接挑战，走新型化工发展道路

7.2.1 现代化工需要可持续发展

各类化学加工工业是按人类生存和各种经济活动的要求而提出和发展的。但生产路线、方法、设备的选择和优先发展战略的制定，在很大程度上取决于资源和能源的状况。合理利用各种资源和能源，高效、节能、优质、安全地建立和发展化学加工工业，生产出所希望的合格产品是十分重要的。当然，资源和能源结构的改变也可能从根本上改变化学加工工业的布局和面貌。化学工业的可持续发展是人类社会可持续发展的重要基础。

众所周知，石油、煤和天然气既可用作能源，也是化学加工工业的起始原料。20 世纪，尤其是 20 世纪 50～60 年代，重大石油化工技术的不断成功使石油化工产品与规模空前发

展。可以说，20 世纪是人类社会高速发展的 100 年，也是石油化工高速奋进的 100 年。但是，20 世纪 70 年代两次石油危机的影响使人们逐渐认识到化工资源的匮乏和能源的危机，向人们警示了石油、煤和天然气作为不可再生资源的有限性。一方面，对能源需求的不断增加，石油、煤和天然气占国际能源消费量的 85%以上，2019 年全球原油加工量超过 40 亿吨，然而实际石油探明贮量并没有明显增加，需求和供应之间存在潜在的危机。另一方面，能源和资源品位明显下降，开采和利用难度不断提高，成本快速增加，能源和资源品位与高质量发展经济之间存在的矛盾突出。十分明显，化学加工工业面临着资源和能源的严峻挑战。

随着世界工业经济的不断发展，环境污染及生态保护一直是困扰全球各国的重要问题之一。治理日益恶化的生态环境，越来越受到人们的关注。实行可持续发展战略，已经成为各个国家和地区的共识。

化学加工工业的急剧发展为环境带来巨大的压力。世界化学化工产品已达到 7 万种之多。化学品产量的剧增和化工产品种类的增多，对人类健康的危害性和对环境、生态的破坏性也逐渐暴露出来。在传统生产、使用化学产品的过程中常产生大量的“三废”，即废水、废气和废渣。据统计，当前全世界每年产生城市固体废物超过 30 亿吨，如塑料固废超过 3 亿吨，工业过程产生的危险废物超过 3 亿吨。我国 2018 年化学工业废水排放量近 40 亿吨，占全国工业废水排放总量的 22%左右，废气和固体废物的排放量也十分巨大。这些废物污染了环境，给人类带来了危害，引起了社会各界的关注。

化学的创造力的确给人们营造了一个全新的物质环境。这些成果一度使人们毫无顾虑地改变着和影响着自然世界。事实上，任何物质和能量以至于生物，对人类来说都有两面性。不论化学创造的新物质和自然界原有的物质，都要合理使用。需要强调的是，化学能够帮助人们了解化学物质的性质和变化规律，了解它们两面性的本质；同时，化学也能帮助人们认识自然界发生的各种化学过程，使之能够正确地使用它们和控制它们。环境问题涉及许多方面，一般的废气、废液、废渣有其共同性，可用共同的或类似的方法处理，而化工所产生的污染物千变万化，难以用一种或几种方法来处理，只能由化学工程师自己设法解决。

在人类发展史中，贯穿着一条推动人类进步的主线，即对物质世界的认识不断深化，改造、创造和利用物质的能力不断提高。回顾人类认识和利用物质的历史，可以划分出认识不断提高的三个阶段。在初级阶段，人类活动只为满足生存的基本需要；中级阶段的人类活动要求进一步满足日益增长的生存质量的需要；当前人类已开始进入高级阶段，要在保证生存安全的前提下提高生存质量。

进入高级阶段，既要保证现今地球上的人，也要保证未来子孙后代，因此，提出了可持续性发展的战略思想。人们逐渐认识到可持续性发展要依赖科技进步，而且，只有满足人类生存、生存质量和生存安全三个方面的要求，科技进步才能够成为人类不断进步和可持续发展的推动力。

进入 21 世纪，世界更加认识到人类面临的人口、粮食、能源、资源和环境五大基本问题。在化学化工领域人们认识到，面对化工所依赖的能源资源的短缺危机，面对传统化工的“三废”污染对环境的挑战，化工需要可持续发展，需要倡导“循环经济”发展模式。

7.2.2 循环经济模式与可持续发展

党中央提出了社会主义市场经济条件下的科学发展观。科学发展观的内涵极为丰富，涉及经济、政治、文化、社会发展各个领域。科学发展观中的一个重要内容就是切实转变经济增长方式、调整经济结构，实施可持续发展战略，实现速度和结构、质量、效益相统一，经济发展和人口、资源、环境相协调，加强对自然资源的合理开发利用，保护生态环境、促进人与自然的和谐。

实现社会经济的可持续发展，就必须摈弃传统的经济发展模式，坚持以“低开采、高利用、低排放”为特征的循环经济发展模式。

7.2.2.1 循环经济是对传统经济模式的深刻变革

20 世纪 60 年代，美国经济学家鲍尔丁提出的“宇宙飞船理论”可以作为循环经济的早期代表。鲍尔丁从发射后的宇宙飞船得到启发，飞船是太空中的一个孤立无援、与世隔绝的独立系统，依靠不断消耗自身资源而存在，最终会因资源耗尽而毁灭。要使飞船延长寿命，唯一的办法就是实现飞船内的资源循环，尽可能少地排出废物。他认为，地球就像在太空中飞行的一艘宇宙飞船。尽管地球资源系统要大得多、寿命也要长得多，但只有实现循环经济模式，对地球资源循环利用，才能延长其寿命；如果人们不合理地开发资源、破坏环境，超过了地球的承载能力，地球也会像宇宙飞船那样走向毁灭。

20 世纪 70 年代的两次世界性能源危机，引发了人们对经济增长方式的深刻反思。然而，当时的环境保护运动主要关注的还是经济活动造成的生态后果，而经济运行机制本身仍然在他们研究的视野之外。20 世纪 90 年代，可持续发展战略开始成为世界潮流，源头预防和全过程治理代替末端治理成为环境与发展的真正主流，特别是 1992 年联合国环境与发展大会通过宣言，正式提出走可持续发展之路，标志着循环经济的诞生。

循环经济是以循环利用物质为基础，以资源高效利用和循环利用为核心，以减量化、再利用、资源化为原则，以低消耗、低排放、高效率为基本特征，使经济系统与自然生态系统的物质循环过程相互和谐，促进资源永续利用的一种经济增长模式。

循环经济，实际上是对物质闭环流动型经济的简称。20 世纪 90 年代以来，在实施可持续发展战略的共识之下，人们越来越清楚地认识到，当代资源环境问题日益严重的根源在于工业化运动以来实施的“高开采、低利用、高排放”（两高一低）为特征的线性经济模式；人类社会的未来发展应该遵循以物质闭环流动为特征的循环经济模式，从而实现可持续发展所要求的生态环境建设与社会经济发展的双赢。

从物质流动和表现形态的角度看，传统工业社会的经济发展是一种“资源—产品—污染排放”单向流动的线性经济模式。在线性经济模式中，人们高强度地提取使用地球的资源和能源，把污染物和废物大量地抛弃到大气圈、水圈、土壤圈，对生态环境造成了极为严重的破坏。

循环经济要求把经济活动组织成一个“资源—产品—再生资源”的反馈式流程，所有的物质和能源在不断进行的经济循环中得到合理和持久的利用，从而把经济活动对自然环境的影响降低到尽可能小的程度。循环经济与线性经济的根本区别在于，线性经济内部是一些相互不发生关系的线性物质流的叠加，造成出入系统的物质流远远大于内部相互交流的物质流，造成“高开采、低利用、高排放”；循环经济则要求系统内部以互联的方式进行物质交换，最大限度地利用进入系统的物质和能量，从而能够形成“低开采、高利用、低排放”的效果。

循环经济本质上是一种生态经济，发展循环经济是人类社会的必然选择。坚持实施循环经济战略是对传统经济发展模式的深刻变革。

7.2.2.2 循环经济的主要原则——3R原则

3R原则是指减量化原则（Reduce）、再利用原则（Reuse）、资源化原则（Recycle）。每个原则对循环经济的成功实施都是必不可少的。减量化就是要减少进入社会循环系统的物质流量，属于输入端方法、预防控制原则。再利用原则就是要求消费主体尽可能多次的、多种形式地使用已经购买的产品，其最终的作用也是达到废弃物减量化的目标，属过程性方法。资源化原则通过把废弃物再次变成资源利用，以减少最终处理量，是输出端方法。

（1）减量化原则（Reduce）

减量化原则是循环经济的第一个原则，它要求减少进入生产和消费流程的物质量，因此又叫减物质化。人们用比较少的原料和能源投入，达到原来的生产目的和消费目的，从经济活动的源头上节约资源、减少污染。换句话说，人们必须学会预防废弃物产生，而不只是在产生后进行治理。在生产中，常常需要将产品小型化和轻型化，来达到减量化目的。例如，光纤技术可以大幅度减少电话传输线中对铜线的使用。同时，要求对产品包装尽可能简单、朴实，而不是豪华、浪费，过度包装或一次性的物品不符合减量化原则。在消费中，人们可以减少对物品的过度需求，例如，购买使用必需品，不提倡消费至上，要勤俭节约，减少排放。

（2）再利用原则（Reuse）

再利用原则是循环经济的第二个原则。尽可能多次，尽可能采用多种方式使用人们所制造的产品和包装容器，尽可能延长其使用期，反复使用，推迟更新。通过再利用，防止物品过早成为污染物排放。例如，在生产中，制造商可以使用标准尺寸进行设计，例如标准尺寸设计能使计算机、电视机和其他电子装置中的电路非常容易和便捷地更换，而不必更换整个产品。在生活中，对使用过的物品，充分考虑其再利用的可能性，确保其再利用，经常维护、及时修理而不频繁更换。

（3）资源化原则（Recycle）

资源化原则是循环经济的第三个原则。是尽可能多地将使用过的物品再生利用或资源化。资源化是把物品返回工厂，经过再加工及资源化后，融入新的产品之中。资源化能够减少资源的净消耗，减少污染物的排放。资源化方式有两种，原级资源化和次级资源化。原级资源化方式是将消费者遗弃的废弃物资源化后形成与原来相同类型的新产品。次级资源化方式是将废弃物变成其他类型产品的原料。

7.2.2.3 循环经济的三个层面

（1）生态经济效益的理念和实践——企业层面

生态经济效益理念的本质是要求组织企业生产层次上物料和能源的循环，从而达到污染排放的最小量化。世界工商企业可持续发展理事会（WBCSD）提出，注重生态经济效益的企业应该做到：减少产品和服务的物料使用量；减少产品和服务的能源使用量；减少有毒物质的排放；加强物质的循环使用能力；最大限度可持续地利用可再生资源；提高产品的耐用性；提高产品的服务强度。

化学制造业的龙头企业美国杜邦化学公司，是单个企业实施循环经济的最有代表性的企业。20世纪80年代末，杜邦公司的研究人员把工厂当作试验新的循环经济理念的实验室，通过放弃使用某些环境有害型的化学物质、减少某些化学物质的使用量以及发明回收本公司产品的新工艺。到1994年，已经使生产造成的塑料废弃物减少了25%，空气污染物排放量减少了70%。同时，他们在废塑料，如废弃的牛奶盒和一次性塑料容器中回收化学物质，开发出了耐用的乙烯材料等新产品。再如，利用日本Kobe Steel公司开发的超临界水解废聚酯可得到对苯二甲酸和乙二醇产品，对苯二甲酸纯度接近99%。该技术已进入产业化示范，若实现商业化应用，将会使聚酯回收利用达到一个全新的高度，全球对苯二甲酸的供需关系将会发生重大变革。

(2) 工业生态系统的理念和实践——企业间层面

单个企业的清洁生产和厂内循环具有一定的局限性，肯定会形成企业内无法消解的一部分废料和副产品，需要在厂外大环境去组织循环。于是，生态工业园区的新概念出现了。生态工业园区就是在更大的范围内实施循环经济的法则，把不同的工厂联结起来形成共享资源和互换副产品的产业共生组合，使得某一家工厂的废气、废热、废水、废物成为其他厂家的原料和能源。

丹麦卡伦堡是世界上工业生态系统运行最为典型的代表之一。这个生态工业园区的主体企业是发电厂、炼油厂、制药厂、石膏板生产厂。以这四个企业为核心，通过贸易方式利用对方生产过程中产生的废弃物和副产品，不仅减少了废物产生量和处理的费用，还产生了较好的经济效益，形成了经济发展与环境保护的良性循环。

近年来，循环经济在我国开始引起人们的关注，并在理论上进行了探索，特别是在清洁生产的基础上，开始建设工业生态园区示范，天津经济技术开发区生态工业园就是其中一例。

(3) 整体循环的理念和再生循环实践——社会层面

从社会整体循环的角度，要大力发展旧物调剂和资源回收产业，只有这样才能在整个社会的范围内形成“自然资源—产品—再生资源”的循环经济环路。

在这一方面，德国的双轨制回收系统（DSD）起了很好的示范作用。DSD是一个专门组织对包装废弃物进行回收利用的非政府组织。它接收企业的委托，组织收运者对他们的包装废弃物进行回收和分类，然后送至相应的资源再利用厂家进行循环利用，能直接回用的包装废弃物则送回到制造商手中。

7.2.2.4 循环经济的实施战略

(1) 大系统分析的原则

传统工业经济时代把经济生产看作与世隔绝的体系，只考虑经济效益的片面的思维理念既不符合实际，也违背自然规律。循环经济模式要求在人口、资源、环境、经济、社会与科学技术的大系统中，研究符合客观规律的经济原则，实践均衡的经济、社会和生态效益。信息论、系统论、生态学和资源系统工程管理等一系列理论是系统分析的基本工具。

(2) 环境友好的技术载体

实施循环经济的技术载体是环境无害化技术或环境友好技术，其特征是合理利用资源和能源，更多地回收废物和产品，污染排放量小，并以环境可接受的方式处置残余的废弃物。主要包括清洁生产技术、废物利用技术、污染治理技术等。

线性经济模式和末端治理过程中，常常有把污染防治技术与清洁生产技术对立起来的情况。在循环经济模式中，这种对立将不复存在。只要优化物质流与能量流，所有的技术都会倾向于越来越“清洁”。新的技术战略不能简单地建立在单个技术的基础之上，不能简单地局限于部门的技术发展视野之内，而应该在整个技术系统的层次上统筹抉择。循环经济的技术战略提倡的是以清洁技术回归为特点的战略，要求确定未来需要达到的技术目标，然后指导现有的技术向既定的方向转移提升。

利用先进适用技术，达到资源的最优使用。其一是持久使用，通过延长产品的使用寿命来降低资源流动的速度；其二是集约使用，使产品的利用达到某种规模效应，减少分散使用导致的资源浪费。另外，自然界很多资源是可以循环再生的，循环经济要求尽可能利用可再生资源，使生产循环与生态循环耦合。如利用太阳能替代石油，利用地表水替代深层地下水，用农家肥替代化肥等。

(3) 生态成本总量控制

所谓生态成本，是指当我们进行经济生产给生态系统带来破坏后，人为修复所需要的代价。人们向自然界索取资源时，必须考虑生态系统有多大的自我修复能力，要有生态成本总量控制的概念。以从河水取水为例，联合国教科文组织通过数百例统计研究认为，在温带半湿润地区从河流中取水不应超过河流总水资源量40%的总量控制概念，即从整条河中取用总水资源量40%以下的水，不至于造成断流；在污水处理达标排放的情况下，可以保持河流的自净能力。

(4) 绿色国内生产总值统计与核算体系

建立企业污染的负国民生产总值统计指标体系，并以循环经济的观点来核算，即从工业增加值中除去测定的与污染总量相当的负工业增加值。原则上，负国内生产总值作为排污的补偿税（费），这样能从根本上杜绝新的大污染源的产生。

(5) 绿色消费制度

以税收和行政等手段，限制以不可再生资源为原料的一次性产品的生产与消费，如旅馆的一次性用品、餐馆的一次性餐具和豪华包装等，促进一次性产品和包装容器的再利用。

7.2.2.5 循环经济是可持续发展的保障

首先，循环经济的基本原则——3R原则与可持续发展的生态型原则，即低资源消耗、低污染、高附加值原则，是完全一致的。循环经济使废弃物排放最小化，最大限度地保护了环境。循环经济从生态系统平衡的观点出发，对自然资源的开发减量化，使之维持在生态系统的承载范围之内，保护了生态系统的平衡。因此，循环经济可以保障经济、社会、环境与生态的协调发展。

自然资源的利用是经济发展的决定性因素。循环经济从大系统分析观念出发，实行总量控制，以资源循环来解决资源短缺问题，通过资源循环使用来保障社会经济的持续发展。自然资源拥有量的差异是使区域发展不均衡的最重要因素之一。循环经济提供资源的循环利用，大大减低了由于自然资源拥有量差异带来的区域发展不均衡现象，促进了区域的协调发展。

循环经济在保证可再生资源的再生能力的前提下，实行尽可能利用可再生资源的原则，使当代人给后代留下不少于自己的可利用的资源量，进而保障了资源利用的代际均衡。

应该说，人类从过分自信自己的创造力，忽视自然对人类的反作用，到重视环境保护，倡导走经济、社会、环境与生态的协调发展的道路，这正是社会与文明进步的表现。化学工程作为学科、化工工艺作为技术、化学工业作为产业，其今后的发展战略，必须从面临的资源、能源及环境问题的变化出发，必须从这些问题对化学加工工业的影响以及由此引起的对化工工艺技术和化学工程学科的新的需求出发，丰富发展内涵、创新发展观念、开拓发展思路、破解发展难题，注重创新，迎接挑战，实施循环经济发展模式，真正实现全面、协调、可持续的发展。

7.2.3 化工技术与资源综合利用

资源可以分为两大类：①不可再生资源，如石油、煤、各种矿石等；②可再生资源，包括一切动植物代谢产物和其他生物资源。

在工业化初期，世界资源很丰富，所采用的原料都是富矿或易于开采和加工的矿藏。但到今天，有些资源面临枯竭，需要加工贫矿和使用加工过程复杂的原料，甚至要求改变原料路线，需要进行大量的技术储备和研究。这是化工产业、学科和技术在发展战略部署方面需要考虑的首要问题。

例如，石油和天然气当前主要作为能源使用，用作化工原料的石油和天然气的量在总开发产量中所占比例较少。从长远的观点看，把尚未开采的石油和其他不可再生的资源更多地留作化工原料，可能是更合理的。把石油制成有机化工产品的产值要比用作能源的产值高1～2个数量级，而且可以开发大量可再生资源以及核能来补充能源的不足，这些可再生资源往往不容易制成各种有机化工产品。因此，国内外均在考虑更有效利用不可再生的资源，并更多地利用可再生资源以及核能。当然，围绕所需解决的问题，同样又需要化学化工的深入的开发研究，提供新技术、新工艺和新过程。利用化学化工的新技术、新工艺和新过程，解决关键问题，综合利用资源的主要工作包括以下这些方面。

(1) 继续勘探更多石油、天然气储量，增大采出率

据预测，至少21世纪前50年，世界能源需求仍然主要依靠矿物燃料，特别是石油。为了获得更多的石油资源，石油勘探开发将进一步向深度、广度进军，进一步由陆相走向海相，由浅海走向深海。随着高新技术的不断采用，探明的石油资源将会在相当一段时期保持增势。

由于目前全球石油探明储量的近2/3集中在中东地区，天然气的探明量各有1/3分布在俄罗斯和中东地区，这使得石油资源分布的不均衡性在21世纪更加突出。资源产地分布与资源消费地分布的不平衡造成的资源供需方面的矛盾，将继续成为新世纪原油价格波动的主要动因之一。另外，世界原油产量的80%以上来自1973年前发现的油田，今后，大油田的发现将越来越少，而且勘探地质条件越来越差，需要付出的代价将越来越高。所以在21世纪相当长的时期内，降低油气成本和保证石油安全仍将是主要议题。

对已探明的地区，重点将进一步提高开发效率。在油田开采过程中，为了将二次采油后的剩余储量开采出来，需要采用物理、化学和生物学新技术提高采出率，进行三次采油。三次采油的方法分为四大类，即热力驱、混相驱、微生物驱和化学驱。美国多采用通入空气就地燃烧、部分氧化、使重质油裂解或通入蒸汽进行三次采油，尤以通入蒸汽更普遍，占三次采油的80%。美国在1981年曾把耐高温细菌注入油层，降低石油的表面张力，增产原油2000万桶。我国则主要靠注入化学增黏剂，如聚丙烯酰胺等，增加水黏度、降低油在岩石中的附着力，进行水力驱动采油，可以使油的采出率达50%以上。使用新技术，需要研究合成和制备各类添加剂，充分认识多孔介质的扩散过程、流体流动规律、颗粒床层中的两相流体力学并建立相应的模型，深入研究细菌生物反应在深层地下的动力学特性，还要研究高温、高压下的相平衡关系和体系热物性的变化等。

（2）增加原油加工深度，合理利用有限资源，生产更多适用产品

研究和发展新流程、新工艺、新设备和高效催化剂，尤其是开发加工劣质、重质原料的新工艺十分必要。我国原油较重，原油中含稠油较多，只能生产少量轻质产品，常压渣油一般达70％。为了获取较多优质、轻质产品，需采用催化加氢等工艺方法，发展高效催化剂，开发大型加氢反应器，采用廉价的制氢方法，同时发展溶剂萃取或超临界萃取技术，有效脱去胶质和沥青质，从而顺利打通重质油深加工的全部流程。在有关化工基础研究和工程放大方面，需要加强创新能力，在有关复杂组分的反应动力学、传质动力学、两相流体力学、加热炉辐射传热规律与放大等研究方面继续努力工作。

油品的合理利用在中国具有很大的潜力，需要开展资源合理利用的研究。例如，以石脑油（汽油的轻组分）为裂解原料制乙烯比以柴油为裂解原料制乙烯的收率高得多，而柴油机比汽油机的热效率又高约30％。正确选用不同的油品作燃料或石油化工的原料，其社会经济效益是十分可观的。

（3）提高产品质量，减少产品用量或延长产品的使用寿命

提高汽油的辛烷值，提高柴油十六烷值，提高三大合成材料的使用性能（如高强度、高耐磨耐冲击性等），可以明显地节约燃料和原材料。以汽油为例，把辛烷值提高10个单位，炼厂的综合能耗可能增加1.2％～2.5％，然而，产生相同功率的汽车能耗可降低5.4％～9.1％。这不但可以节省燃油的消耗量，而且提高了发动机的比功率，可以节约大量钢铁，对整个社会的资源节约效果是巨大的。采用烷基化、非选择性叠合等工艺生产高辛烷值汽油，是提高燃油产品质量的方法。又如，通过共混或共聚接枝的方法获得塑料“合金”，可以改善原料的物理和机械性能。共混改性可以使材料具有新的性能，包括黏合性、光泽、可电镀性、气体渗透性、自润滑性、耐老化性、亲水性等；共混改性可以提高材料强度，如耐冲击强度、拉伸弯曲强度、耐摩擦、耐疲劳、高模量等；共混改性可以改进材料的耐久性，如耐水、耐热、耐溶剂及尺寸稳定性等。十分明显，提高材料性能是节约资源的一个重要途径。

（4）充分利用工业副产物、废气、废液、废渣，回收有用产品

例如，可以从合成氨尾气（含氢60％以上）、催化重整过程尾气（含氢80.97％）、加氢过程尾气（含氢65.95％）、催化裂化干气（含氢15.60％）、高温炼焦煤气等物流中实现氢气的回收和再利用。美国用于石油化工和石油加工的氢气，大部分通过炼厂气中回收获得。我国炼厂气和废气中的氢回收利用还有相当的发展余地。当然，要回收过程尾气中的氢气，需要发展高效节能的分离技术和方法。比较有效的气体分离方法有膜分离、络合吸附或分子筛吸附、金属氢化物的可逆反应以及化学吸收等。低温分离由于能耗较高，已逐渐被其他过程所代替。

又如，废塑料的回收与加工对于节约资源、减少环境污染有着重要的意义。塑料回收的简单易行的方法是热裂解。大多数塑料的组成都是氢碳比较高的物质，采用热裂解可以获取部分轻油和烃类。回收废塑料的裂解装置开始出现，但仍需要考虑废塑料分拣方法及收集途径问题，发展和研究处理固体原料的反应器以及相应的动力学，解决有关的基础性工程问题。当然，也可以研究其他降解的方法。

（5）发展用其他资源为原料的化工路线和相应技术

在有机化工发展的历史中，曾经开发以煤为原料生产乙炔以及煤干馏获取苯和甲苯，再合成其他化工产品的路线，并且利用煤焦油为基础，发展了染料和医药工业；在有机化工发展的历史中，也曾利用过粮食和糖类发酵生成酒精再脱氢生成乙烯的生产路线。由于过高的能耗和复杂的生产过程，这些生产路线逐步为以石油为原料的石油化工路线所取代。然而，石油资源日渐减少，而目前已探明的煤资源比石油资源多一个数量级以上，天然气潜在的储量也比石油储量多，且天然气的加工费用便宜。21世纪天然气的发展将出现一次新的飞跃。因此，发展天然气化工和煤化工，加快油页岩的综合利用的实施步伐是具有战略意义的。

天然气的主要成分为甲烷，利用甲烷部分氧化制备甲醇或甲醛，或氧化偶联制乙烯是很有发展前景的工艺路线。研制性能良好的催化剂、开发高效反应器和节能的分离产品和原料净化的方法是实现相关工艺的技术关键。

煤化工主要有两条不同的路线，一条是通过气化方法制备合成气，进行一碳化工合成。另一条路线是煤的直接液化，通过高压加氢或溶剂溶解方法获取轻质产品。除此之外，还应充分利用高温炼焦的副产品（焦油和煤气）。全世界的单环芳烃有85%来自石油化工，15%来自煤焦油。我国目前的煤焦油和煤气副产是相当可观的。发展煤化工气化方法和气化炉的研究开发以及催化剂和产品的高效分离方法则是关键性的化工技术。

在陆地上资源越来越紧张的时候，海洋将会成为人类第二个重要的生产和生活基地。海洋是一个无与伦比的广阔天地，人们畅想未来能在那里种田、放牧、耕耘、收获，为人类生产营养丰富、品种繁多、数量浩大的食物；海洋将是一个硕大无比的聚宝盆，可以向人类提供石油、天然气、金属、非金属等矿产资源、海水化学资源、海洋能源和淡水能源；海上气候温和湿润，人们希望能在海上建造城市，使人们的生活变得更加舒适，建造海上工厂，为人类生产必需的产品。

海洋蕴藏着极为丰富的生物资源，有着取之不尽的药源，是一个很大的医药宝库。海洋生物活性物质化学结构的多样性远远超过陆地生物，从海葵、海绵、腔肠动物和微生物体内分离和鉴定新型化合物300多种，在抗菌、镇痛、抗瘤等疾病的治疗上表现出了很好的活性。提高化合物活性的分子修饰技术、组合化学技术、加速药物研制的计算机辅助药物设计技术已经在海洋生物活性物质研究与开发中得到了应用。新的、先进的分离技术，如超临界流体萃取、双水相萃取、亲和层析、分子蒸馏、膜分离等应用于海洋生物活性物质的分离、纯化及产品制备过程中。超临界CO_2萃取技术用于海洋生物中酯类和不饱和脂肪酸的分离提取；分子蒸馏技术在海洋鱼油制品的生产中得到了应用；用于滋补大脑的深海鱼油DHA和EPA等物质的提取都用到了新型分离技术。另外，某些微生物具有把微量元素富集起来的巨大能力。海水含碘的浓度很低，但一些藻类如海带却可以把碘吸收，变成含碘很高的植物。有一种藻类，可以把水中的微量钚吸收，浓度可富集20万倍。

（6）现代化肥工业是化工产业实现可持续发展的重要组成

土地的地力是最重要的资源，要维持地力必须补充肥料，除了继续采用农家传统的有机肥料外，需要发展化肥。一般在有机肥和无机肥相结合的前提下，化肥投入的能量和物质约占全部投入的50%，化肥对中国粮食增产的效果是很显著的。

统计数字表明，化肥施用量的快速增长，对于我国粮食综合生产能力的提高，起到了根本性的作用。1978年中国化肥施用量为884万吨，2002年化肥施用量为4050万吨。1978年我国粮食总产量为30476万吨，粮食综合生产能力约3亿吨，2002年中国粮食总产量达到45711万吨，粮食综合生产能力稳定在5亿吨的水平。然而，到2010年我国的化肥年消费量超过了5500万吨，粮食产量为54641万吨。由此可以看出，继续提高耕地平均施肥水平，不仅社会经济所付代价巨大，而且也是土壤环境难以承受的。我国未来肥料发展的重点是打破传统、更新观念，实施“质量替代数量”的发展战略，通过科技创新，在不增加或少量增加化肥用量的前提下，通过提高效率和利用率，保证我国的粮食安全。

首先，应该基于现代科技的发展，创新化肥品种，以提高资源的利用率。2015 年农业部《化肥使用量零增长行动方案》（以下简称《方案》）中提出了到 2020 年实现化肥用量零增长的目标。《方案》的提出和实施有效推动化肥工业的创新和化肥利用率。缓释肥料是低碳经济时代的新型增值肥料，是 21 世纪肥料发展的重要方向。常规氮肥品种，由于其养分释放特性不能与作物的需肥规律相匹配，当季利用率只有 35%；未被作物吸收利用的剩余氮肥又很难残存在土壤中被下一季作物利用，当季施用的氮肥有超过 40%通过气态、淋洗和径流等途径损失掉。缓释肥料最大的特点是力求做到养分释放与作物吸收同步，简化施肥技术，实现一次性施肥满足作物整个生长期的需要，肥料损失少，利用率高，环境友好。我国从 20 世纪 70 年代开始研究缓释肥料。2000 年以后进入缓释肥料快速发展阶段。到 2016 年，全国缓释肥料产能已经约 345 万吨，中国已经成为缓/控释肥的最大生产国和新型应用市场。

其次，大力发展新型肥料品种的同时，要继续重视调整产品使用的构成，继续提高高浓度化肥比重及化肥的复合率，进而提高效率和肥料利用率。例如，种植结构的变化需要高浓度、复合化的肥料品种；森林、水产、苗圃、牧草、畜牧等都开始使用化肥，化肥使用的新领域不断扩大；农作物改良品种、高产作物需要更多的施肥量；农业结构的变化对化肥在品种结构上提出了更高的要求，需要不同配比的复混肥料、掺混肥、添加微量元素肥料、专用肥料等。随着我国小康社会建设的不断深入，农业发展在满足吃饱需求的基础上开始注重吃好，主要表现在食品的多样性、食品的安全性、食品的高品质。因此，适度规模的新型农业主体有望增加，种植结构有望持续调整，科学施肥、使用高品质差异化肥料的积极性会得到进一步提升。

化肥是资源、能源深加工型产品，投资大、产品附加价值不高，属技术、资金密集型产品。我国化肥工业要走新型工业化道路，对于实施资源节约型战略，实现可持续发展具有重要的意义。

首先，改造原料路线，适应国内资源特点是十分必要的。氮肥行业重点是原料路线的改造。由于我国以煤为主的能源结构特点，我国氮肥行业急需解决的是以无烟块煤的原料路线改造问题，即采用成熟的粉煤气化技术，以本地粉煤代替无烟块煤。磷肥行业的重点是解决好磷矿和硫黄资源的来源问题，保证磷硫资源的供应。钾肥行业的重点是含钾盐湖卤水的开发。

要大力推进技术进步，开发和推广先进适用技术。例如，氮肥行业中的新型煤气化技术，包括粉煤气化、水煤浆气化技术等；新型净化技术，如低温变换、低温甲醇洗；氨合成技术，如新型合成氨塔以及大型低压合成的成套技术和装备；水溶液全循环尿素改造技术，降低消耗及成本，提高产量；尿素改性技术，包括大颗粒尿素生产技术、长效尿素技术、尿素复合肥生产技术等。又如，磷肥行业中的低品位磷矿利用技术；发展高浓度磷复肥，提高磷资源利用率；硫酸余热利用技术，回收低温热能，降低生产成本等。再如，钾肥行业中的盐湖卤水直接提取硫酸钾技术。

要调整产品结构，大力发展新型肥料（如控释肥料、大颗粒肥料）。实施清洁生产，对生产过程中排放的废气、废水、废渣等进行末端治理，降低化肥装置对环境的影响。重点是对合成氨造气吹风气、合成氨造气污水、尿素氨氮废水以及磷石膏、含氟尾气等的治理。

(7) 基础化工及化工冶金中的资源利用

对于硫酸，尽量开辟硫的来源，除了利用硫铁矿、尾砂和冶炼有色金属的尾气外，应研究煤气、炼厂气中硫的回收和利用。化学工程的研究重点是气-液-液-固四相流体力学、传质动力学和结晶动力学。对纯碱，重点开发增大原料利用率、简化流程设备、降低能耗的新流程。对烧碱，主要关键是降低电耗，利用高效离子交换膜。对电化学工业，关键是开发高效电化学反应器、发展高效化学电源，降低耗电量。对其他无机盐，无论是将矿物原料湿法加工或从海水、盐湖水中提取，主要需要解决能耗高、收率低、环境污染大等问题。

在全世界范围内，矿藏资源问题都很突出，很多富矿已面临枯竭。例如，20 世纪初开采铜矿的品位都在 1%以上，20 世纪 70 年代后已降至 0.3%。一些稀有金属的含量只有万分之几到百万分之几。化工冶金方面的关键问题，一是要注意海洋资源的开发，例如，从海底锰结核中提取锰、镍、钴、铜等多种金属和从海水中提取铀、钾、金等；二是开发低品位矿和复杂的共生矿，重点是针对资源特色，开展新型分离与提取工艺、冶炼方法和技术以及相应的热力学、动力学、传质、传热的基础研究和设备放大问题的研究。需要解决降低能耗及成本、提高提取率、减少或消除对环境的污染等问题，发展无污染工艺，并注意矿物的综合利用。

随着半导体工业和稀土工业的发展，要求从浓度很低的矿物中分离稀土以及制备纯度很高的半导体，一些新的分离、提取新技术，如离子交换、溶剂萃取、液膜分离、部分熔融等需要迅速发展。一些新材料要求金属、合金和无机化合物具有超微颗粒形态，要求材料具有新的表面涂层。近年来，等离子体化学冶金技术、激光技术和各种化学涂层新方法发展迅速。密切注视电子技术、空间技术、激光技术的引入，充分利用资源，解决高科技元器件生产所需的高性能结构材料和功能材料，成为化工冶金的活跃的研究领域。

(8) 天然可再生资源的全价开发

天然可再生资源是指动植物的代谢产物。我国动植物代谢产物的综合利用及全价开发，与国外先进水平相比还有很大的差距。天然可再生资源的全价开发主要是针对农、牧、渔等产品利用后的副产物的深加工。这些动植物副产物可以分为六大类，即油脂、蛋白、淀粉、动物血液及脏器、香精色素、纤维素等。例如，榨油后的饼粕、制糖或纸浆废液、制酒发酵后的糟粕、粮食的麸糠、动物的血液、内脏等，都含有大量糖类、蛋白质、维生素或其他有生物活性的特殊产品。这些可再生资源的全价开发，可以获取高附加值的有用的产品。

十分明显，实现天然可再生资源的全价开发，需要大力发展高效的分离方法，分离和纯化有用的产品。过滤、浸取和萃取、蒸馏和结晶等是常用的方法。天然产物大部分是水溶性的，分子量较大，对温度或对剪切力比较敏感，有些还具有生物活性，其中的蛋白质、多肽和氨基酸都是带电的两性物质。要发展一些在较温和条件下（如常温，pH 值接近中性等）实现的分离过程。错流过滤、膜分离、凝胶脱水、双水相萃取、超临界萃取等都显示出明显的技术优势。

用发酵方法实现生物质转化或作为生产单细胞蛋白（SCP）的原料，都需要筛选良好的菌种，进行反应动力学及工艺条件的研究，开发大型生化反应器，特别是适用于处理黏度大、固含量高的反应器或用于固体发酵的反应器。纤维素、半纤维素的降解是发酵方法实现生物质转化中的难点。发酵的基础研究，筛选菌种，包括通过细胞融合或基因重组获得有高降解能力的菌种，研究各种纤维素的降解动力学及工艺参数对降解速率的影响，开发适宜的反应器，实现降解产物的分离纯化和综合利用，都是十分关键的。

此外，实现天然可再生资源的全价开发，需要加强基础研究，如生物产品复杂体系的热力学和传递过程基本性质的研究。同时要研究生物反应过程及分离过程的模型化，实现天然可再生资源深加工过程的控制和优化。

7.2.4 化工技术与能源合理开发

随着石油资源总量的逐渐减少和勘探开发成本的逐步提高，随着社会对环保型清洁能源的青睐，可以预计，21 世纪能源的多元化的趋势是必然的。在石油资源的延续使用期内，替代能源在能源消费中所占的比重将会增加。新能源技术的发展趋势，首先是能源来源的多元化，然后是节能途径的多样化。常规能源结构主要是煤，还有石油、天然气、页岩等。新型能源已开始形成规模的有核能等。常规能源和核能发电在技术上已经成熟，大型化的发展趋势，其目的是使能源使用成本降低。潜在的、更丰富能源是可以发生聚变反应的重氢，关于可控热核反应的研究仍是新能源的一个重要方向。然而，从更长远的观点看，更重要的是可再生能源。目前作为主要能源的石油、天然气、煤和油页岩等不可再生资源应主要留作化工原料，要更多地利用可再生能源及核能。21 世纪能源化学的发展方向应注重新能源的开发，能源的使用将从有限的矿物资源向无限的再生能源及新能源过度。

按照“首先是能源来源的多元化，然后是节能途径的多样化”的宗旨，将有大量的化学研究课题等待着人们去努力开发。开发的新能源有核能、太阳能、生物能、风能、地热能和海洋能等。新的能源化学研究前沿包括太阳能电池、氢能、燃料电池、海水盐差发电，它们涉及电化学、催化、光学、电子学等多学科的交叉与融合。研究和开发清洁而又用之不竭的能源是可持续发展的一项重要任务。

(1) 太阳能的利用

正在开发的新能源中的太阳能，可以说是清洁而又用之不竭的能源。太阳能的利用，集中在光电直接转化、利用催化剂和太阳能分解水制氢和利用生物质发酵制酒精或甲烷等三个方面。

光电直接转化　光电直接转化是利用能把光能转变成电能的能量转换器——太阳能电池来实现的。太阳能电池是利用“光生伏打效应”原理制成的，即当物体受到光照射时，物体内就会产生电动势或电流。太阳能电池主要靠高纯硅、砷化镓等半导体把太阳能直接转化为电能。当阳光照射在半导体的 P-N 结上时，就会在 P-N 结的两端形成电压，将 P-N 结两端用导线连接起来，就会产生电流。当阳光照射时，太阳能电池产生的电流不仅能满足当时的供电需求，而且还能将部分电能储存于蓄电池中，可用作汽车、飞机、航天器、电视、航标灯等的电源。目前各种半导体材料中以单晶硅太阳能电池的性能较好，光电转换效率高，性能稳定可靠，使用寿命长，是利用太阳能的一个重要方向。化工的任务是提供高纯半导体材料以及生产这些材料的反应器、提纯工艺和方法。另外，还需要提供高效的储能方法和材料。

利用催化剂和太阳能分解水制氢　氢能是未来最理想的能源。氢作为水的组成，用之不竭；而且氢燃烧后的唯一产物是水，属清洁能源，无环境污染；氢作为能源放出的能量远大于煤、石油、天然气等能源，1g 氢燃烧能释放 142kJ 的热量，是汽油发热量的 3 倍。目前世界上的氢绝大部分是从石油、煤炭和天然气中制取的。电解水制氢，消耗电能太大，只占很小份额。太阳能和水是最理想的氢能源循环体系，研究新的合理的制氢方法，是化学化工领域具有战略性的研究课题，其中，寻找在光照下促使水分解制氢的合适的光分解催化剂则是关键所在。一些水分解制氢催化剂，如钙和联吡啶形成的配合物、二氧化钛和某些含钙化合物，均有化学与化工研究者进行研究探索。人们认为，这一关键研究课题一旦有所突破，将对人类摆脱在能源问题上面临的困境起到难以估量的推动作用。

合理使用氢能的一条重要途径是燃料电池。燃料电池是一种通过电极上的氧化还原反应使化学能直接转换成电能的装置。它结构简单，使用和维护方便，能量的利用率一般达到50%～70%，理想利用率可达90%。燃料电池在结构上与蓄电池相似，也是由正极、负极和电解质组成。电极既不参与化学反应，又有利于气体燃料及空气或氧气的通过。从电池正极把空气或氧输送进去，而从负极将氢气输送进去。这时，在电池内部氢和氧发生电化学反应，于是燃料的化学能就直接转变成了电能。化学燃料不是装在电池内部，而是储存在电池外部，按电池工作的需要，源源不断地提供化学燃料。作为燃料电池的化学燃料还有甲醇、天然气、一氧化碳等气体。燃料电池已经开始在汽车、通讯电源等方面得到实际应用。

合理使用氢能还需要提供高效的储氢方法和储氢材料。目前，氢的储存方法有高压储存氢气、低温液化储氢以及材料储氢等。储氢材料多为金属化合物，在一定压力和温度下，吸收大量的氢气形成金属氢化物；当压力降低或温度升高时，金属氢化物分解，放出所吸收的氢气，氢化物自身则还原为储氢金属。

利用生物质发酵制酒精或甲烷 我国农村所耗能源的相当部分来自生物质，例如，农村建立的沼气池等。然而，高等植物的光能利用率平均为0.1%，甘蔗的光能利用率为2.2%，热带野生植物的光能利用率也仅为4%。生物质若发酵转化为能源化学品，能量的回收又可能打了很大的折扣。例如，乙醇的发热量为23000kJ/L。若用淀粉蒸煮后再发酵的工艺生产乙醇，其能耗达14000～18600kJ/L。改善生产工艺，免去蒸煮工序，可以降低能耗。但是，从光转化为最后作燃料的产品，其能量转换效率是很低的。可以看出，利用太阳能培养植物以获取燃料，比光直接转化为电能或获取氢气的效率要低得多。另一方面，全世界每年光合成碳量估计为（3～4）$\times10^{11}$t，相当于（4～6）$\times10^{21}$J的能量。植物除了提供直接可作食物或饲料的蛋白质、淀粉糖类和部分纤维外，其他绝大部分为纤维素、半纤维素、木质素等。通过化学或生物方法解聚，制成化学品或食品饲料等，可能比只利用它们的热能更为合理。

（2）核能的利用

核能包括裂变核反应放出的能量和聚变核反应放出的能量。核裂变燃料的元素或可以转化为核裂变燃料的元素有铀235、钚239和铀233、铀238、钍232等。核聚变原料主要有氘、氚和锂。

核燃料的加工可以区分为未经裂变的铀的前处理和经过裂变后的燃料或废料的后处理两大类。它们与一般化工过程的突出区别是要防止放射性污染。特别是在后处理过程中的放射性更强，危险性和技术难度也更大。核能利用中的大量工作与化学化工密切相关，包括从低品位铀矿制成含0.7%铀235的氧化铀；利用膜扩散或离心力实现同位素分离，把铀235的浓度提高至百分之几；裂变燃料的后处理，把未裂变的铀235和裂变元素及裂变产物如钚239分离；分离氢、氘、氚等可聚变的元素；提供大量核反应工程中需要的其他元素和材料，如硼、锆、铍、铟、银、镉等。为了解决放射性污染问题，核燃料的前处理着重发展化学采矿（溶浸技术）等无废水、少废水的湿法工艺以及萃取技术。后处理中，强放射性元素的分离和废料、废水、废气的处理则是关键所在。

(3) 提高现有能源的利用效率

中国每年产煤的 70%～80%用于直接燃烧，然而，煤作为燃料直接燃烧的热能利用率很低，若先气化制成煤气再作燃料，其利用率会大大增加。另外，许多工厂的蒸汽锅炉，只生产低压蒸汽，热效率也较低。因此，改进燃烧技术，革新工艺流程及条件，提高现有燃料热效率具有很大意义。

例如，用循环流化床或加压流化床燃烧，前者为无火焰低温燃烧，燃烧效率可达 99.9%，生成的 NO_x 极少，在燃烧中可同时加入脱硫剂，脱硫效率为 50%～80%，可以缓解对大气环境的污染。

又如，采取煤气化-燃气透平-蒸汽透平发电的联合循环发电，再利用低压蒸汽的热量，可以把热效率提高到 39%左右。其中采用的流程和气化炉的选用是提高热效率的关键。

用富氧膜或活性炭分子筛，把空气中的氧气富集。即使把氧气的浓度从空气中的 21%富集浓缩到 31.5%，理论上燃烧所需的空气可以减少一半，由废气带走的热量可减少 50%，能耗下降是十分明显的。使用廉价的、大规模富集空气中的氧气的方法，是该方法有效实施的关键。

通过技术改造，对现有生产过程的各个装置与设备采取节能措施，以降低能耗。节能有很大潜力，要采取的措施包括优化操作条件、实现在线控制；改变换热系统，回收更多热量；采用热泵等先进适用技术；采用高效催化剂和反应设备，降低反应温度和压力，增大对产物的选择性和收率；采用低能耗、高效率分离过程和设备或改变分离剂，增大分离系数。

(4) 减少能量利用过程中对环境的污染

能量利用过程中对环境污染主要是释出的硫化物，其次是燃烧过程释出的 CO、CO_2 和 NO_x。要注意燃料的脱硫，并回收这部分硫资源。脱硫的重点是煤及城市煤气、高含硫原油。解决 CO 和 NO_x 污染的重点是汽车废气、催化裂化再生废气的完全燃烧。还应该考虑 CO_2对地球的温室效应，需要解决目前以炭源为主要燃料的能源结构。总之，洁净燃烧是新能源工程的重要组成部分。

7.2.5 绿色化工与生态环境保护

化工给人们带来新的生活的同时，也带来了一系列有关环境的新问题。治理环境，保护生态是涉及子孙后代的战略性问题。以前，环境治理的主要方向是把环境治理与废物回收结合起来，做好废气中的污染物的处理、污水的治理和固体废弃物的处理，并力争回收有价物质，实现循环使用。在可持续性发展的战略方针指导下，为从根本上解决问题，提出了清洁生产（cleaner production）的概念。

20 世纪 70 年代末期，不少发达国家的政府和大企业集团公司纷纷研究开发和采用清洁工艺（或称无废少废工艺），开辟污染预防的新途径，把推进清洁生产作为经济与环境协调发展的战略措施。1992 年联合国在巴西召开的“环境与发展大会”，提出全球环境与经济协调发展的新战略。中国政府积极响应，于 1994 年提出了“中国 21 世纪议程”，将清洁生产列为“重点项目”之一。

1996 年联合国环境署对清洁生产的概念定义为：清洁生产是指将整体预防的环境战略持续应用于生产过程、产品和服务中，以期增加生态效率并减少对人类和环境的风险。对于生产，清洁生产包括节约原材料，淘汰有毒原材料，减降所有废物的数量和毒性。对于产品，清洁生产战略旨在减少从原材料的提炼到产品的最终处置的全生命周期中的不利影响。

对于服务，要求将环境因素纳入设计和提供的服务之中。

《中国21世纪议程》对清洁生产的定义是：清洁生产是指既可满足人们的需要，又可合理使用自然资源和能源并保护环境的实用生产方法和措施。它实质是一种物耗和能耗最少的人类生产活动的规划和管理，将废物减量化、资源化和无害化，或消灭于生产过程之中。

直接地说，清洁生产是以节能、减耗和减少污染为目标，以管理、技术为手段，实施工业生产全过程控制污染，使资源利用最充分，污染的产生量最小化的一种综合性措施。

实践证明，以大量消耗资源和粗放经营为特征的传统经济发展模式，一方面造成了环境的极大破坏，而且浪费了大量的资源，加速了自然资源的耗竭，使发展难以持久；另一方面以末端治理为主的工业污染控制政策忽视了全过程污染控制措施，不能从根本上根除污染。实施传统的经济模式往往会愈来愈深地陷入资源短缺和环境污染的困境之中。清洁生产恰恰能较好地解决协调可持续发展的问题，具有以下显著优点。

① 清洁生产一方面从源头设计抓起，节能、降耗、减污、增效，改善产品质量，提高企业的经济效益，增强企业的市场竞争力。另一方面，力求污染物不生成或少生成，减少末端治理的污染负荷，节省大量环保投入（包括一次性投资和设施运行费用），提高企业防治污染的积极性和自觉性。

② 清洁生产强调从原料到使用的全过程，改变过去只控制出口污染物浓度的办法，生产过程中充分有效地利用资源和能源，通过循环或重复利用，使原材料最大限度地转化为产品，把污染消灭在生产过程之中。通过改进设备或改变制造工艺，进一步提高能源、资源的利用率，既可节约能源与资源，又可减少污染物的产生与排放，用较少的投入获得较大的收益。不仅对于生产，而且对于服务也要考虑环境影响。

③ 清洁生产采用了大量的源头削减措施，既可减少含有毒成分原料的使用量，又可提高原材料的转化率，减少物料流失和污染物的产生量及排放量，因此，清洁生产既提高企业的生产效率和经济效益，又可以避免和减少末端治理的不彻底而造成的二次污染。

④ 清洁生产可最大限度地替代有毒的产品、有毒的原材料和能源，替代排污量大的工艺和设备，改进操作技术和管理方式，从而改善工人的劳动条件和工作环境，提高工人的劳动积极性和工作效率。清洁生产可改善工业企业与环境管理部门间的关系，解决环境与经济相割裂的矛盾。

⑤ 清洁生产是将整体预防的环境战略持续应用于生产过程、产品使用和服务过程中，着眼于全球的环境保护，提倡绿色生产、绿色生活和绿色消费，保护自然，万物共存，分类回收，循环再生，既适用于生产，也适用于生活。

清洁生产意味着使用清洁的原、辅材料，通过清洁的工艺过程，生产出清洁的产品。清洁生产谋求达到两个目标：其一，通过资源的综合利用、短缺资源的代用、二次能源的利用，以及各种节能、降耗、节水措施，合理利用自然资源，减缓资源的耗竭；其二，减少废料与污染物的生成和排放，促进产品的生成及消费过程与环境相容，降低整个工业活动对人类和环境的不利影响。

实施清洁生产的主要内容包括清洁的能源、清洁的生产过程、清洁的产品。

清洁的能源　常规能源的清洁利用，如采用洁净煤技术，逐步提高液体燃料、天然气的使用比例；可再生能源的利用，如水力资源的充分开发和利用；新能源的开发，如太阳能、生物质能、风能、地热能等的开发和利用；使用各种节能技术和措施等，如在能耗大的化工行业采用热电联产技术，提高能源利用率。

清洁的生产过程 尽量少用和不用有毒有害的原料；采用无毒、无害的中间产品；选用少废、无废工艺和高效设备；尽量减少或消除生产过程中的各种危险性因素，如高温、高压、低温、低压、易燃、易爆、强噪声、强振动等；采用可靠和简单的生产操作和控制方法；对物料进行内部循环利用；完善生产管理，不断提高科学管理水平。产品设计时就应考虑节约原材料和能源，少用昂贵和稀缺的原料，利用二次资源作原料。

清洁的产品 产品的包装合理；产品的使用功能合理，或具有节能、节水、降低噪声的功能，以及较长的使用寿命；在使用过程中以及使用后不含危害人体健康和破坏生态环境的因素；产品使用后易于回收、重复使用和再生；产品报废后易处理、易降解等。

另外，进行清洁生产审核是推行清洁生产的一项重要措施，它从一个组织的角度出发，通过一套科学的、系统的和操作性很强的程序来达到实施清洁生产、预防污染的目的。

清洁生产审核的整个程序可分为三个层次、八条途径、七个阶段、三十五个步骤。三个层次包括废弃物在哪里产生、产生废弃物的原因、减少或消除废弃物方案的提出和实施。八条途径包括：①原辅材料和能源；②技术工艺；③过程控制；④设备；⑤管理；⑥员工；⑦废弃物；⑧产品。七个阶段包括审核准备（筹划与组织）；预审核（预评估）；审核（评估）；方案产生与筛选；实施方案的确定（可行性分析）；方案实施；持续清洁生产。

清洁生产的概念在化工中的反映，称为绿色化学与化工。绿色化学与化工是相对的，至今能使用的绿色化工新工艺还是局部的，大量的、多品种的污染物在相当长时间内还将生成。对于化学工程师而言，一是探索或开发绿色化工新工艺；二是对已有的污染物设法进行转化，尽量回收，减少排放量并降低排放浓度。

绿色化学的基本原则是从源头消除污染，重新设计化学合成工艺及产品制造方法，根除污染来源。美国的 Anastas 和 Waner 曾提出绿色化学的 12 条原则，为国际化学界所公认。绿色化学的 12 条原则包括：①防止废物的生成比在其生成后再处理更好；②设计的合成方法应使生产过程中采用的原料最大量地进入产品之中；③设计合成方法时，尽可能使原料、中间产物和最终产品对人体健康和环境无毒、无害；④产品设计时，使其具备高效的功能，同时尽量减少其毒性；⑤尽可能避免使用溶剂、分离试剂等助剂，如必须使用，要选用无毒无害的助剂；⑥设计合成方法必须考虑过程中的能耗对成本与环境的影响，设法降低能耗，最好采用常温常压下的合成方法；⑦在技术可行和经济合理的前提下，原料采用可再生资源代替消耗性资源；⑧在可能的条件下，尽量不使用不必要的衍生物；⑨合成方法中采用高选择性的催化剂；⑩化工产品在其使用功能终结后，不会永存于环境中，要能分解成可降解的无害产物；⑪发展分析方法，对危险物质在生成前实行在线监测和控制；⑫筛选化学生产过程中使用的物质，使化学意外事故的危险性降到最低。

绿色化学概念的核心是化学反应及过程要以“原子经济性”为基本原则，即在获取新物质的化学反应中充分利用参与反应的每个原料原子，尽可能实现零排放。要充分利用资源，不产生污染，采用无毒无害的溶剂、助剂和催化剂，生产有利于环境保护、社区安全和人身健康的环境友好产品。

绿色化工是在绿色化学概念的基础上开发的、从源头上阻止环境污染的化工技术。传统化工对“三废”的处理一般为末端处理，绿色化工与传统化工最主要的区别是从源头上阻止环境污染，即设计和开发在各个环节上采用洁净和无污染的反应途径和生产工艺。

绿色化工主要是将绿色化学所研究的基本原理应用于工程实践，绿色化工的目标是经济效益和环境效益协调发展，可以概括为“三高”“三低”“两少”，即高转化率、高选择性和高能源利用率，低毒无毒原料、低毒无毒反应介质（溶剂）和低毒无毒产品，少产生废物、少产生副产物。

绿色化学与化工是当今国际化学与化工科学研究的前沿，它吸收了当代化学、物理、生物、材料、信息等科学的最新理论和技术，是具有明确的社会需求和科学目标的新兴交叉学科。绿色化学与化工研究的中心内容是：①采用无毒无害的原料，尤其提倡使用可再生资源；②使化学反应具有极高的选择性、极少的副产物，提高“原子利用率”，争取实现废物零排放；③反应中使用无毒无害的催化剂；④使用无毒无害的溶剂；⑤生产环境友好的产品。

使用无毒无害原料及可再生资源 一个化学反应类型或合成途径的特性在很大程度上是由初始原料的选择决定的。一旦初始原料选定，许多后续方案就相应确定。因此，初始原料的选择是绿色化学与化工应考虑的重要因素。寻找替代的、对环境无害的原料，尤其是可再生资源是绿色化学与化工的主要研究方向之一。

原子经济性反应和高选择反应 原子经济性是从原子水平分析化学反应，目的在于设计化学合成反应时使原料中的原子更多地或全部地转化为最终希望的产品，实现化工过程废物的“零排放”。如果原子经济性差，则意味反应过程将排放出大量废物。

采用无毒无害催化剂 催化剂是能改变化学反应的速度而其自身在反应前后不被消耗的物质。大多数反应需要在催化剂的作用下才能获得具有经济价值的反应速率和选择性。然而，许多催化剂，特别是无机酸、碱、金属卤化物、金属羰基化合物等，本身具有毒性和腐蚀性，甚至有致癌作用，因此，在原子经济性和可持续发展的基础上研究合成化学，需要使用无毒无害催化剂，实现绿色合成和绿色催化。

采用无毒无害溶剂 挥发性有机溶剂在传统化工生产中经常使用，然而，挥发性有机溶剂是一类有害的环境污染物。挥发性有机溶剂在带给我们丰富多彩的物质享受和生活便利的同时，也为我们带来了环境的污染和健康的危害。因此，开发挥发性有机溶剂的替代溶剂，减少环境污染，也是绿色化学与化工的一个重要内容。

生产环境无害的绿色化学产品 “绿色”被认为是自然、生命、健康、舒适和活力的象征。一般地说，绿色化学产品应该具有两个特征：①产品本身必须不会引起环境污染、健康问题，包括不会对生态造成损害；②使用产品后，应该容易实现再循环或易于在环境中降解为无害物质。这两个特征对绿色化学产品本身以及使用后的最终产物的性质都提出了要求。在传统的化学产品设计中，只重视功能的设计，忽略了对环境及人类健康的影响。在绿色化学品的设计中，要求产品功能与环境影响并重。

绿色化学与化工是近年来开展研究的新兴学科，是实用背景强、国计民生急需解决的热点研究领域。绿色化学与化工内容广泛，指导思想非常明确。为了人类社会的可持续发展，化学工业必须从源头上杜绝废物的产生与排放，最终要实现绿色化，这是机遇，也是挑战。树立绿色化学与化工的新概念，开辟绿色化学与化工的新途径，化学工程师任重而道远。

7.3 现代化工的发展前景

进入21世纪，世界经济的发展进入了一个崭新的时期，信息经济不断发展，知识经济初见端倪。化学工程作为学科，化工工艺作为技术，化学加工工业作为产业，都经历着快速更替、重大改进和不断创新、有所前进的发展过程，向高附加值产品、高智力含量技术和高发展潜力学科的方向前进。

7.3.1 学科发展多层次、多元化

化学工程学科是随着化学加工工业的产生而出现的，它也随着化学加工工业的发展而发展。同时，化学工程学科又对化学加工工业的繁荣进步起到了巨大的推动作用。化学工程学科的形成和发展又同样离不开物理、化学、数学等基础学科的发展和进步，同样离不开与其他学科和技术间的拓展综合。运用物理、化学、数学等基础学科理论，对化工生产过程中的共性规律进行概括，形成了化学工程基础学科，产生了单元操作理论、传递现象理论和化工热力学理论。化学工程与其他学科和技术间的拓展综合，形成新的技术或分支学科，例如，传递原理与反应动力学的结合，形成化学反应工程；单元操作与生物技术相结合，形成生物化学工程；化学工程与系统工程相结合，形成过程系统工程。化学工程学科与工艺过程结合形成大量有针对性的工艺性学科，如聚合物化学工程、化工过程设计、无机精细化工工艺、有机精细化工工艺等。应该说，化学工程学科的发展基本上遵循“引进概念，辐射领域”的发展模式，从研究对象、研究方向到研究领域，都向着多层次、多元化发展。“昨天”是这样，“今天”是这样，“明天”也是这样。

(1) 学科研究对象不断深化

物质转化的基本层次是原子和分子，但实现物质转化会要涉及从原子、分子到大规模工业装置乃至整个工厂及周围环境等不同尺度的化学和物理过程。这决定了化学工程学科研究对象的时空多尺度、多元化的特征，化学工程学科研究对象正不断深化。

许多复杂现象发生在若干主要的特征尺度上，以各种不同机制对过程起到控制作用。例如，纳米尺度实现分子的自组装、自复制，形成分子聚集体，在这一尺度上分子间的作用力起了重要作用，表现出一些特别的物理化学性质；颗粒、气泡和液滴尺度是非均相过程的重要的基本尺度，在此尺度下，分子扩散、物质对流对化学反应和传递过程起到决定性的影响；颗粒聚团（气泡合并、液滴聚集）这一宏观结构的形成，使系统行为发生质的改变，其过程特性与分散体系中截然不同，界面现象在这一尺度上发挥了重要作用；设备尺度的特征使宏观结构由于设备边界的影响而发生空间的分布，导致更大尺度“结构”的产生，外部因素对过程行为的影响主要体现在这一尺度上；工厂以上尺度涉及不同过程之间的集成和优化，过程与资源和环境的协调等。

时空多尺度特征和行为是化学加工工业中所有复杂现象的共同本质和量化的难点，解决这一问题的根本出路在于实现基于微观机理的过程模拟。事实上，很多复杂现象的根源在于无数个微小单元的相互作用。如能描述这些微小单元及其相互作用，则可复现全部过程。这是实现化学加工工业量化设计和放大的根本途径。最近几年得到关注的多尺度分析方法和离散化单元模拟是研究时空多尺度特征和行为的两种有效途径。当然，研究时空多尺度特征和行为还需要应用非线性科学、物理、力学、数学和计算技术方面的最新研究成果。随着计算机科学的发展，这方面的突破性进展已不会太远。

(2) 学科研究方向不断出新

进入21世纪，化学工程学科将会焕发新的青春，推进化工工艺与化学加工工业的技术进步，化学工程学科会在一些重要的方向上不断出新，取得突破。

新合成工艺 分子化学工程的进一步深入发展，将推进分子设计的完善和应用，结合选

键与选态化学，促进功能化合物分子的设计，推进新型结构化合物的合成。合成路线的优化首先是发展“绿色合成工艺”，避开有毒、有污染的合成工艺，使合成过程中的原料从原子经济性方面得到充分利用。例如，开发温和条件下的物质合成技术，进一步降低反应压力，变原有的高压合成技术为与原料处理等压的“等压合成”技术；寻求非常规条件下的合成技术，如亚临界与超临界合成技术，解决常规条件下使用绿色溶剂无法实现的合成问题。

超分子构筑　以大分子有机化合物与立体有机化合物为对象的超分子化学化工已经开始发展，利用组装、复合、掺杂、改性等方法构筑新型高分子，在分子识别条件下，可控合成与定向合成（如酶催化控制下合成手性化合物）已呼之欲出。生物化工中的单体设计，将使新型生物药物分子得以构筑，并可能优化生物化工的生产工艺。

新材料化工　多种新材料将会在材料化学工程理论指导下问世并投入应用。例如，纳米材料中超细催化剂的实际投用；医用材料中的新型人造血管、人造心脏、牙质材料、骨质材料的临床使用；记忆材料或称智能材料的开发；新型仿生材料、固氮材料的突破；有机高分子组成的分子器件的研制；国防工业中耐高温、耐低温、耐高压材料的应用等。

新催化剂工程　化工产品的生产中大多涉及催化过程，在催化剂工程的研究方面将会有新的进展。催化剂合成方面，催化剂组分的预测，包括将神经网络与专家系统真正用于催化剂活性组分、助剂与制备方法的优选等，将逐步付诸实施。在催化技术方面，以环境无害的催化工艺与催化过程代替有害过程。场效催化技术（如光催化、电催化、等离子催化技术）开始进入实用阶段等。

微化工技术　随着现代精密设备加工技术的不断完善，随着化学加工工业的高技术化、精细化、功能化、快速化、数字化和智能化的发展趋势不断显现，微化工技术已经成为现代化学工程学科的前沿方向和化学工业的战略制高点之一。微化工技术是指在微米和亚微米通道内进行安全、高效和可控的化学品规模制备的技术，它具有效率高、过程高度有序可控、本质安全、易于放大、可快速将实验室成果转为现实生产力等优势，是高端化学品制造和我国化学工业转型发展的关键技术之一。

(3) 学科研究领域不断拓展

进入 21 世纪，化学工程学科与高新技术的前沿结合，出现生命化学工程、信息化学工程、生态化学工程、海洋化学工程等新概念，与之相互渗透，可以拓展延伸出一些新的学科分支，推动科学进步、技术发展、产业提升和生态改善。

生命化学工程　化学工程已经以自己学科的丰富内容为生命科学的发展做出了贡献，生命化学工程已现端倪。人身体中许多复杂的生理过程可以通过化学工程的原理进行分析。例如，体内热调节与体温升高现象可以用到传热原理，肠胃的消化吸收研究可以用到传质原理，分析消化系统的疾病及药物的疗效可以用到停留时间分布的概念，人工心肺机、人工肾的研制可以应用非牛顿流体流动与传质分离原理。又如，中药制备、中药加工优化、中药混配及剂型与疗效的关系研究也与化学工程的理论密切相关。再如，外源基因导入生命体内的原理与技术、利用哺乳动物个体系统作为生物反应器的新技术、尿激酶等基因药物的工程技术基础以及无性繁殖（即克隆）中的工程问题等，都包含有许多化学工程问题有待研究。

信息化学工程　微电子技术与化学工程的融合可能延伸成为信息化学工程。一方面微电子工业的发展对化学工程提出了更多更高的要求，如超大规模集成电路中的化学品与化工材料（新一代半导体元件的基材、新型半导体单晶的化学抛光材料、超大规模集成电路用的试剂、溶剂与助剂等），超大规模集成电路的化学工艺（蚀刻技术、新一代 CVD 技术、镀覆一体化技术、先进封装技术、超微元件绝缘技术、半导体浆料技术等），超纯信息化工材料制备工艺（超纯气体制备、超纯有机化合物制备、超纯金属元素提取等）。另一方面信息技术将可能成为化学工程研究中的主要技术和工具，国际互联网提供的数据资料库（化合物库、物性数据库及数学模型库），使基础数据及方法的研究成果共享。计算机成为分子设计、合成的预测与控制的不可缺少的工具，使分子设计逐渐成为新化合物合成的必要的步骤。生产优化控制将实现远程化、标准化，不仅仿真培训系统、集散控制系统普遍使用，而且各类过程的操作参数将在线反馈，可实现对生产系统的远程监管及控制。

生态化学工程和海洋化学工程　当前的环境化学工程着重在对污染的“治”，而人类生态学则着重对自然资源主动的适应、规划、管理与利用。生态化学工程将用化学工程的研究方法从区域、流域、地域等不同范围，用系统工程的方法探讨能源的优化利用，资源的循环更新。当人口、粮食、能源、资源、环境问题越来越突出时，人们的注意力转向海洋。海洋化学工程研究海洋中物质资源和化学资源的利用方法。目前海洋生态学、海洋资源学都已逐渐形成，加强与化学工程的联系，将促进物理化学和传递原理等在海洋资源开发中的应用，发展海洋资源综合利用事业。

新能源化学工程　寻求新的能源，包括生物能、太阳能、地热能、氢能、核能等，使新能源开发中的化学工程问题受到重视。太阳能的直接转化包括光热转换、光电转换、光化学转换；太阳能的间接转换，包括生物能、海洋温差能等，都与传热学、能源转换等基本原理有密切联系。太阳能电池的长期稳定性对光电子器件材料提出了更高的要求。氢能的利用涉及制氢工艺及储氢方法，储氢方法中又着重需要突破金属储氢材料的研究问题。总之，新能源开发与化学工程的结合一旦取得突破，其发展进程会迅速加快。

化学工程学科自诞生以来，已经取得了很大的进展，形成了研究体系完整、研究内容丰富、研究方法先进的一级工程技术学科。在 21 世纪，化学工程学科的发展将会给人类创造更多物质财富，对人类的文明做出更大的贡献。

7.3.2　工艺技术高技术化、柔性化

20 世纪中，石油化工的崛起和发展使化工产业的大型化、连续化、自动化成为化学加工工业的显著特点。随着化学工业产品的结构从通用的、大宗的化工产品向专用性、功能性的精细化工产品的转化，小型化、间歇化和柔性化的化工技术又显出其优越性。因此，现代化工的发展需要连续化、大型化生产与间歇化、装置小型化生产并存，而不是只强调其中一种。这是现代化工向精细化和功能化的发展结果。

石化炼制和基本有机化学品生产仍将向全球化、大型化、集约化、炼化一体化发展，保证原料的合理使用、成本不断降低和经济效益的稳定提升。在石油化学工业中，生产规模的经济性尤为明显。化工生产中，生产能力的扩大主要是依靠提高关键设备的生产能力而实现的。化工设备的投资费用与生产能力之间存在的关系，并非是线性关系，即生产能力增加 1 倍时，投资并不是原来的 2 倍，通常为 1.5 倍左右。这就是规模的经济性。对化工产品、特别是石油化工产品的巨大需求，导致 20 世纪 50～60 年代以后石油化工装置大型化的趋势。

随着产品向精细化、专用化、多品种化的方向发展，批量小、品种多、功能优良、附加值高的精细化学品的产品比重将逐渐加大。精细化工产品生产适于使用小型的、多功能的设备进行高效、灵活的高质量产品生产。间歇工艺的优点在于，设备中的实施工艺可以很容易地改变，在一套设备中可以实现多品种、小批量生产，应对市场多变的需求。工艺的间歇

化、柔性化保证了精细化工产品的产量、质量、品种上的灵活多变。实现精细化工产品生产的多目标间歇过程的优化是化工过程设计的一个重要方向。

为瞄准化工前沿，抢占制高点，化工新技术、新产品、新工艺和新材料不断涌现，如使用新合成方法、新的催化技术、新分离技术、新型环保技术与新能源技术、新型化工设备等，使化工工艺向绿色化学、清洁化工生产发展。与此同时，积极发展新领域精细化工，如在催化剂、电子化学品、生物医学、纳米材料、精细陶瓷、功能高分子、薄膜材料、复合材料、光纤材料等方面进一步实现产业化及商品系列化。

由于全社会对资源、能源、环境等问题的极大关注，使经济社会的可持续发展已经成为推进技术更新换代的强大动力，化工工艺技术将更加低耗高效。原料绿色化，化学反应绿色化，催化剂、溶剂绿色化，产品绿色化，已成为行动的目标。环境保护由被动的治理性策略转为积极的预防性策略，工艺技术向越来越高的层次和水平发展。不采用有毒有害的原材料，废水、废气、废渣生成量少，最终实现“零排放”的新一代环境友好工艺技术也将有显著突破。从经济性、环境性和社会性三个方面提倡共同要求，尤其要从环保中获取经济效益，从环保中夺取竞争优势，将成为化工技术发展的重要特点。

7.3.3 产品结构精细化、功能化

发展化学加工工业的一个重要方向是产品结构精细化、专用化、功能化。化工产品结构明显地从大宗化工产品向精细化工产品发展，从通用产品向专用产品发展。从劳动及资金密集型产品向高技术含量、高附加价值的功能化产品发展。

精细化工分为传统精细化工（医药、染料、涂料和农药等）和新领域精细化工（食品添加剂、饲料添加剂、电子化学品、造纸化学品、水处理剂、塑料助剂、皮革化学品等）两大类。国外将新领域精细化工产品称为专用化学品。精细化工率的高低已成为衡量一个国家或地区化工发展水平的主要标志之一。

精细化工产品具有批量小、品种多、功能优良、附加值高等特点。精细化工在改变经济增长结构，提高劳动生产效率，协调社会和谐发展，改善人民生活质量等方面都有着巨大作用。发展精细化工是产品结构精细化、专用化、功能化的重要途径。

专用产品，即考虑到专一的消费群体的需求，具有特定功能的产品。产品性能专用化，需要产品具有高技术含量；产品性能专用化，使化工产品应用到以前很少涉足的领域，如向电子化学品、农用化学品、保健药用品、医疗诊断用品、航空航天用品等高新技术领域拓展；产品性能专用化，也明显使产品具有更高的附加价值。

在新材料领域，推动通用材料的高性能化、专用化、功能化和差别化，使传统的、通用的材料向专用的、功能性的材料发展，拓宽利用领域，提高附加价值。

大宗化工产品也能转化成为专用化工产品。例如，普通氮肥（如尿素、硝酸铵）、磷肥（如磷酸铵、硝酸磷肥）、钾肥（如氯化钾、硫酸钾），可以针对具体土壤和具体作物的性质和需要，按一定比例掺混或者加入其他有机肥料、营养素、微量元素及化肥增效剂等，配制出具有特定用途的复合肥料。

在产品专用化的基础上，应该提倡产品的高性能化或功能化。所谓高性能化，具有两层含义，一是用量小而效果十分显著，二是能满足高技术领域或其他领域的苛刻的要求。例如，染料属于精细化工范畴的产品，品种繁多，颜色各异，可以用于棉、麻，丝、毛等的染色，其中有许多可称为专用染料，但不一定是高性能染料。高性能染料，一是指那些着色效

果好、用量小、耐洗耐磨的高档品种；二是指那些用于高技术领域或其他特殊领域的品种，如用于液晶显示、用于热敏材料、压敏材料的特殊染料等。由于高性能产品用途特殊，技术要求高，生产难度大，因而其附加价值和利润率也高。

精细化工产品品种是其功能及附加值的承载体。例如，表面活性剂产品用途广泛，不仅用于洗涤，还可以作为发泡剂、消泡剂、乳化剂、破乳剂、调湿剂、分散剂、柔软剂、渗透剂、抗静电剂等。用途的不同对产品的化学组成和性质要求也不同。因此，表面活性剂不但需要基本品种繁多，而且需要不断开发新品种，即使是现有品种，也应针对不同用途及不同用户的需要，将一种或几种表面活性剂与各类助剂，如增白剂、着色剂等混配起来，形成新的品种。化工产品品种从单一组分产品向多组分复配产品发展。实践表明，将几种化合物有效地复配起来，不仅可以发挥各个组分自身的特长，而且还有可能出现优于加和增效的“协同效应”。

大宗化工产品也必须尽量增加品种、规格、牌号，多品种化是一种趋势。例如，石油化工企业要通过进一步联合、重组，顺应市场需求，调整核心业务，发挥规模优势，增强竞争能力，不单纯进行石油炼制，同时发展石油化工，大力发展深度加工，逐步增大精细化学品、专用化学品和高性能聚合物产品的比重，向高附加值产品领域延伸。

我国生产精细化学品企业增加很快，到20世纪末，企业数就已经超过万家。随着中国经济发展水平的提高，精细化工部分产品具有一定的国际竞争力，部分产品则居世界领先地位。除传统精细化工行业之外，新兴精细化学品正受到越来越多的关注。随着我国消费结构和经济增长模式由数量型向质量型的转变，新领域精细化学品有更大的发展空间。根据中国石油和化学工业规划，“十三五”期间是石化行业的产业转型和高质量发展期，大部分传统化工产品面临调整，精细化工产品将是石化行业下一阶段发展的重点。根据规划，当前我国总体精细化率为45%左右，与欧美和日本等发达经济体的平均精细化率（60%～70%）相比，精细化率的提升空间仍然很大。应该在加大资金和技术投入的基础上，克服环境污染困难，实现高质量发展，使精细化工的发展在化学加工工业整体发展中起到更大的作用。

7.3.4 市场经营国际化、信息化

20世纪90年代以来，全球经济一体化的进展速度进一步加快。我国进出口贸易额不断增大，对国民经济发展的影响不断扩大。随着我国关税贸易总协定缔约国地位的恢复和改革开放的进一步深入，国际贸易将进一步发展，我国产品不但在国际市场上要参与竞争，在国内市场上也将与进口产品平等对垒。依靠劳动力的价廉或资源的输出获得的国际贸易的一定竞争力，是不能持久的。农副产品、手工艺品、纺织品和其他劳动密集型产品在国际市场上销路受到打压，而技术要求较高的化工产品，进口额高于出口额，许多化工产品的年进口量，有时相当于国内产量的30%～50%，甚至更高。这种商品、市场、资金、技术、人才、资源、信息的国际化竞争，今后势必迅速扩大，对我们既是机遇，又是挑战，决不可掉以轻心。

化工的全球化是经济全球化发展的必然趋势。“生产跨国化、贸易自由化、区域经济集团化”的特征在21世纪的化学加工工业的发展过程中得到充分体现。以石化工业为例，从地区分布来看，21世纪，亚洲将是石化产量增加最快的地区。2018年全球炼油能力约49.5亿吨/年，2018年全球新增炼油能力绝大部分位于亚太地区。可以预计，未来世界炼油工业发展的重心还将继续向具有市场优势和资源优势的地区转移，新增炼油能力投产将主要集中

在中东、中国和其他亚太地区，发展中国家的石化工业将进一步崛起，成为世界石化工业的主力军。化工业半数以上的新投资将用于亚洲。十分明显，探明大量的油气资源储量，提高的油气产量，增大的炼油能力，积极介入全球性的油品市场是石化工业国际化发展的优势条件。

应该说，先进的技术、多样化的产品、雄厚的资金、一流的管理人才、丰富的营销经验、较高的商业信誉和遍布全球的经营网点是化学加工工业国际化发展的坚实基础。与世界发达国家相比，我们应该进一步加大国家支持，努力开拓和发展先进技术，提高竞争力，凭借资源、人力和区位等的局部优势，积极向国际化经营方向发展，成为国际化学加工工业的重要力量。

信息是资源，它可以作广义的理解，包括技术、专利、人才、教育、管理和资讯等。信息资源完全可能是更为重要的资源。例如，一种节能技术，一年可以节约 1000 吨石油，如果你掌握了这项技术，如果你拥有能开发出这种节能技术的人才，这与你拥有 1000 吨石油资源是等值的。运用现代信息技术、决策支持系统、系统工程方法、计算机运算手段等，提高企业管理水平，提高企业的国际竞争能力，更是经营管理信息化的明显优势。计算机及信息化技术的发展使世界的化学加工产业发生了革命性的变化。全球优化资源配置、智能化生产、网络化组织、电子商务化营销等将会促进全新的高效的化工企业的迅速发展。

21 世纪，根据资源和市场优化配置的需要，经营管理信息化的步伐将继续加快，化工企业将进一步调整布局，大力促进高新技术及计算机在化工中的应用，进一步提高化工生产的效率和自动化水平。化工企业的未来发展将使生产更加集中，规模更加扩大，核心业务更加增强，产品成本更加降低，技术创新更加活跃，核心优势更加明显，走出一条集约化、上下游经营一体化、信息化、国际化的发展之路。

当前，我国已经进入全面建成小康社会的决胜阶段，是改革攻坚、加快转变经济发展方式的关键时期，必须认真贯彻党中央战略决策和部署，准确把握国内外发展环境和条件的深刻变化，积极适应把握引领经济发展新常态，全面推进创新发展、协调发展、绿色发展、开放发展、共享发展。面对新时期的新要求，化工事业的发展前景是无比广阔的。

化学工程作为学科，化工工艺作为技术，化学加工工业作为产业，是不断变化、不断前进、不断向深度和广度发展的。“了解昨天，认识今天，展望明天”。我们要有远见、有理想、有信心，努力掌握更宽广、更扎实的基础理论和专业知识，培养主动获取知识的能力、发现和解决问题的能力、创新能力和组织协调能力，善于学习，勇于实践，创造条件，有所前进，为化工事业的进一步发展做出新的贡献。

参考文献

[1] 李淑芬. 现代化工导论. 3版. 北京：化学工业出版社，2016.

[2] 苏健民. 化工和石油化工概论. 北京：中国石化出版社，1995.

[3] 中国科学院化学学部、国家自然科学基金委化学科学部. 展望21世纪的化学工程. 北京：化学工业出版社，2004.

[4] 米镇涛. 化学工艺学. 2版. 北京：化学工业出版社，2006.

[5] 田铁牛. 化学工艺. 2版. 北京：化学工业出版社，2007.

[6] 蒋维钧，戴猷元，顾惠君. 化工原理. 3版. 北京：清华大学出版社，2009.

[7] Giddings J C. Unified Separation Science. New York：John Wiley & Sons Inc，1991.

[8] 袁乃驹，丁富新. 分离和反应工程的"场""流"分析. 北京：中国石化出版社，1996.

[9] 戴猷元，王运东，王玉军，等. 膜萃取技术基础. 2版. 北京：化学工业出版社，2015.

[10] 戴猷元，秦炜，张瑾，等. 有机物络合萃取化学. 2版. 北京：化学工业出版社，2015.

[11] 戴猷元，秦炜，张瑾. 耦合技术与萃取过程强化. 2版. 北京：化学工业出版社，2015.

[12] 李琳，戴猷元. 化工高等教育，1997，(1)：10-13.

[13] 赵洪，戴猷元. 化工高等教育，1998，(2)：46-49.

[14] 冯世良. 现代化工，2003，23 (2)：1-3.

[15] 刘玉岐，李志坚. 现代化工，2003，23 (6)：1-5.

[16] 舒朝霞. 现代化工，2004，24 (4)：1-6.

[17] 董涛. 现代化工，2008，28 (3)：1-5.

[18] 赵志平. 现代化工，2011，31 (3)：1-5.

[19] 祝昉. 当代石油石化，2019，27 (3)：1-6.

[20] 陈锡荣. 现代化工，2019，39 (6)：1-5.

[21] 陈鹏，郑翼村. 市场论坛，2006，(11)：94-96.

[22] 商振华，周良模. 化学进展，1995，7 (1)：47-59.

[23] 伍艳辉，王世昌. 化工时刊，1997，11 (8)：8-12.

[24] 梅乐和，姚善泾，林东强，等. 化学工程，1999，27 (5)：38-41.

[25] 王静康，陈建新，李天祥. 现代化工，2003，23 (10)：1-7.

[26] 刘丽，邓麦村，袁权. 现代化工，2000，20 (1)：17-24.

[27] 周如金，宁正祥，陈山. 现代化工，2001，21 (8)：20-24.

[28] 张瑾，戴猷元. 膜科学与技术，2009，29 (2)：1-6.

[29] 房鼎业. 化工进展，1999，(5)：5-10.

[30] 李静海，葛蔚. 化工进展，1999，(5)：11-13.

[31] 骆广生，王凯，徐建鸿，等. 中国科学：化学，2014，44 (9)：1404-1412.

[32] 杨斌，张满，沈岩. 清华大学教育研究，2017，38 (4)：1-8.

[33] 何菁，丛杭青. 江苏高教，2017，(6)：29-33.